Photoshop CS4 图像处理教程

蔡晓霞 李小亚 ◎ 主编
姚祥发 师艳侠 刘平 ◎ 副主编

人民邮电出版社
北京

图书在版编目（C I P）数据

Photoshop CS4图像处理教程 / 蔡晓霞，李小亚主编
. -- 北京 ：人民邮电出版社，2013.10（2019.9重印）
职业院校立体化精品系列规划教材
ISBN 978-7-115-32787-1

Ⅰ. ①P… Ⅱ. ①蔡… ②李… Ⅲ. ①图象处理软件－高等职业教育－教材 Ⅳ. ①TP391.41

中国版本图书馆CIP数据核字(2013)第181644号

内 容 提 要

本书主要讲解 Photoshop CS4 基础知识、绘制和编辑选区、图层的基本操作、绘制和修饰图像、调整图像色彩、添加和编辑文字、图层的高级应用、使用路径和形状、使用通道和蒙版、使用滤镜、使用动作，以及输出图像等知识。本书最后还安排了综合实训内容，进一步提高学生对知识的应用能力。

本书采用项目式、分任务讲解，每个任务主要由任务目标、相关知识和任务实施 3 个部分组成，然后再进行强化实训。每章最后还总结了常见疑难解析，并安排了相应的练习和实践。本书着重于对学生实际应用能力的培养，将职业场景引入课堂教学，让学生提前进入工作的角色。

本书适合作为职业院校图形图像以及电脑平面设计等相关专业的教材使用，也可作为各类社会培训学校相关专业的教材，同时还可供 Photoshop 初学者自学使用。

◆ 主　　编　蔡晓霞　李小亚
副 主 编　姚祥发　师艳侠　刘　平
责任编辑　王　平
责任印制　杨林杰

◆ 人民邮电出版社出版发行　　北京市丰台区成寿寺路 11 号
邮编　100164　　电子邮件　315@ptpress.com.cn
网址　http://www.ptpress.com.cn
北京隆昌伟业印刷有限公司印刷

◆ 开本：787×1092　1/16　　彩插：1
印张：16.5　　2013 年 10 月第 1 版
字数：369 千字　　2019 年9 月北京第 7次印刷

定价：44.00 元（附光盘）

读者服务热线：(010)81055256　印装质量热线：(010)81055316
反盗版热线：(010)81055315
广告经营许可证：京东工商广登字20170147号

前 言 PREFACE

随着近年来职业教育课程改革的不断发展，也随着计算机软硬件日新月异地升级，以及教学方式的不断发展，市场上很多教材的软件版本、硬件型号、教学结构等很多方面都已不再适应目前的教授和学习。

有鉴于此，我们认真总结了教材编写经验，用了两年的时间深入调研各地、各类职业教育学校的教材需求，组织了一批优秀的、具有丰富教学经验和实践经验的作者团队编写了本套教材，以帮助各类职业学校快速培养优秀的技能型人才。

本着“工学结合”的原则，我们在教学方法、教学内容和教学资源3个方面体现出了自己的特色。

教学方法

本书精心设计“情景导入→任务目标→相关知识→任务实施→实训→常见疑难解析→拓展知识→课后练习”编写结构，将职业场景引入课堂教学，激发学生的学习兴趣，然后在任务的驱动下，实现“做中学，做中教”的教学理念，最后有针对性地解答常见问题，并通过练习全方位帮助学生提升专业技能。

- 情景导入：以主人公“小白”的实习情景模式为例引入本项目教学主题，并贯穿于项目的讲解中，让学生了解相关知识点在实际工作中的应用情况。
- 任务目标：对本项目中的任务提出明确的制作要求，并提供最终效果图。
- 相关知识：帮助学生梳理基本知识和技能，为后面的实际操作打下基础。
- 任务实施：通过操作并结合相关基础知识的讲解来完成任务的制作，讲解过程中穿插有“操作提示”、“知识补充”两个小栏目。
- 实训：结合任务讲解的内容和实际工作需要给出操作要求，提供操作思路及步骤提示，让学生独立完成操作，训练学生的动手能力。
- 常见疑难解析：精选出学生在实际操作和学习中经常会遇到的问题并进行答疑解惑，让学生可以深入地了解一些应用知识。
- 拓展知识：在完成项目的基本知识点后，再深入介绍一些命令的使用。
- 课后练习：结合本项目内容给出难度适中的上机操作题，让学生强化巩固所学知识。

教学内容

本书的教学目标是循序渐进地帮助学生掌握Photoshop CS4的基本操作，掌握Photoshop图形图像软件的使用，能够使用该软件绘制各种图形，修饰图像，并制作出让人满意的作品。全书共12个项目，可分为如下几个方面的内容。

- 项目一：主要讲解Photoshop CS4的基础知识，包括Photoshop的基本操作、图像的基本操作等。

- 项目二至项目四：主要讲解绘制和编辑选区、图层的基本操作，以及绘制和修饰图像的相关操作。
- 项目五至项目九：主要讲解调整图像色彩、添加和编辑文字、图层的高级应用、使用路径和形状以及使用蒙版与通道的相关知识。
- 项目十：主要讲解Photoshop CS4中各种滤镜的使用方法以及实现的效果。
- 项目十一：主要讲解动作和输出图像的相关知识。
- 项目十二：以制作一个企业宣传画册为例，进行综合实训。

教学资源

本书的教学资源包括以下三方面的内容。

（1）配套光盘

本书配套光盘中包含图书中实例涉及的素材与效果文件、各项目实训及习题的操作演示动画以及模拟试题库三个方面的内容。模拟试题库中含有丰富的关于Photoshop图像处理的相关试题，包括填空题、单项选择题、多项选择题、判断题、简答题和操作题等多种题型，读者可自动组合出不同的试卷进行测试。另外，光盘中还提供了两套完整的模拟试题，以便读者测试和练习。

（2）教学资源包

本书配套精心制作的教学资源包，包括PPT教案和教学教案（备课教案、Word文档），以便老师顺利开展教学工作。

（3）教学扩展包

教学扩展包中包括方便教学的拓展资源以及每年定期更新的拓展案例两个方面的内容。其中，拓展资源包含图片设计素材、笔刷素材和“关于印前技术与印刷”PDF文档等。

特别提醒：上述第（2）、（3）教学资源可访问人民邮电出版社教学服务与资源网（http:// www.ptpedu.com.cn）搜索下载，或者发电子邮件至dxbook@qq.com索取。

本书由蔡晓霞、李小亚任主编，姚祥发、师艳侠和刘平任副主编，虽然编者在编写本书的过程中倾注了大量心血，但恐百密之中仍有疏漏，恳请广大读者及专家不吝指正。

编者

2013年6月

目　录 CONTENTS

项目三 图层的基本操作 47

项目四 绘制和修饰图像 67

项目五　调整图像色彩　89

项目六　添加和编辑文字　109

项目七　图层的高级应用　129

项目八 使用路径和形状 147

项目九 使用通道和蒙版 161

项目十 使用滤镜 181

项目十一 使用动作和输出图像 215

项目十二 综合实训——制作宣传画册 235

PART 1

项目一 Photoshop CS4基础知识

情景导入

阿秀：小白，你是图形图像专业毕业的吧，熟悉Photoshop CS4吗?

小白：学过一点，主要用来处理图像，但我不太熟悉，不过我会努力学习的。

阿秀：有学习进取的心态很重要，后面主要由我来带你熟悉日常的工作业务，并教你使用Photoshop CS4来完成相关的图像处理工作，在这过程中，你一定要勤加练习，积累经验，而且，设计行业重在创新，作品一定要有创意。

小白：嗯，我会努力的，在今后的工作中请多指教。

阿秀：那么今后合作愉快。

学习目标

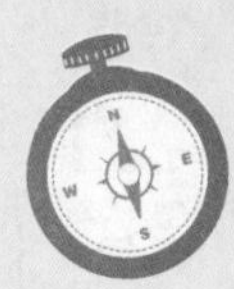

- 掌握Photoshop CS4的启动、退出操作，熟悉工作界面的组成
- 掌握图像文件的新建、移动、存储等基本操作
- 掌握查看、调整和裁剪图像的方法

技能目标

- 掌握自定义工作区的操作方法
- 掌握“桌面壁纸”图像文件的制作方法
- 能够使用Photoshop CS4进行简单的图像操作

任务一 初识Photoshop CS4

Photoshop作为一款强大的图像处理软件，在使用前需要了解它的相关知识，这样，在处理图像时才能更加得心应手。

一、 任务目标

本任务将学习Photoshop CS4的基本操作，帮助用户掌握启动和退出Photoshop CS4的方法，熟悉Photoshop CS4的工作界面、自定义工作区等操作，同时对图像处理的基本操作进行讲解。

二、相关知识

在使用Photoshop进行图像处理前，需先了解Photoshop的应用领域、图像处理的基本概念和图像文件的相关格式，并掌握软件的基本操作。下面分别对这些知识进行介绍。

（一）Photoshop的应用领域

Photoshop是最优秀的图像处理软件之一，其应用十分广泛。从功能上看，Photoshop可分为图像编辑、图像合成、调整颜色及特效制作等部分。

1. 图像编辑

图像编辑是处理图像的基础，使用Photoshop可以对图像进行各种变换，也可执行复制、去除斑点、修补、修饰图像的残损等操作。这些操作在处理人像时作用显著，如可以通过Photoshop去除人脸上的斑点，进行美化加工，得到想要的效果。图1-1所示为修饰图像前后的对比效果。

图1-1 修饰图像前后的对比效果

2. 图像合成

图像合成是将几幅图像通过图层与相关工具的应用，组合成一幅完整的画面，并且传达明确的意义。Photoshop提供的绘图工具能够让多幅图像按照创意很好地融合，使图像的合成天衣无缝，如图1-2和图1-3所示。

3. 调整颜色

调整图像颜色是Photoshop的特色功能之一，通过各种调整颜色命令可方便快捷地对图像的颜色进行明暗、色调的调整和校正，也可在不同颜色间进行切换以满足图像在不同领域如网页设计、印刷、多媒体等方面的应用，图1-4所示为调整图像颜色前后的对比效果。

图1-2　图像合成1

图1-3　图像合成2

图1-4　调整图像颜色前后的对比效果

4. 特效制作

特效制作在Photoshop中主要由滤镜、通道、笔刷等工具综合应用完成，包括图像的特效和文字的特效，图1-5所示为添加了下雨效果的图像。而各种特效字的制作更是很多美术设计师热衷于Photoshop研究的原因，图1-6所示为制作的浮雕特效字。

图1-5　下雨效果

图1-6　特效文字效果

（二）图像处理的基本概念

使用Photoshop CS4处理图像之前，需要先了解图像处理的基本概念，如位图与矢量图、图像的分辨率和色彩模式等。

1. 位图与矢量图

位图与矢量图是关于图像的基本概念，理解这些概念以及这些概念之间的区别有助于用户更好地学习和使用Photoshop CS4，下面进行介绍。

● 位图：也称点阵图或像素图，由多个像素点构成，能够将灯光、透明度和深度等逼真地表现出来，将位图放大到一定程度，即可看到位图由一个个小方块的像素组成，这些小方块就是像素。位图图像质量由分辨率决定，单位面积内的像素越多，分辨率越高，图像效果就越好。图1-7所示为位图放大200%和放大800%的对比效果。

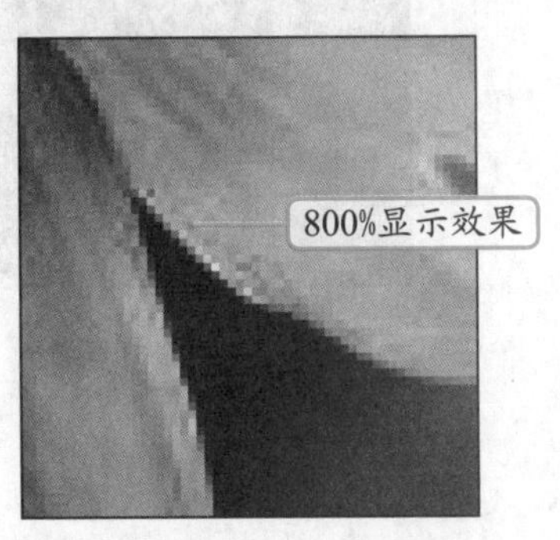

图1-7　放大位图的对比效果

一般用来制作多媒体光盘的图像分辨率为72像素/英寸，而用于彩色印刷品的图像，若要保证平滑的颜色过渡，则一般需要设置为300像素/英寸。

- 矢量图：又称向量图，以数学公式计算获得，基本组成单元是锚点和路径。无论将矢量图放大多少倍，图像都具有同样平滑的边缘和清晰的视觉效果，但聚焦和灯光的质量很难在一幅矢量图中获得，且不能很好地表现，图1-8所示为放大300%和放大1000%后的矢量图对比效果。

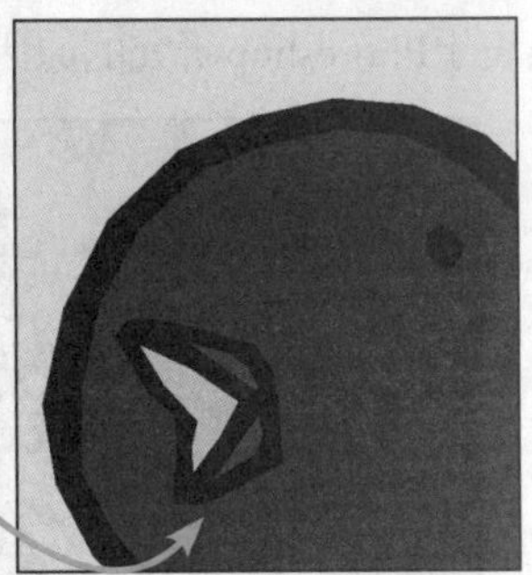

图1-8　矢量图放大前后的对比效果

矢量图常用于制作企业标志或插画，还可用于商业信纸或招贴广告，可随意缩放的特点使其可在任何打印设备上以高分辨率进行输出。

2. 像素与分辨率

像素与分辨率是图像处理中两个密不可分的重要概念，它们的组成方式决定了图像的数据量，下面分别进行介绍。

- 像素：像素是组成位图图像最基本的元素，每个像素在图像中都有自己的位置，并且包含了一定的颜色信息，单位面积上的像素越多，颜色信息越丰富，图像效果就越好，文件也会越大。

- 分辨率：指单位面积上的像素数量。通常用像素/英寸或像素/厘米表示，分辨率的高低直接影响图像的效果，单位面积上的像素越多，分辨率越高，图像就越清晰，图1-9所示为相同打印尺寸，但分辨率不同的3个图像的效果。从中可以看出，低分辨率的图像较为模糊，而高分辨率的图像则更加清晰。

图1-9 不同分辨率的图像对比效果

实际工作中分辨率并不是越高越好，虽然高分辨率的图像质量好，但相应的图像文件所占的空间也会变大，因此需要根据图像的用途来设置合适的分辨率，取得图像的最佳效果，下面介绍几种常见的设计规范。

①用于屏幕显示或网络的图像，可设置分辨率为72像素/英寸。

②用于喷墨打印机打印，可设置分辨率为100~150像素/英寸。

③用于印刷，则需要设置到300像素/英寸。

3. 图像的色彩模式

色彩模式是数字世界中表示颜色的一种算法，常用的色彩模式有RGB模式、CMYK模式、HSB模式、Lab模式、灰度模式、索引模式、位图模式、双色调模式和多通道模式等。

色彩模式还影响图像通道的多少和文件大小，每个图像具有一个或多个通道，每个通道都存放着图像中颜色元素的信息。图像中默认的颜色通道数取决于色彩模式。在Photoshop CS4中选择【图像】/【模式】菜单命令，在弹出的子菜单中可以查看所有色彩模式，选择相应的命令可在不同的色彩模式之间相互转换。下面分别对各个色彩模式进行介绍。

- 位图模式：位图模式只有黑白两种像素表示图像的颜色模式，适合制作艺术样式或用于创作单色图形。彩色图像模式转换为该模式后，颜色信息将会丢失，只保留亮度信息。只有处于灰度模式或多通道模式下的图像才能转化为位图模式。将图像转换为灰度模式后，选择【图像】/【模式】/【位图】菜单命令，打开“位图”对话框，在其中进行相应的设置，然后单击 确定 按钮，即可转换为位图模式，如图1-10所示。

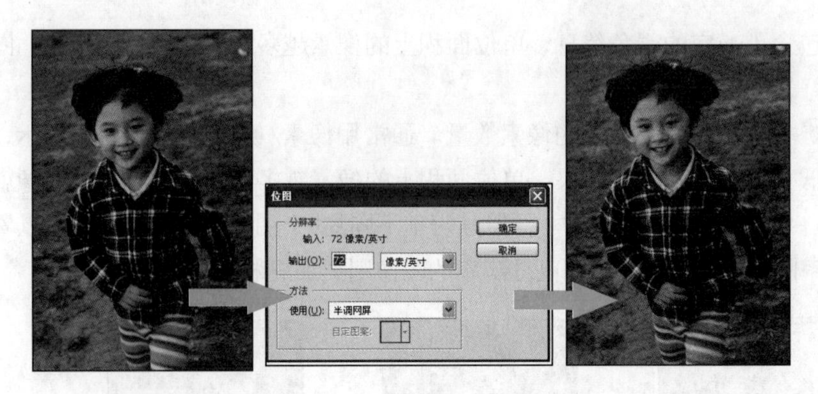

图1-10　半调网屏的位图模式

- **灰度模式**：在灰度模式的图像中，每个像素都有一个0（黑色）~255（白色）之间的亮度值。当一个彩色图像转换为灰度模式时，图像中的色相及饱和度等有关色彩的信息会消失，只留下亮度。灰度模式下的通道面板信息如图1-11所示。
- **双色调模式**：双色调模式是用灰度油墨或彩色油墨来渲染灰度图像的模式。双色调模式采用两种彩色油墨来创建由双色调、三色调、四色调混合色阶组成的图像。在此模式中，最多可向灰度图像中添加4种颜色，图1-12所示为双色调和三色调效果。

图1-11　灰度模式下的通道

图1-12　双色调和三色调效果

- **索引模式**：系统预先定义好的含有256种典型颜色的颜色对照表。当图像转换为索引模式时，系统会将图像的所有色彩映射到颜色对照表中，图像的所有颜色都将在它的图像文件中定义。当打开该文件时，构成该图像的具体颜色的索引值都将被装载，然后根据颜色对照表找到最终的颜色值。
- **RGB模式**：该模式由红、绿、蓝3种颜色按不同的比例混合而成，也称真彩色模式，是Photoshop默认的模式，也是最为常见的一种色彩模式。

操作提示

在Photoshop中，除非有特殊要求使用某种颜色模式，一般都采用RGB模式，这种模式下可使用Photoshop中的所有工具和命令，其他模式则会受到相应的限制。

- **CMYK模式**：是印刷时使用的一种颜色模式，由Cyan（青）、Magenta（洋红）、

Yellow（黄）和Black（黑）4种色彩组成。为了避免和RGB三基色中的Blue（蓝色）发生混淆，其中的黑色用K来表示。若在RGB模式下制作的图像需要印刷，则必须将其转换为CMYK模式。

- Lab模式：是国际照明委员会发布的一种色彩模式，由RGB三基色转换而来，是用一个亮度分量和两个颜色分量来表示颜色的模式。其中L分量表示图像的亮度，a分量表示由绿色到红色的光谱变化，b分量表示由蓝色到黄色的光谱变化。
- 多通道模式：多通道模式图像包含了多种灰阶通道。将图像转换为多通道模式后，系统将根据原图像产生相同数目的新通道，每个通道均由256级灰阶组成，常用于特殊打印。

操作提示

当将RGB色彩模式或CMYK色彩模式图像中的任何一个通道删除时，图像模式会自动转换为多通道模式。

（三）图像文件格式

在Photoshop中存储作品时，应根据需要选择合适的文件格式进行保存。Photoshop支持多种文件格式，下面介绍一些常见的文件格式。

- PSD（*.PSD）格式：它是Photoshop软件默认生成的文件格式，是唯一能支持全部图像色彩模式的格式。以PSD格式保存的图像可以包含图层、通道、色彩模式等图像信息。
- TIFF（*.TIF、*.TIFF）格式：支持RGB、CMYK、Lab、位图和灰度等色彩模式，而且在RGB、CMYK和灰度等色彩模式中支持Alpha通道的使用。
- BMP（*.BMP、*.RLE、*.DIB）格式：是标准的位图文件格式，支持RGB、索引颜色、灰度和位图色彩模式，但不支持Alpha通道。
- GIF（*.GIF）格式：是CompuServe提供的一种格式，此格式可以进行LZW压缩，从而使图像文件占用较少的磁盘空间。
- EPS（*.EPS）格式：是一种PostScript格式，常用于绘图和排版。最显著的优点是在排版软件中能以较低的分辨率预览，在打印时则以较高的分辨率输出。它支持Photoshop中所有的色彩模式，但不支持Alpha通道。
- JPEG（*.JPG、*.JPEG、*.JPE）格式：主要用于图像预览和网页，该格式支持RGB、CMYK和灰度等色彩模式。使用JPEG格式保存的图像会被压缩，图像文件会变小，但会丢失掉部分不易察觉的色彩。
- PDF（*.PDF、*.PDP）格式：是Adobe公司用于Windows、Mac OS、UNIX和DOS系统的一种电子出版格式，包含矢量图和位图，还包含电子文档查找和导航功能。
- PNG（*.PNG）格式：用于在互联网上无损压缩和显示图像。与GIF格式不同，PNG支持24位图像，产生的透明背景没有锯齿边缘。PNG格式支持带一个Alpha通道的RGB和Grayscale色彩模式，用Alpha通道来定义文件中的透明区域。

三、任务实施

（一）启动Photoshop CS4

要使用Photoshop CS4图像处理，必须先启动该软件。使用以下任意一种方法都可启动Photoshop CS4。

- 双击桌面上的Photoshop CS4快捷方式图标。
- 选择【开始】/【所有程序】/【Adobe Photoshop CS4】菜单命令。
- 双击“我的电脑”中已经存盘的任意一个后缀名为.psd的文件。

（二）认识Photoshop CS4的工作界面

启动Photoshop CS4后，即可看到如图1-13所示的工作界面，主要由标题栏、菜单栏、工具属性栏、浮动面板、工具箱、图像窗口、状态栏等部分组成，下面分别进行介绍。

图1-13 Photoshop CS4工作界面

1. 标题栏

标题栏左侧显示了Photoshop CS4的程序图标和图像文件名称，右侧的3个按钮分别用于对图像窗口进行最小化、最大化/还原、关闭操作。

2. 菜单栏

菜单栏由“文件”、“编辑”、“图像”、“图层”、“选择”、“滤镜”、“3D”、“视图”、“窗口”和“帮助”9个菜单项组成，每个菜单项下内置了多个菜单命令。当菜单命令右下侧标有▸符号时，表示该菜单命令下还有子菜单，图1-14所示为“图像”菜单。

3. 工具箱

工具箱中集合了在图像处理过程中使用最频繁的工具，使用它们可以绘制图像、修饰图像、创建选区和调整图像显示比例等。工具箱的默认位置在工作界面左侧，将鼠标移动到工具箱顶部，可将其拖动到界面中的其他位置。

单击工具箱顶部的折叠按钮◀◀，可以将工具箱中的工具以紧凑型排列。单击该工具箱中对应的图标按钮，即可选择该工具。工具按钮右下角包含黑色小三角形时，表示该工具位于一个工作组中，其下还有隐藏的工具，在该工具按钮上按住鼠标左键不放或单击鼠标右键，可显示该工具组中隐藏的工具，如图1-15所示。

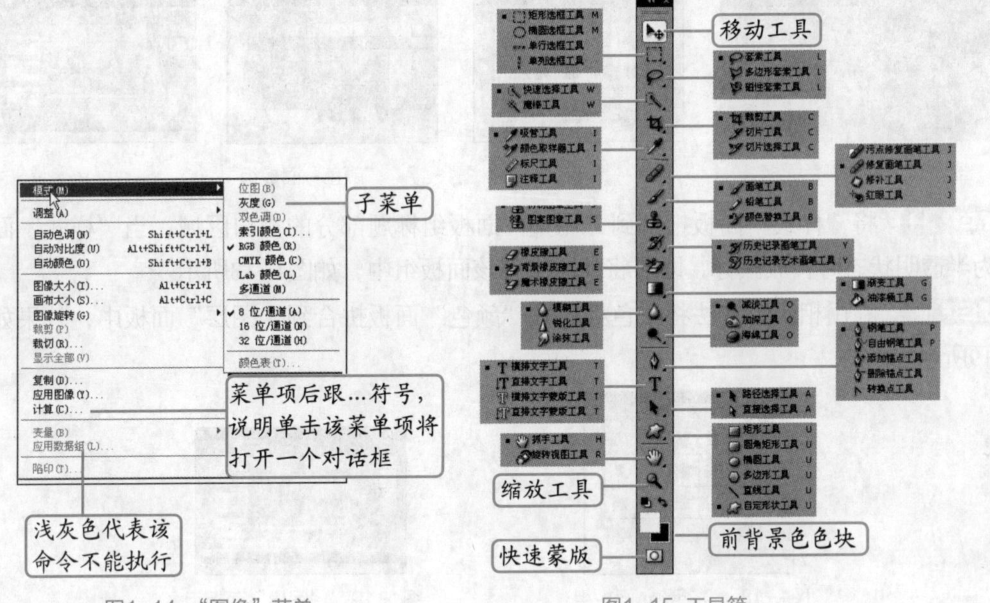

图1-14 “图像”菜单　　　图1-15 工具箱

4. 工具属性栏

在工具箱中选择工具后，在菜单栏下方的工具属性栏会对应显示当前工具的属性和参数，通过设置这些参数可以调整工具的属性。

5. 图像窗口

图像窗口相当于Photoshop的工作区，所有的图像处理操作都是在图像窗口中进行的。图像窗口的上方是标题栏，标题栏中可以显示当前文件的名称、格式、显示比例、色彩模式、所属通道和图层状态。如果该文件未被存储过，则标题栏以“未命名”并加上连续的数字作为文件的名称。

6. 面板组

在Photoshop CS4中，面板是工作界面中非常重要的一个组成部分，用于进行选择颜色、编辑图层、新建通道、编辑路径和撤销编辑等操作。在Photoshop CS4中可通过拖动的方法来调整面板的位置。

（三）自定义工作区

启动Photoshop CS4后，用户可以根据需要对工作区中面板的位置和显示状态进行调整，包括工具箱的显示、面板的分类组合等。其具体操作如下。

STEP 1 启动Photoshop CS4，在工具箱上侧单击◀◀按钮，单列显示工具箱。

STEP 2 将鼠标光标移到“颜色”面板组中的“样式”标签上，按住鼠标左键不放向左侧拖动，在灰色区域中释放鼠标，效果如图1-16所示，即可将“样式”面板从“颜色”面板组中拆分出来。

STEP 3 将“颜色”和“色板”面板从“颜色”面板组中拆分出来，拆分后的各个面板如图1-17所示。

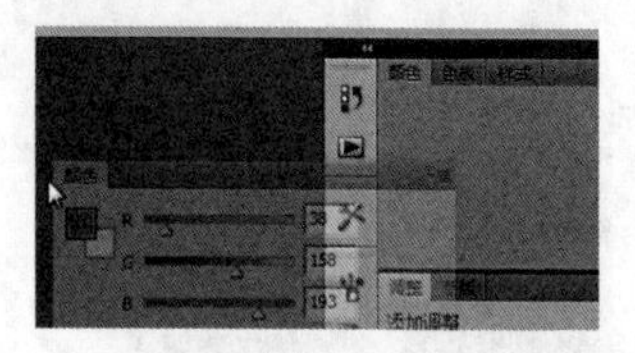

图1-16 拖动颜色面板

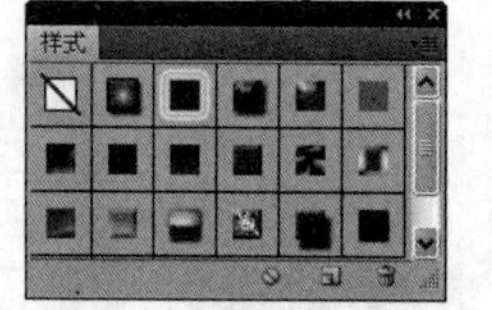

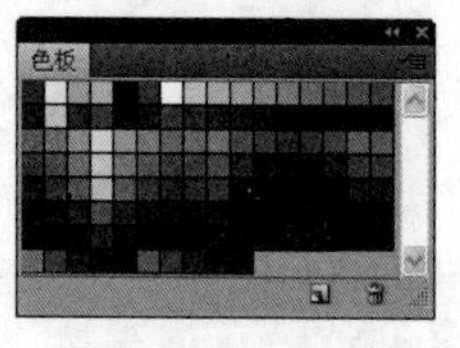

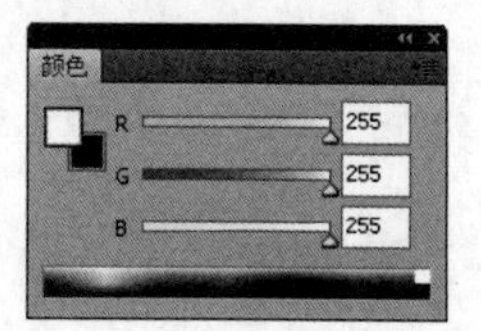

图1-17 “颜色”面板组

STEP 4 将“样式”面板拖动到“调整”面板组标题部分的空白区域，当“样式”面板变为半透明状态时释放鼠标，即可将其添加到该面板组中，如图1-18所示。

STEP 5 利用相同的方法将“色板”和“颜色”面板拼合到“图层”面板中，效果如图1-19所示。

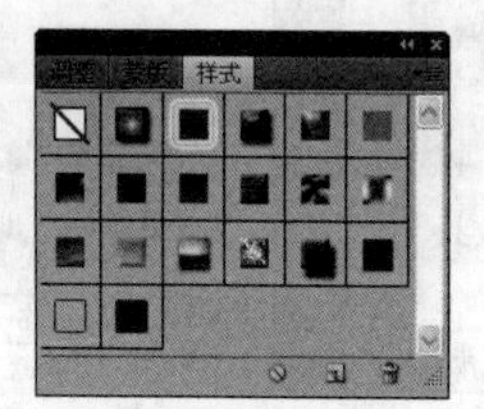

图1-18 “调整”面板组

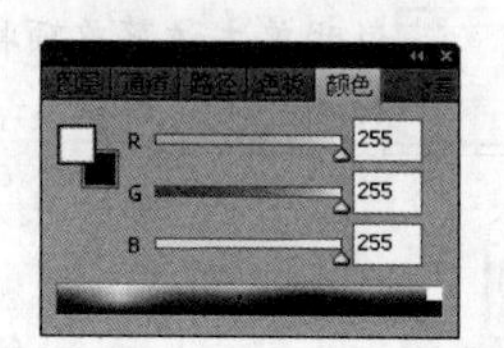

图1-19 “图层”面板组

STEP 6 选择【窗口】/【画笔】菜单命令，打开“画笔”面板组，如图1-20所示。

STEP 7 选择【窗口】/【工作区】/【存储工作区】菜单命令，打开如图1-21所示的“存储工作区”对话框，输入名称后单击 存储 按钮，即可存储设置的工作界面。

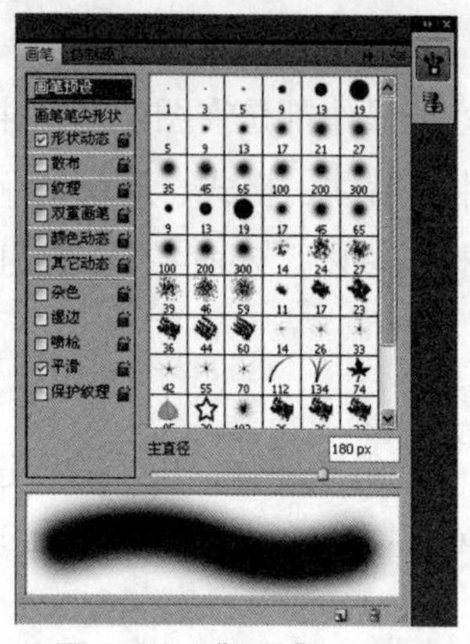

图1-20 “画笔”面板组

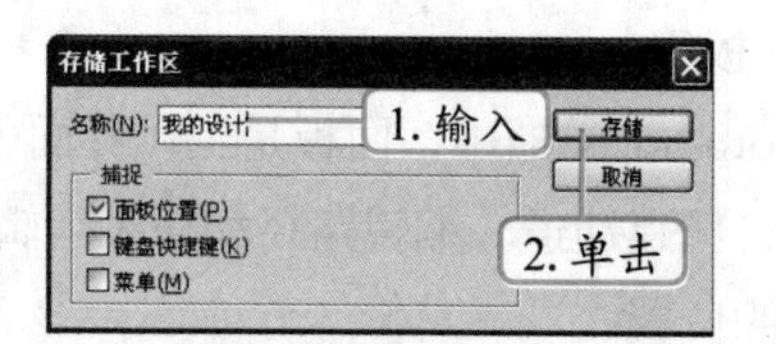

图1-21 “存储工作区”对话框

操作提示

为了方便图像的编辑，可以对面板进行显示和隐藏。方法是在面板组中单击◀◀按钮，将面板折叠显示为图标，再次单击该按钮则可展开。

（四）退出Photoshop CS4

退出Photoshop CS4主要有以下两种方法。

- 单击Photoshop CS4工作界面标题栏右侧的“关闭”按钮×。
- 选择【文件】/【退出】菜单命令。

任务二 制作精美的桌面壁纸

壁纸是为了美化视觉而设计的。用户可根据需要，制作出个性化的桌面壁纸。

一、任务目标

本任务将练习Photoshop CS4图像文件的基本操作，主要包括新建图像文件，设置标尺、参考线和网格，打开、复制、移动、存储和关闭图像等。通过本任务的学习，可以掌握新建、打开、复制、移动、存储图像文件的方法，以及设置标尺、参考线、网格的操作等。本任务制作完成后的最终效果如图1-22所示。

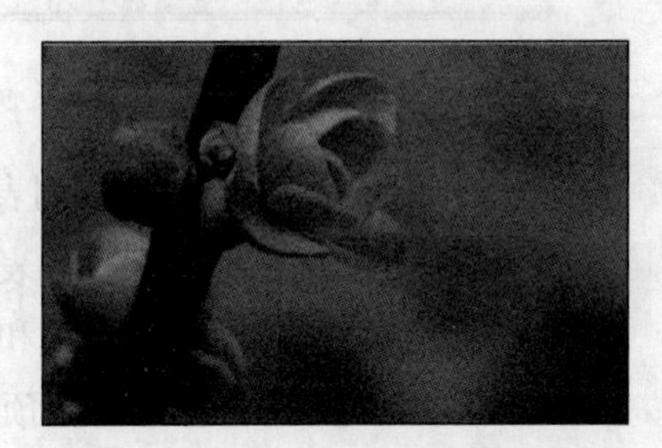

图1-22 “桌面壁纸”效果

二、相关知识

在制作电脑桌面壁纸时，需要根据当前电脑的分辨率来设置壁纸大小。下面主要介绍几种主流显示器的分辨率大小。

- 壁纸分辨率为1280像素×800像素时，匹配尺寸为12.1英寸、13.3英寸、14.1英寸和15.4英寸的宽屏液晶显示器。
- 壁纸分辨率为1440像素×900像素时，匹配尺寸为17英寸、19英寸宽屏液晶显示器。
- 壁纸分辨率为1024像素×768像素时，匹配尺寸为15英寸、17英寸普屏液晶显示器。
- 壁纸分辨率为1280像素×1024像素时，匹配尺寸为17英寸、19英寸普屏液晶显示器。

三、任务实施

（一）新建图像文件

新建文件是使用Photoshop CS4进行图像处理的第一步。其具体操作如下。

STEP 1 选择【文件】/【新建】菜单命令或按【Ctrl+N】组合键，打开“新建”对话框，在“名称”文本框中输入“桌面壁纸”文本。

STEP 2 在“宽度”和“高度”数值框中分别输入1280和800，在其后的下拉列表中选择“像素”选项，用于设置图像文件的尺寸。

STEP 3 在“分辨率”数值框中输入72，设置图像分辨率的大小，单位为“像素/英寸”。在“颜色模式”下拉列表中选择“RGB颜色”选项，设置图像的色彩模式，在其后的下拉列表中选择“8位”选项。

STEP 4 在“背景内容”下拉列表中选择“白色”选项，如图1-23所示。

STEP 5 单击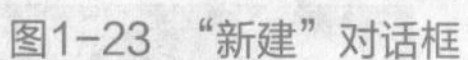按钮，即可新建一个图像文件，如图1-24所示。

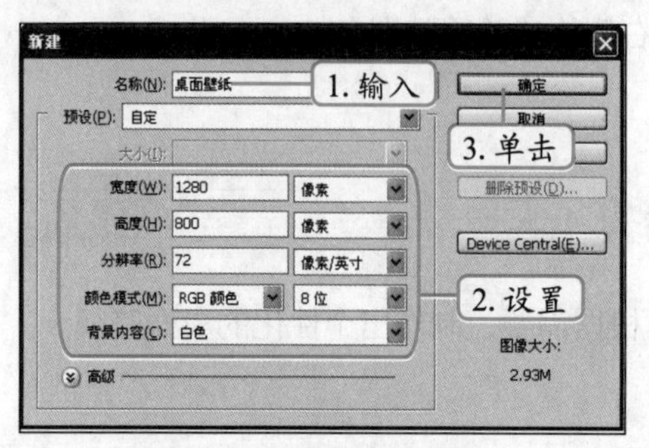

图1-23 “新建”对话框

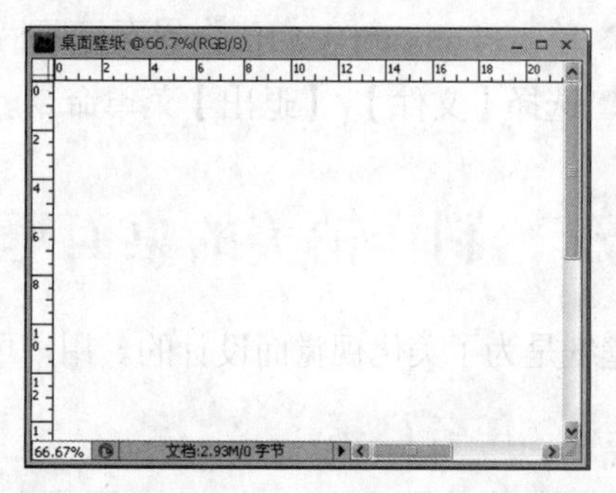

图1-24 新建的图像文件

在“预设”下拉列表框中还可设置新建文件的大小尺寸，单击右侧的按钮，在弹出的下拉列表中可选择需要的尺寸规格；单击“高级”按钮将展开“颜色配置文件”和“像素长宽比”两个下拉列表框，用于设置新建文件的大小尺寸，是对“预设”下拉列表框的补充。

（二）设置标尺、参考线和网格

在图像处理过程中标尺、参考线、网格可起到辅助设计的作用，用户可根据需要对标尺、参考线和网格进行设置，其具体操作如下。

STEP 1 在标尺上单击鼠标右键，在弹出的快捷菜单中选择“像素”命令即可将标尺单位设置为像素，如图1-25所示。

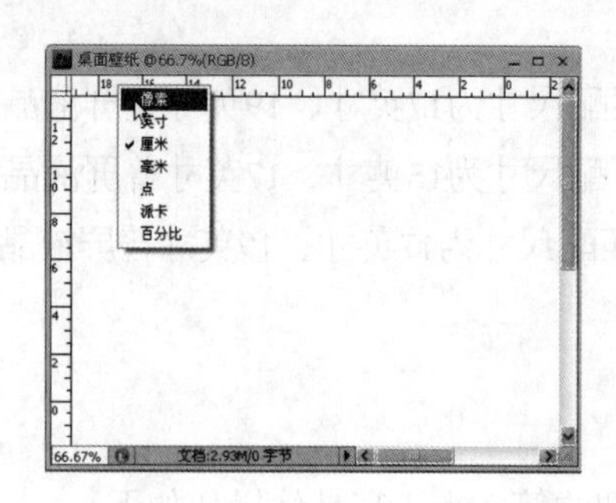

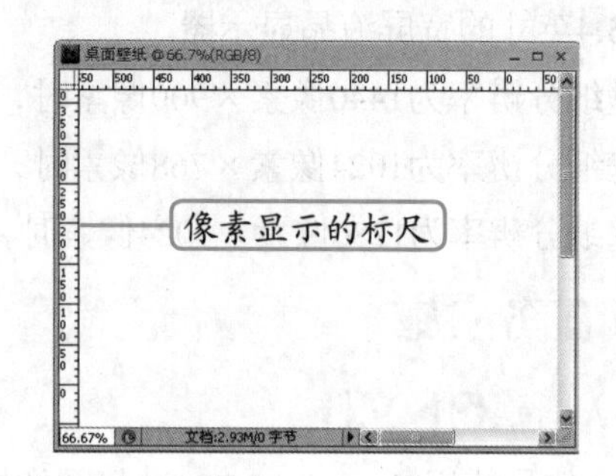

图1-25 设置标尺单位

选择【视图】/【标尺】菜单命令或者按【Ctrl+R】组合键，即可在打开的图像文件左侧边缘和顶部显示或隐藏标尺。

STEP 2 选择【编辑】/【首选项】/【参考线、网格和切片】菜单命令，或按【Ctrl+K】组合键打开“首选项”对话框，在“参考线”栏的“颜色”下拉列表中选择“绿色”选项，在“网格”栏的“颜色”下拉列表中选择“自定”选项，在“网格线间隔”文本框中输入12，并在其后的下拉列表框中选择“毫米”选项，如图1-26所示。

STEP 3 单击右侧的色块，在打开的“选择网格颜色”对话框中选择灰色（R:164,G:159,B:159），依次单击 确定 按钮。

STEP 4 选择【视图】/【新建参考线】菜单命令，打开“新建参考线”对话框，在“取向”栏中单击选中“水平”单选项，设置参考线方向，在“位置”文本框中输入参考线的位置，这里输入375px，如图1-27所示。

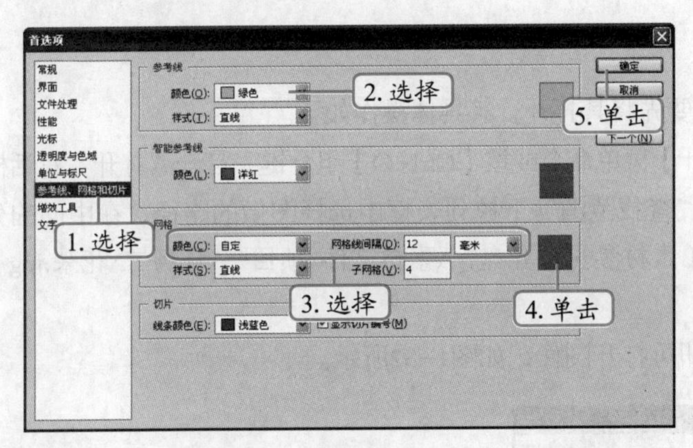

图1-26 “首选项”对话框

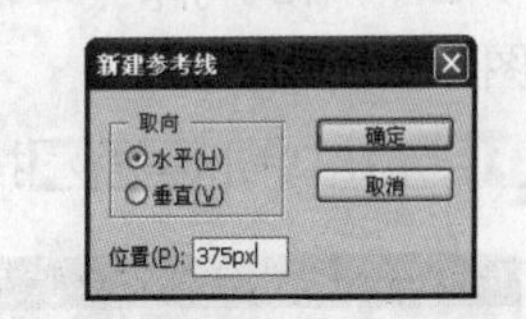

图1-27 “新建参考线”对话框

STEP 5 单击 确定 按钮即可在相应位置处创建一条参考线，效果如图1-28所示。

STEP 6 将鼠标移动到垂直标尺上，按住鼠标左键不放，向右拖动至水平标尺图像中间释放鼠标，即可创建一条参考线，如图1-29所示。

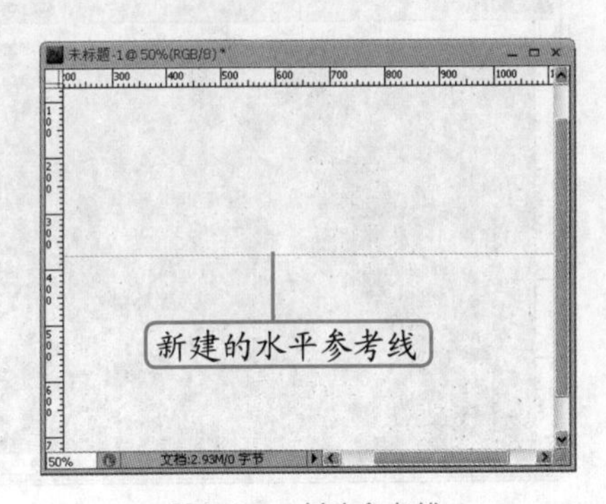

图1-28 创建参考线

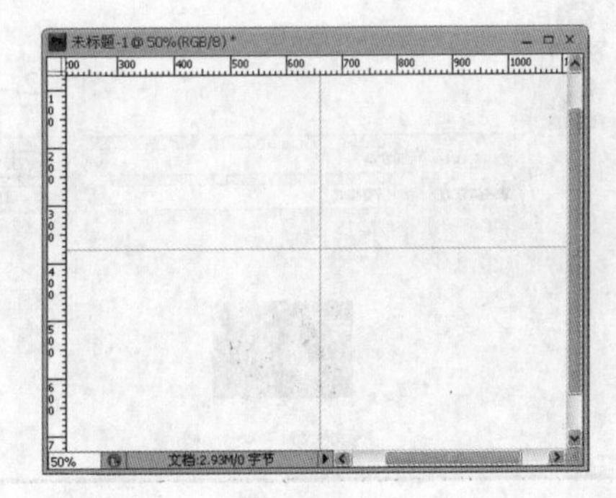

图1-29 新建的参考线效果

操作提示

选择【视图】/【显示】/【参考线】菜单命令即可显示或隐藏参考线，若要删除参考线，可选择【视图】/【清除参考线】菜单命令，或利用鼠标将参考线拖动到标尺上，也可删除参考线。

STEP 7 选择【视图】/【显示】/【网格】菜单命令即可将网格显示在图像窗口中，效果如图1-30所示。

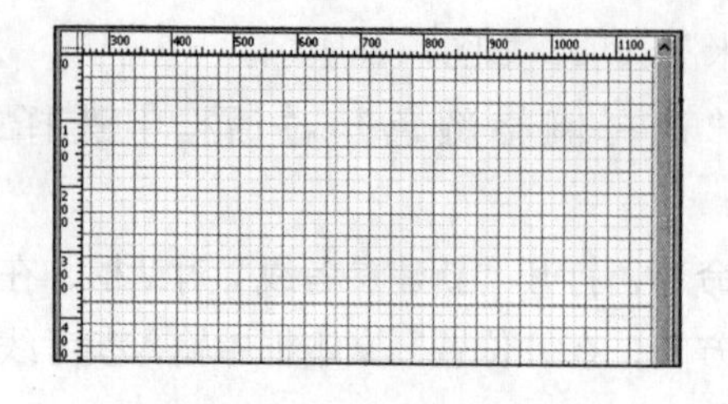

图 1-30　显示网格

再次选择【视图】/【显示】/【网格】菜单命令即可隐藏网格。

（三）打开图像文件

要对一幅图像进行编辑，需要先将其打开，其具体操作如下。

STEP 1 选择【文件】/【打开】菜单命令或按【Ctrl+O】组合键，打开“打开”对话框。

STEP 2 在打开的对话框的“查找范围”下拉列表框中选择图像的路径，在中间的列表框中选择“花朵.jpg”图像文件（素材参见：光盘：\素材文件\项目一\任务二\花朵.jpg），如图1-31所示。

STEP 3 单击 打开(O) 按钮，即可打开图像，如图1-32所示。

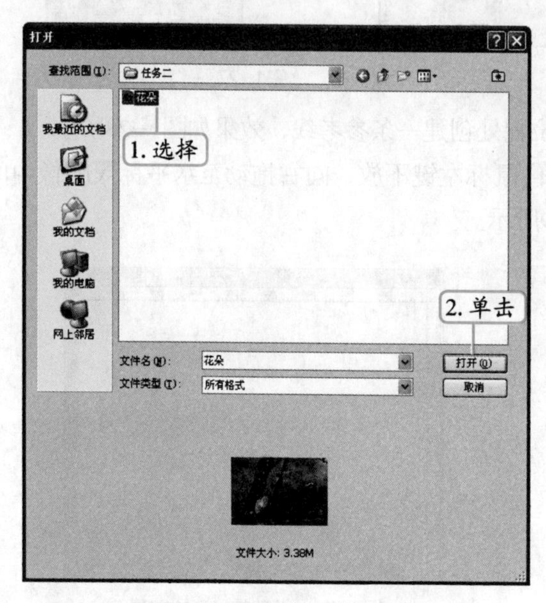

图1-31　设置“打开”对话框

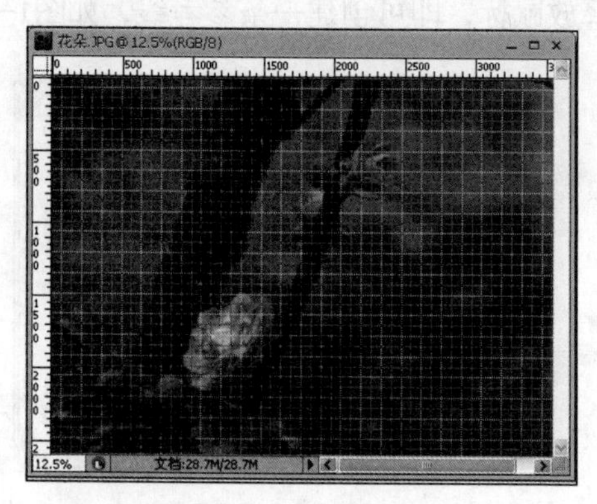

图1-32　打开的图像效果

（四）移动图像

在Photoshop CS4中可以将图像移动到其他地方进行编辑，下面将花朵图像移动到“桌面壁纸”文件中，其具体操作如下。

STEP 1 在工具箱中选择移动工具，将鼠标移动到“花朵”图像中，按住鼠标左键不放，将其拖动到“桌面壁纸”图像中，如图1-33所示。

STEP 2 由于花朵图像尺寸太大，在图像中拖动鼠标调整图像在画布中的显示位置，这里只显示需要的部分即可，如图1-34所示。

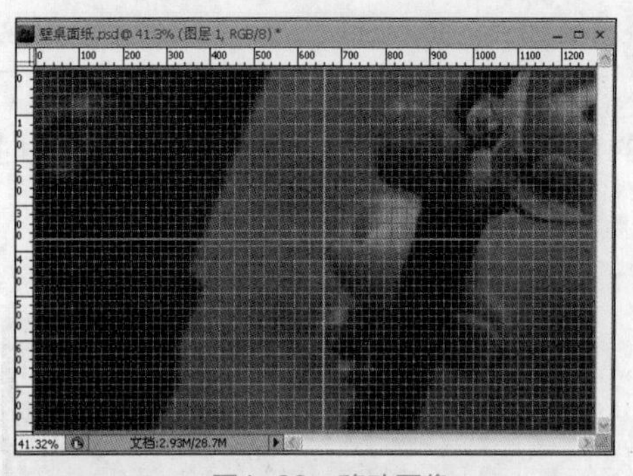

图1-33 移动图像

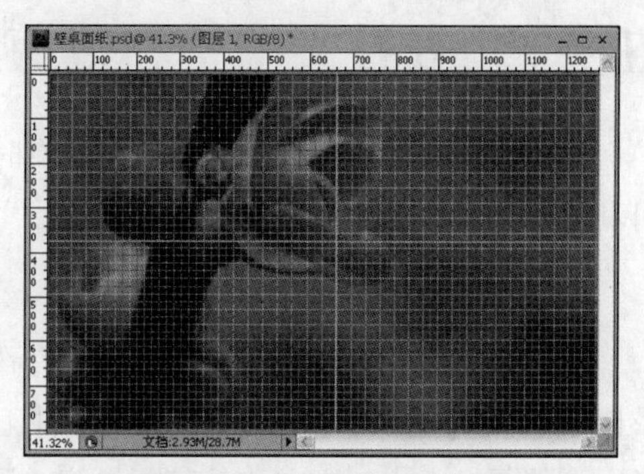

图1-34 调整图像位置

通过复制图像也可将一个图像移动到另一处，方法是按【Ctrl+A】组合键全选图像或通过选框工具创建需要复制的图像选区，然后按【Ctrl+C】组合键或选择【编辑】/【复制】菜单命令，再切换到目标图像窗口，按【Ctrl+V】组合键或选择【编辑】/【粘贴】菜单命令粘贴即可。

（五）存储和关闭图像

图像编辑好后可将其存储为合适的格式，以便下次使用，最后关闭图像文件，节约电脑资源，其具体操作如下。

STEP 1 选择【视图】/【显示】/【网格】菜单命令隐藏网格，选择【视图】/【显示】/【参考线】菜单命令隐藏参考线，效果如图1-35所示。

STEP 2 选择【文件】/【存储】菜单命令，打开“存储为”对话框，在“保存在”下拉列表中选择文件保存位置，在“文件名”文本框中输入文件名称，在“格式”下拉列表中选择“JPEG”选项，单击保存(S)按钮，如图1-36所示。

STEP 3 打开“JPEG选项”对话框，直接单击确定按钮。

STEP 4 单击图像窗口标题栏最右端的“关闭”按钮×即可关闭图像文件，完成操作（最终效果参见：光盘：\效果文件\项目一\任务二\桌面壁纸.jpg）。

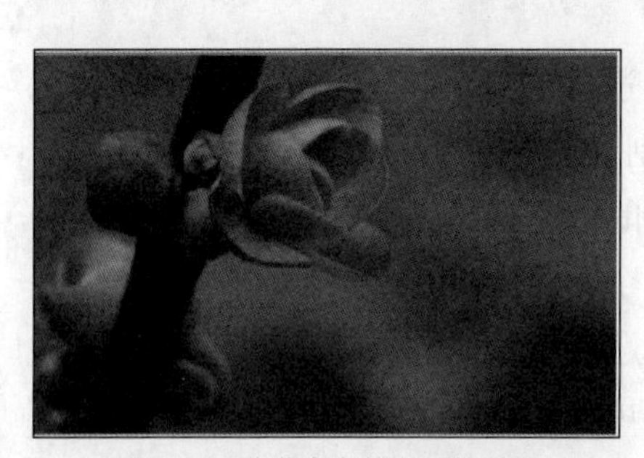

图1-35 隐藏参考线和网格效果

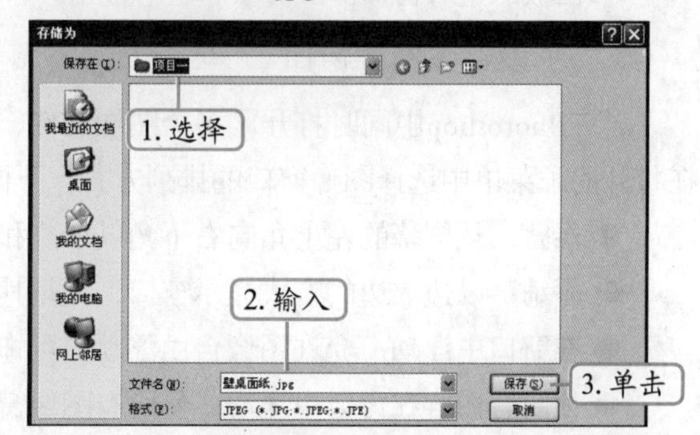

图1-36 设置“存储为”对话框

关闭图像文件的其他方法如下。

①选择【文件】/【关闭】命令。

②按【Ctrl+W】组合键或【Ctrl+F4】组合键。

任务三　查看、调整和裁剪照片

许多用户在使用相机拍照后，发现有时照片的尺寸、大小等不太适合实际需要，这时，可利用Photoshop来进行简单的处理。

一、任务目标

本任务将练习使用Photoshop CS4查看图像、调整图像和裁剪图像，主要包括使用各种工具查看图像、调整图像大小、方向和裁剪图像等。通过本任务的学习熟悉查看图像的方法，掌握调整图像的方法。本任务制作完成后的最终效果如图1-37所示。

图1-37　调整和裁剪照片

二、相关知识

在编辑图像时，通常会打开多个图像窗口或调整图像的显示方式，下面分别介绍如何设置图像的显示方式和多窗口查看图像的方法。

（一）切换视图显示方式

在Photoshop CS4中提供了3种视图模式，分别是标准屏幕模式、带有菜单栏的视图模式和全屏模式，根据在设计过程中的需要可以改变视图模式。在工作界面的标题栏中单击“屏幕模式”按钮右侧的下拉按钮，在打开的菜单中选择相应的模式命令即可，各模式的相关作用如下。

- 标准屏幕模式：默认的屏幕模式，可以显示菜单栏、标题栏、滚动条、其他屏幕元素。
- 带有菜单栏的全拼模式：显示有菜单栏和50%灰色背景，无标题栏和滚动条的全屏窗口。
- 全屏模式：显示只有黑色背景的图像编辑区域，无标题栏、菜单栏、滚动条等其他面板的全屏窗口。

（二）设置多图像窗口

若在Photoshop中同时打开了多个图像文件，可通过选择【窗口】/【排列】菜单命令，在打开的子菜单中选择图像窗口的排列方式，下面分别对这些排列方式进行讲解。

- 层叠：从屏幕的左上角向右下角以堆叠和层叠的方式显示图像窗口。
- 平铺：以边靠边的方式显示窗口，关闭其中一个，其他窗口会随之调整填满空间。
- 在窗口中浮动：允许图像自由浮动，可拖动标题栏移动窗口位置。
- 使所有内容在窗口中浮动：使所有图像窗口都可浮动。
- 将所有内容合并到选项卡中：该方式是Photoshop的默认显示方式，即全屏显示一个图像窗口，其他图像以选项卡的形式排列在这个窗口中。
- 匹配缩放：将所有窗口都匹配到与当前相同的缩放比例。
- 全部匹配：将所有图像的缩放比例、图像显示位置、画布旋转角度与当前窗口匹配。

● 为“（文件名）”新建窗口：为当前文档新建一个窗口，新建窗口与原来窗口互相影响，在其中一个窗口中执行某一操作，在另一个窗口中会执行同样的操作。

三、任务实施

（一）查看图像

对图像进行编辑时，需要不断地放大或缩小，以便调整细节或观察整体。查看图像主要包括使用导航器查看、使用缩放工具查看、使用抓手工具查看，下面分别进行讲解。

1. 使用导航器查看图像

使用导航器查看图像可以快速显示图像的细节部分，并能在导航器中查看完整的图像，便于整体和部分间的细节观察，其具体操作如下。

STEP 1 打开“照片.jpg”素材文件（素材参见：光盘：\素材文件\项目一\任务三\照片.jpg），如图1-38所示。

STEP 2 在右侧的面板组中单击“导航器”按钮，展开“导航器”面板，在其中拖动底部的滑块可调整显示比例，也可通过单击按钮放大或缩小图像，或直接在左侧的文本框中输入缩放比例，这里输入“50%”，如图1-39所示。

图1-38 素材文件

图1-39 放大后的图像效果

操作提示

导航器中的红色矩形框表示当前图像窗口中显示的内容的位置，利用鼠标拖动矩形框可调整图像在窗口中的显示。

2. 使用缩放工具查看图像

在工具箱中选择缩放工具可放大和缩小图像，也可使图像呈100%显示，其具体操作如下。

STEP 1 在工具箱中选择缩放工具，在需要放大的图像上拖曳鼠标，如图1-40所示。

STEP 2 释放鼠标，得到拖曳鼠标时选择部分放大的效果，如图1-41所示。

STEP 3 直接使用缩放工具单击图像可按预设的值放大图像。按住【Alt】键，当光标变为状态时，单击要缩小的图像，即可使视图以预设的百分比进行缩小。

图1-40　拖曳鼠标

图1-41　放大图像

3. 使用抓手工具查看图像

使用工具箱中的抓手工具可以在图像窗口中移动图像。图像放大后，在工具箱中选择抓手工具，在放大的图像窗口中按住鼠标左键拖动，可以查看图像的其他部分，如图1-42所示。

图1-42　使用抓手工具查看图像

图像的显示比例与图像实际尺寸是有区别的。图像的显示比例是指图像上的像素与屏幕的比例关系，而不是与实际尺寸的比例。改变图像的显示是为了方便操作，与图像本身的分辨率及尺寸无关。

（二）调整图像大小

图像的大小是指图像文件的存储空间大小，以千字节（KB）、兆字节（MB）或吉字节（GB）为度量单位，与图像的像素大小成正比，其具体操作如下。

STEP 1 选择【图像】/【图像大小】菜单命令，打开“图像大小”对话框，在其中按照图1-43所示进行设置。

STEP 2 单击 确定 按钮，即可应用设置。

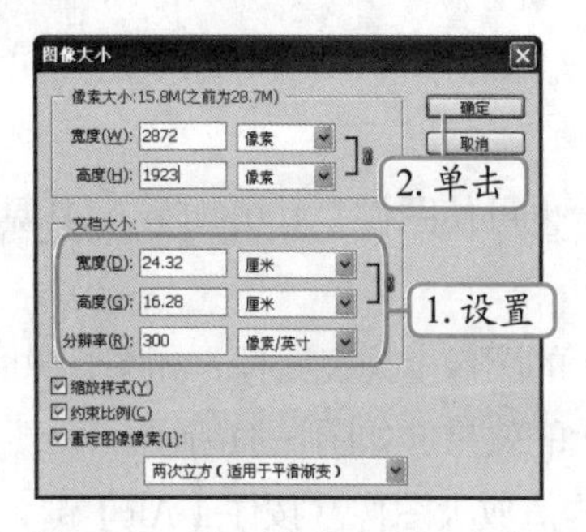

图1-43　设置“图像大小”对话框

在“像素大小”或“文档大小”栏中的各个数值框中输入数值可改变图像大小，也可在“分辨率”数值框中重设分辨率来改变图像大小。

（三）调整画布大小

画布大小是指图像可编辑区域的大小，在编辑图像的过程中可以根据需要进行调整，其具体操作如下。

STEP 1 选择【图像】/【画布大小】命令，打开“画布大小”对话框。

STEP 2 在“新建大小”栏的“宽度”文本框中输入“3872”，“高度”文本框中输入“2923”，如图1-44所示。

STEP 3 单击 确定 按钮应用设置，调整画布大小前后的效果如图1-45所示。

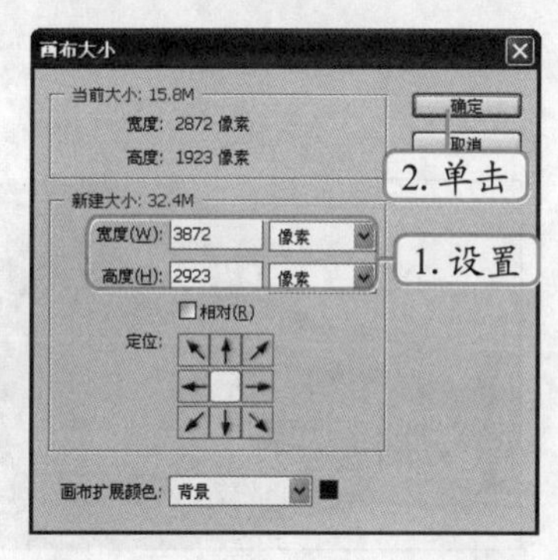

图1-44 设置“画布大小”对话框

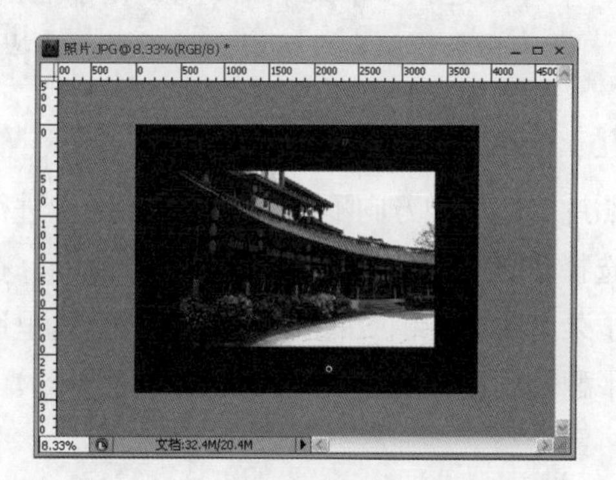

图1-45 调整“画布大小”后的效果

（四）撤销与重做

如果在Photoshop中对图像执行了误操作，可以使用“历史记录”面板撤销误操作，其具体操作如下。

STEP 1 单击右侧面板组中的“历史记录”按钮，展开“历史记录”面板，如图1-46所示。

STEP 2 单击“打开”记录就可以将图像恢复到打开时的状态，在这之后所做的操作（图像大小、画布大小等）将被撤销。选择“打开”记录操作后的“历史记录”面板如图1-47所示，其中“打开”记录后的操作都变成了灰色，表示这些操作都已被撤销。

STEP 3 此时单击灰色的记录选项，可以重新执行相关的操作，这里单击“图像大小”记录。

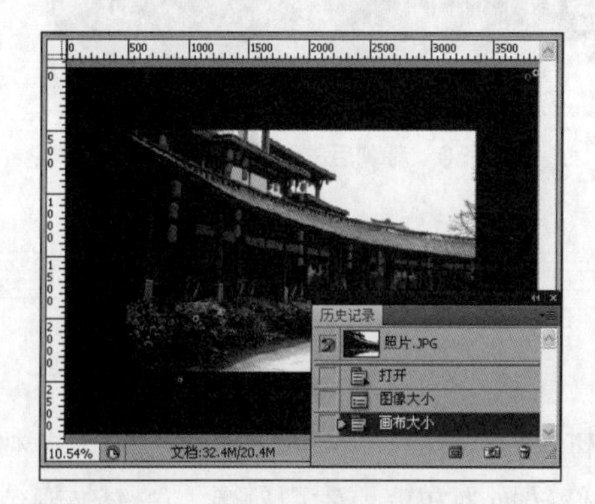

图1-46 “历史记录”面板

图1-47 选择“打开”

还可以通过撤销命令来撤销操作，方法有以下两种。

①按【Ctrl+Z】组合键可以撤销最近一次的操作，再次按【Ctrl+Z】组合键又可以重做被撤销的操作，每按一次【Alt+Ctrl+Z】键可以向前撤销一步操作，每按一次【Shift+Ctrl+Z】组合键可以向后重做一步操作。

②选择【编辑】/【还原】菜单命令可以撤销最近一次的操作，撤销后选择【编辑】/【重做】菜单命令又可恢复该步操作，每选择一次【编辑】/【后退一步】菜单命令可以向前撤销一步操作，每选择一次【编辑】/【前进一步】菜单命令可以向后重做一步操作。

（五）旋转图像

若照片中的图像方向不合适，还可对图像进行旋转，选择【图像】/【旋转画布】菜单命令，在打开的子菜单中选择相应的旋转命令即可，这里选择“水平翻转画布”命令，效果如图1-48所示。

图1-48　旋转图像

（六）裁剪图像

使用工具箱中的裁剪工具，可删除图像中不需要的部分，其具体操作如下。

STEP 1 在工具箱中选择裁剪工具，在图像中拖动绘制一个裁剪框，然后拖动变换框四周的控制点调整裁剪框的大小，如图1-49所示。

STEP 2 在工具属性栏上单击✓按钮，如图1-50所示。

图1-49　创建裁剪区域

图1-50　裁剪后的最终效果

实训一　转换图像色彩模式

【实训要求】

打开提供的素材文件（素材参见：光盘：\素材文件\项目一\实训一\花朵.jpg），利用“模式”命令转换图像的色彩模式。要求分别将图像转换为灰度、索引颜色、CMYK颜色、多通道和Lab颜色色彩模式。

【实训思路】

本任务要求将提供的素材转换成不同的色彩模式，通过调整命令下的子菜单即可完成。注意，有的色彩模式并不能直接从RGB模式转换而得，需要先转换为其他颜色模式。本实训的参考效果如图1-51所示。

图1-51 转换色彩模式前后的效果

【步骤提示】

STEP 1 通过桌面快捷方式启动Photoshop CS4，选择【文件】/【打开】菜单命令，打开"花朵.jpg"图像文件。

STEP 2 在图像的标题栏上可以看到该图像为RGB模式，选择【图像】/【模式】/【灰度】菜单命令，在打开的提示对话框中单击 扔掉 按钮，将其转换为灰度模式。

STEP 3 利用相同的方法将图像转换为其他色彩模式，完成制作。

实训二 制作照片相框效果

【实训要求】

本实训要求将提供的"画框.jpg"和"花朵.jpg"（素材参见：光盘：\素材文件\项目一\实训二\花朵.jpg、画框.jpg）图像文件，合成为如图1-52所示的效果，主要包括打开图像、选择图像、移动图像、调整图像大小等操作。

图1-52 制作相框效果

【实训思路】

本实训主要练习Photoshop CS4的基本操作，要实现本实训效果，需先打开图像，然后裁剪图像到合适位置，调整“花朵.jpg ”图像的大小，然后将其复制到“画框.jpg ”图像中，最后保存即可。

【步骤提示】

STEP 1 启动Photoshop CS4，按【Ctrl+N】组合键打开“打开”对话框，在其中选择“画框.jpg”和“花朵.jpg”素材文件并将其打开。

STEP 2 切换到“相框.jpg”图像窗口，在工具箱中选择裁剪工具，将相框周围不需要的图像裁剪掉。

STEP 3 切换到“花朵.jpg”图像窗口，选择【图像】/【图像大小】菜单命令，在其中设置图像大小。

STEP 4 通过鼠标将花朵图像移动到相框图像中，并调整位置，完成制作（最终效果参见：光盘：\效果文件\项目二\实训二\相框.psd）。

常见疑难解析

问：Photoshop CS4中除了可处理位图外，还可以绘制矢量图吗？

答：可以，Photoshop CS4具有绘制矢量图的功能。使用工具箱中的钢笔工具组和形状工具组即可直接绘制出矢量图。

问：在Photoshop中设计和处理图像时，设置哪一种色彩模式较好？

答：如果用于印刷，则需要设置CMYK模式来处理图像，如果已经是其他色彩模式的图像，在输出印刷之前，应该将其转换为CMYK模式。

问：为什么有时候使用鼠标在图像上边缘和左边缘拖动，不能将参考线拖动出来，要怎样才能解决呢？

答：在没有显示标尺的情况下，可以选择【视图】/【新建参考线】菜单命令，在打开的对话框中设置参数。如果要手动拖出参考线，首先要显示标尺，选择【视图】/【标尺】菜单命令，或按【Ctrl+R】组合键显示标尺，然后使用鼠标在图像上边缘和左边缘拖动，即可得到参考线。

问：使用“网格”命令添加的网格效果可以直接用于作品中的网格制作吗？

答：网格在图像中的功能是辅助精确作图，当使用其他软件打开图片或者打印图片时，网格不会出现。如果要制作网格效果图，就要使用画笔工具沿网格绘制直线，这样保存或者打印图片时，才有网格效果。

问：在打开图像文件时，为什么有的文件要很长的时间才能打开？

答：这是因为被打开的文件太大了，一般情况下创建的文件只有几十KB或几百KB，而有的文件（如建筑效果图、园林效果图等）可能有几百MB，所以计算机在打开这类文件时花费的时间比较长。

拓展知识

1. 如何学好Photoshop

Photoshop是一款功能强大的图像处理软件，主要作用就是进行图像处理，且在日常工作和生活中，图像处理也很常见，如何学好Photoshop CS4呢？下面总结了一些方法和建议以供参考。

- 多方面获取素材：学好Photoshop并制作出有创意的作品，最关键的一步是多方面地获取素材，为设计提供更多的思路和创意，素材的获取方法和途径主要包括购买素材光盘、网上下载、手绘、拍照等。
- 多练、多看、多想：学习软件，多练是必不可少的一步，除了书中介绍的实例和练习外，读者应养成多练的习惯，在练习中提高自己的创作能力。另外，个人的艺术修养很重要，应有意识地培养自己的审美和想象能力，欣赏好的设计作品，并进行消化、吸收和借鉴。
- 多用快捷键：Photoshop CS4中大部分的操作可通过快捷键来实现，本书在相关部分也有相应的快捷键使用方法的介绍，记住这些快捷键，可在学习和创作过程中提高工作效率。
- 勇于创新：创新就是要独创出另一种意境，让受众从固有的思维模式中解放出来，不墨守成规，以发散的思维创作作品，同时把握住空间和尺度、色彩和色调、形状视觉效果等。另外，资料越丰富，越有益创新，需要注意的是在创新的过程中保证作品的真实性、感染力和独特性。

2. 自定义快捷键

Photoshop CS4的自定义快捷键功能可以让用户根据需要对菜单命令、工具的选择和面板的常用操作命令自定义所需的快捷键，以提高工作效率。方法是：选择【编辑】/【键盘快捷键】菜单命令，打开"键盘快捷键和菜单"对话框，在"快捷键用于"下拉列表中提供了"应用程序菜单"、"面板菜单"和"工具"3个选项。在其中选择相应的选项，在下方的列表框中可选择相应的选项命令，在右侧的列表框中输入新的快捷键即可，如图1-53所示。

图1-53　自定义快捷键

3. 置入和导入图像

在Photoshop中可以置入或导入其他格式的文件，以提高图像处理效率。通过“置入”命令可以置入*.AI和*.EPS格式的矢量图像文件，其中*.AI格式是Illustrator软件生成的格式，这样可以方便用户在Illustrator等软件中绘制图像轮廓，方法是选择【文件】/【置入】菜单命令，在打开的“置入”对话框中选择需要置入的图像文件，单击置入(P)按钮即可将图像置入到文件中；而通过“导入”命令，则可以导入扫描仪等设备中的图像以及PDF中的图像文件。

课后练习

（1）分别使用抓手工具、导航器和缩放工具查看“风景”图像（素材参见：光盘：\素材文件\项目一\课后练习\风景.jpg），可将图像放大查看细节，也可将图像缩小观察整体，如图1-54所示。

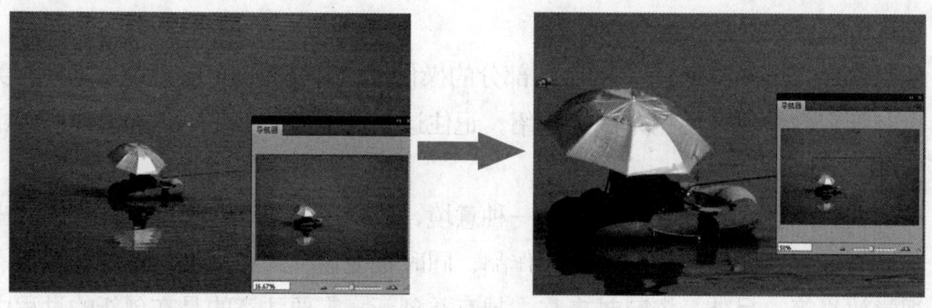

图1-54　放大查看图像效果

（2）打开“边框.jpg”和“景色.jpg”图像文件（素材参见：光盘：\效果文件\项目一\课后练习\边框.jpg、景色.jpg），将两幅图像合并成一幅，参考效果如图1-55所示（最终效果参见：光盘：\效果文件\项目一\课后练习\画框里的图像.psd）。

图1-55　画框里的图像效果

PART 2

项目二 绘制和编辑选区

情景导入

阿秀：小白，Photoshop的基础你能掌握了吗？

小白：已经比较熟练了，但还想学习更深层次的图像操作，比如合成图像，可以教我吗？

阿秀：不要着急，要一步一步把基础打牢，才能成长为一名Photoshop高手，现在要学习的是图像处理的第一个操作——建立选区。

小白：选区是什么，有什么作用？

阿秀：选区是通过各种选区绘制工具在图像中创建的全部或部分图像区域，在图像中呈流动的蚂蚁爬行状态显示，作用是保护选区外的图像不受影响，即各种操作只对选区内的图像有效。

小白：好的，我会认真学习的。

学习目标

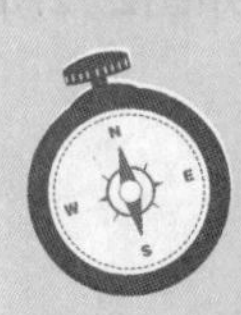

- 掌握选区工具的使用方法
- 掌握描边、修改和填充选区的方法
- 掌握取消选区、反选选区、羽化选区和变换选区的方法
- 熟悉存储和载入选区的操作方法

技能目标

- 掌握“CD光盘封面”图像文件的制作方法
- 掌握“鼠标上的小人”图像文件的制作方法
- 能够使用选区工具创建各种选区

任务一 制作“CD光盘封面”

CD光盘封面是在CD光盘制作好后针对光盘中的内容来设计的封面，使用Photoshop设计光盘封面需要先利用选区工具来创建选区，然后进行编辑，下面具体介绍其制作方法。

一、任务目标

本任务将练习使用Photoshop CS4的选区工具制作CD光盘的封面，在制作时可先创建选区，然后对选区进行编辑。通过任务的学习，可以掌握选区的创建方法，同时对选区的编辑操作有一定的了解。本任务制作完成后的最终效果如图2-1所示。

图2-1 光盘封面图像效果

在设计CD光盘封面时需要先了解光盘的尺寸，设计时要预留一定的出血。光盘设计包括单出和连片，出片方式不同，其尺寸也不相同。本任务只制作光盘的盘面效果，因此，设计尺寸可根据光盘的尺寸而定。一般光盘盘面尺寸外径（即整个光盘的半径）为118毫米，内径（即光盘中的中心圆半径）为36毫米。

二、相关知识

在Photoshop中可通过矩形选框工具创建规则的选区，同时可在工具属性栏设置参数，以完成实际工作中创建选区的需要。下面对这些选框工具及其对应的工具属性栏进行简单介绍。

（一）矩形选框工具组的作用

主要包括矩形选框工具、椭圆选框工具、单行选框工具和单列选框工具，如图2-2所示，下面具体介绍各工具的使用方法。

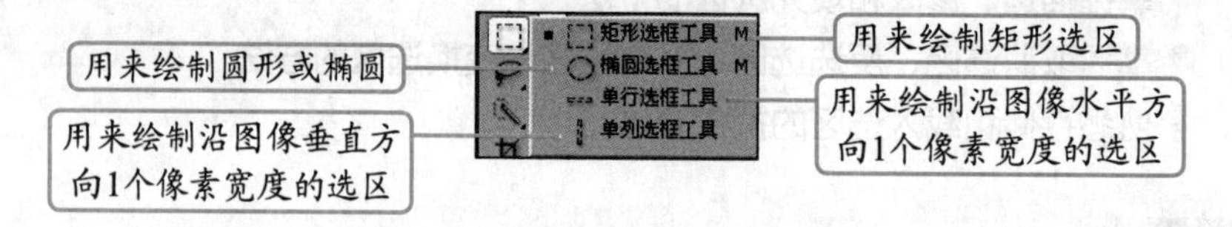

图2-2 矩形选框工具组的4个选框工具

1. 矩形选框工具

使用矩形选框工具可以创建规则的矩形选区，在其工具属性栏中可以设置长和宽，也可设置固定长宽比，同时还可以创建边缘平滑的羽化选区。在工具箱中选择矩形选框工具，然后在图像区域拖曳鼠标即可绘制矩形的选区，如图2-3所示。

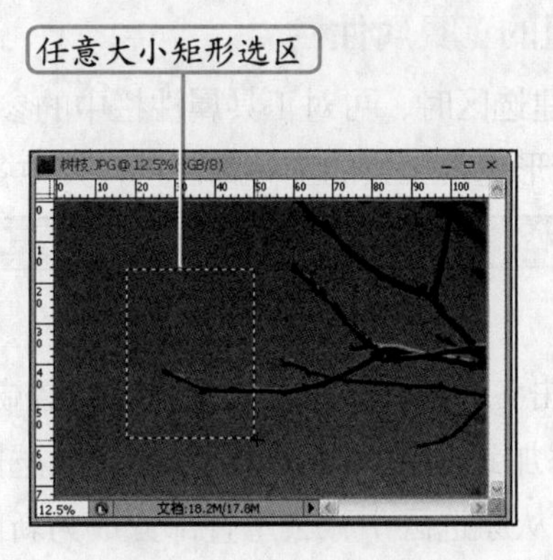

图2-3 绘制矩形选区

2. **椭圆选框工具**

使用椭圆选框工具可以创建椭圆选区。与矩形选区一样，椭圆选区的大小也可以根据需要进行设置。在工具箱选择椭圆选框工具，在图像窗口中需要的位置处拖动即可绘制椭圆选区，如图2-4所示；按住【Alt】键可以从选区中心开始创建选区，按住【Shift】键可以创建圆形选区，如图2-5所示。

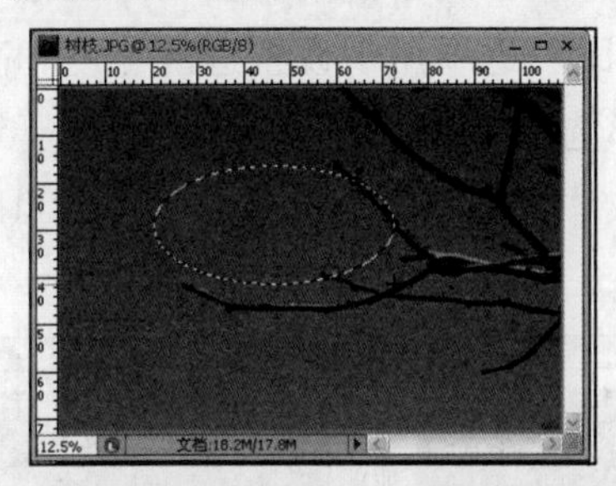

图2-4 绘制椭圆选区

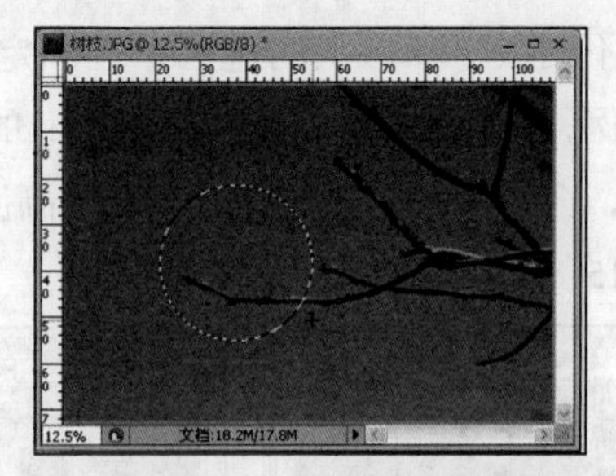

图2-5 绘制圆形选区

3. **单行选框工具**

使用单行选框工具可以在图像上创建1像素的水平选区，在工具箱中选择单行选框工具，在图像窗口中单击即可，如图2-6所示。

4. **单列选框工具**

使用单列选框工具可以在图像上创建1像素的垂直选区，在工具箱中选择单列选框工具，在图像窗口中单击即可，如图2-7所示。

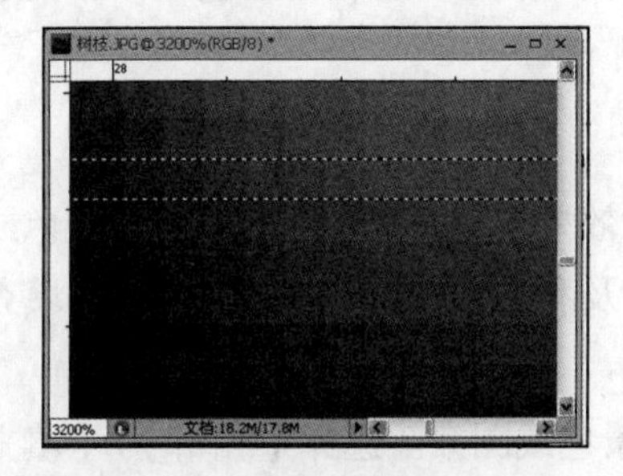

图2-6 单行选区

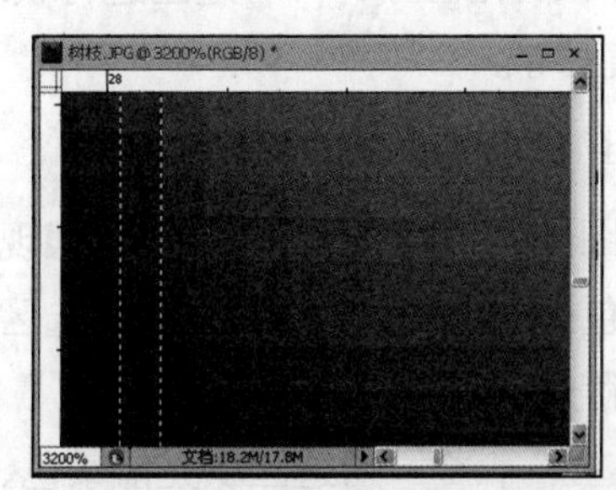

图2-7 单列选区

（二）矩形选框工具组的工具属性栏

使用矩形选框工具组创建选区时，可对工具属性栏中的参数进行设置，从而控制选区的形状和样式。图2-8所示为矩形选框工具的工具属性栏，其中各选项含义如下。

图2-8　矩形选框工具属性栏

- 按钮组：单击各个按钮，可以控制选区的增减。“新选区”按钮表示创建一个新的选区，“添加到选区”按钮表示创建的选区与已有选区合并，“从选区中减去”按钮表示从原选区中减去重叠部分成为新的选区，“与选区交叉”按钮表示创建的选区与原选区的重叠部分作为新的选区。
- “羽化”文本框：在该文本框中输入数值后，在图像区域创建的选区具有边缘平滑的效果，图2-9所示为羽化20px后的矩形选区。
- “消除锯齿”复选框：用于消除选区锯齿边缘，该复选框只有在选取了椭圆选框工具后才会被激活。
- “样式”下拉列表框：用于设置选区的形状，在下拉列表框中“正常”选项可创建不同大小和形状的选区；“固定长宽比”选项用于设置选区宽度和高度之间的比例，图2-10所示为长宽比为2:1的矩形选区；“固定大小”选项用于锁定选区大小，在右侧激活的“宽度”和“高度”文本框中可输入具体值，图2-11所示为宽度“15”、高度“17”的效果。

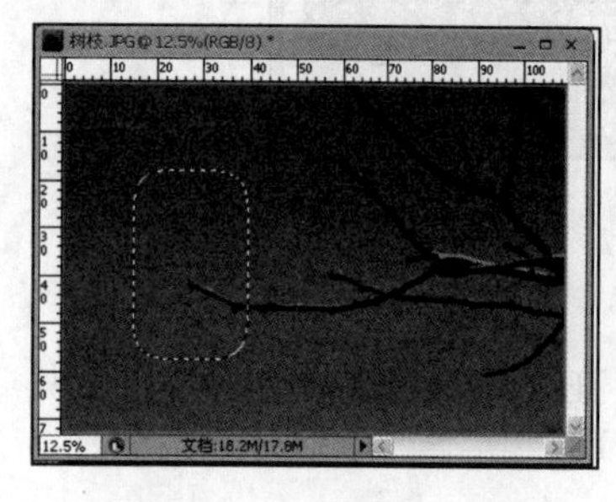

图2-9　羽化20px的选区

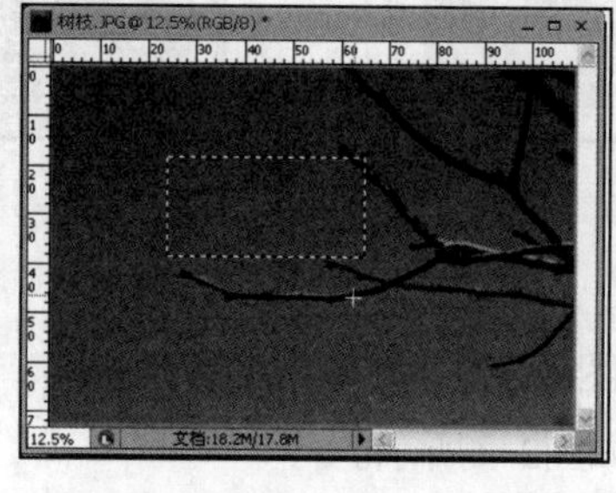

图2-10　固定长宽比

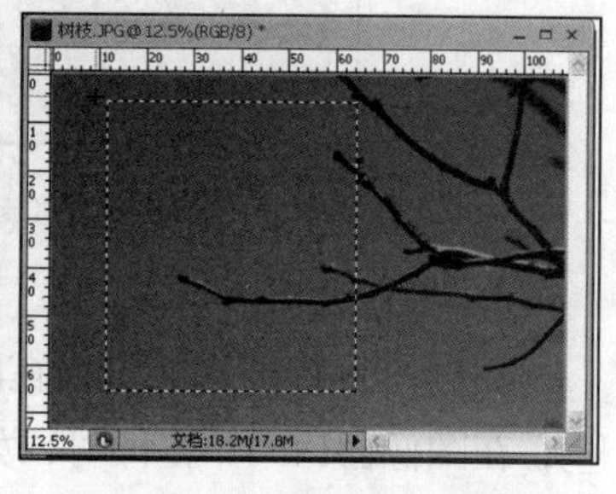

图2-11　固定大小

- 调整边缘...按钮：单击该按钮，在打开的“调整边缘”对话框中可定义边缘半径、对比度和羽化值等，可对选区进行收缩和扩充，还可选择显示模式，如快速蒙版和蒙版模式等。

（三）填充选区

在处理图像的过程中，为了更好地表现图像效果，有时需在选区中填充颜色或图案。填充选区主要包括使用“填充”命令填充选区，以及利用渐变工具和油漆桶工具填充选区等，下面分别进行介绍。

- “填充”命令：对选区填充前景色、背景色或图案。选择【编辑】/【填充】菜单命令，打开“填充”对话框，在其中设置填充颜色和不透明度等参数，单击确定按钮即可。

- 渐变工具▣：对图像选区或图层进行各种渐变填充。方法是在工具箱中选择渐变工具，然后在工具属性栏中设置渐变颜色和方式等参数，在图像中拖动鼠标填充即可。
- 油漆桶工具：对选区或图层中的图像填充指定的颜色或图案。选择油漆桶工具，然后在工具属性栏中设置相关参数，在需要填充的地方单击鼠标即可。

三、任务实施

（一）使用椭圆选框工具创建选区

下面利用椭圆选框工具创建圆形选区，制作光盘的形状，其具体操作如下。

STEP 1 启动Photoshop CS4，新建一个大小为“12.6cm×12.6cm”，分辨率为“150”的图像文件。

STEP 2 按【Ctrl+R】组合键显示参考线，分别从左侧和上侧的标尺上拖出两根参考线，参考线相交的位置即为光盘圆心，如图2-12所示。

STEP 3 在工具箱中的矩形选框工具上单击鼠标右键，在弹出的快捷菜单中选择“椭圆选框工具”按钮。

STEP 4 在工具属性栏的样式下拉列表框中选择“固定大小”选项，在其后的文本框中输入“11.7cm”。

STEP 5 按住【Alt】键，在图像区域的参考线交叉处单击即可绘制直径为11.7cm的圆形选区，如图2-13所示。

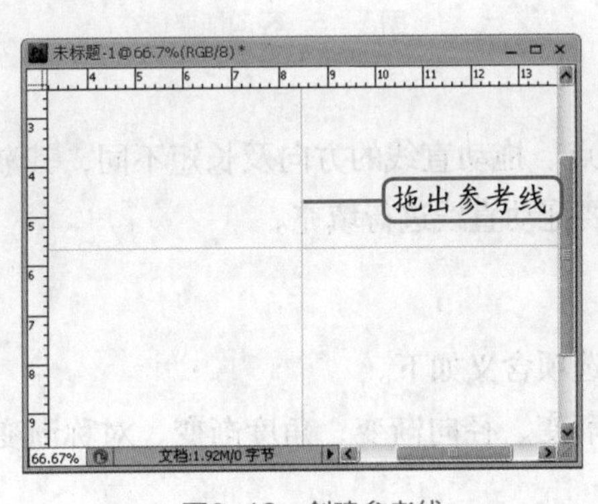

图2-12 创建参考线

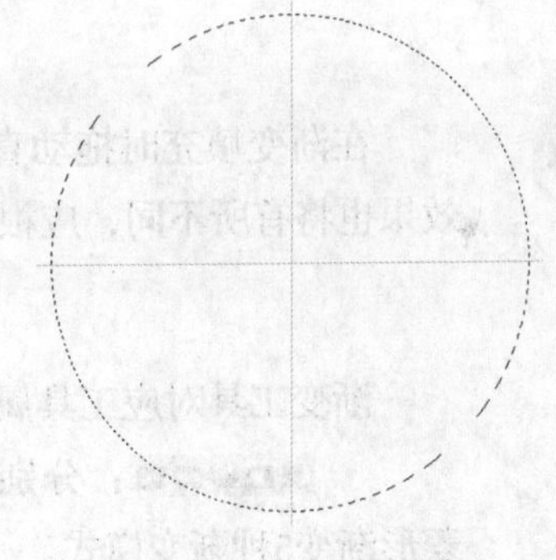

图2-13 绘制圆形选区

在图像窗口中按住【Alt】键的同时拖动鼠标，可以从中心创建选区，按住【Shift】键的同时拖动鼠标可以绘制圆形选区。

（二）使用渐变工具填充选区

在图像处理的过程中，为了更好地表现图像效果，常常需要在选区中填充颜色或图案。下面为创建的选区填充渐变颜色，其具体操作如下。

STEP 1 在工具箱中单击“渐变工具”按钮，在工具属性栏中单击“渐变编辑器”按钮，打开“渐变编辑器”对话框。

STEP 2 在“预设”栏中选择“黑，白渐变”选项，在颜色条上单击选中左下侧的“色标”滑块。

STEP 3 单击“色标”栏的“颜色”色块，打开“选择色标颜色”对话框，在其中设置颜色为灰色（R:203,G:203,B:203），单击 确定 按钮。

STEP 4 返回“渐变编辑器”对话框，如图2-14所示，单击 确定 按钮。

STEP 5 在工具属性栏中单击按钮，设置径向渐变，然后单击选中“反向”复选框，使渐变颜色反向，在图像中心向边缘拖动鼠标，进行渐变填充，效果如图2-15所示。

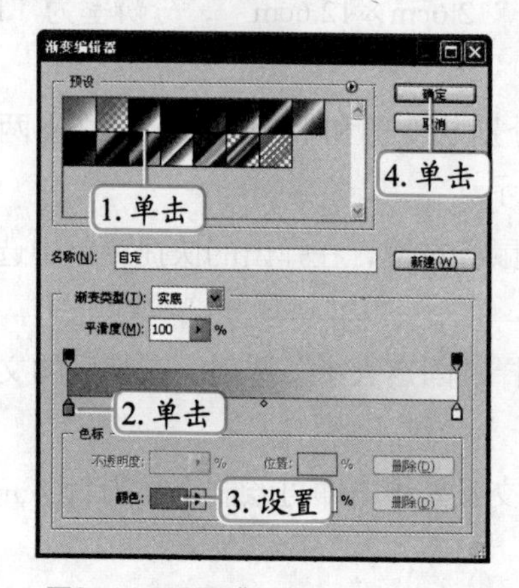

图2-14 设置“渐变编辑器”对话框

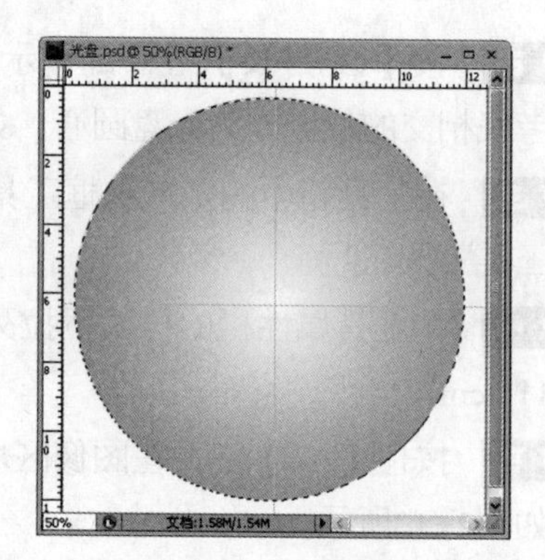

图2-15 径向渐变填充

在渐变填充时拖动直线的出发点、拖动直线的方向及长短不同，其渐变效果也将有所不同，应根据具体需要拖动直线进行填充。

渐变工具对应工具属性栏中各选项含义如下。

① ：分别代表线性渐变、径向渐变、角度渐变、对称渐变、菱形渐变5种渐变模式。

② “模式”下拉列表框：用于设置填充渐变颜色与其他图像进行混合的方式，各选项与图层的混合模式作用相同。

③ “不透明度”下拉列表框：用于设置填充渐变颜色的透明程度。

④ “仿色”复选框：选中该复选框可使用递色法来表现中间色调，使颜色渐变更加平顺。

⑤ “透明区域”复选框：选中该复选框可设置不同颜色段的透明效果。

（三）全选和反选选区

在图像中若要将全部图像应用到其他图像文件中，可通过全选快速实现。通过反选选区可快速将图像的选中区域和未选择区互换。下面全选提供的素材图像，将其复制到光盘中，然后通过反选删除不需要的部分，其具体操作如下。

STEP 1 打开提供的“照片.jpg”图像文件（素材参见：光盘：\素材文件\项目二\任务一\照片.jpg），如图2-16所示。

STEP 2 选择【图像】/【计算】菜单命令，打开“计算”对话框，在其中按照图2-17所示进行设置。

STEP 3 完成后单击 确定 按钮应用设置，更改图像的颜色。

图2-16 打开素材图像

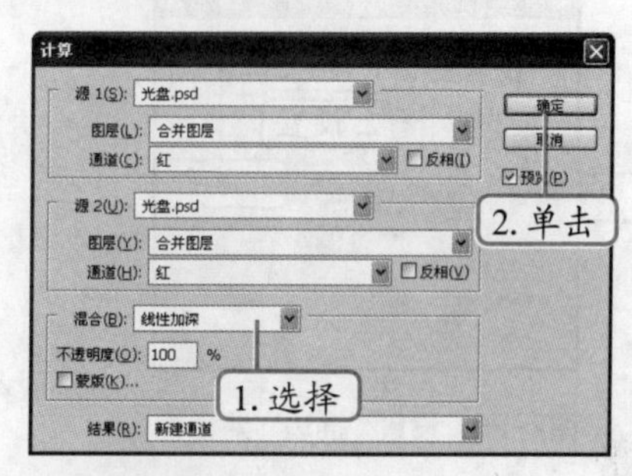

图2-17 设置“计算”对话框

STEP 4 选择【选择】/【全部】菜单命令，或按【Ctrl+A】组合键，在工具箱中选择移动工具，将选区内的图像移动到光盘图像中，如图2-18所示。

STEP 5 选择【选择】/【反向】菜单命令，或按【Shift+Ctrl+I】组合键反选选区，然后按【Delete】键删除，效果如图2-19所示。

图2-18 移动图像

图2-19 反选选区

（四）描边和修改选区

下面利用描边选区操作制作光盘边缘，然后利用修改选区来制作光盘的其他纹理效果，其具体操作如下。

STEP 1 在工具箱中选择魔棒工具，在图像白色区域单击创建选区，然后按【Shift+Ctrl+I】组合键反选选区。

STEP 2 选择【编辑】/【描边】菜单命令，打开“描边”对话框，在打开的对话框的“宽度”文本框中输入“5px”，设置描边宽度。单击颜色块，打开“拾色器”对话框，在其中选择银色（R:217,G:217,B:217），设置描边的颜色。然后单击确定按钮返回“描边”对话框。

STEP 3 在“位置”栏中单击选中“内部”单选项，如图2-20所示。

STEP 4 单击确定按钮，描边效果如图2-21所示。

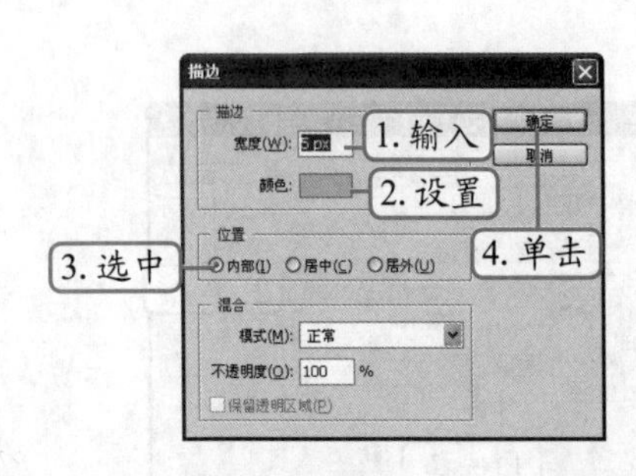

图2-20 设置“描边”对话框

图2-21 描边效果

STEP 5 选择【选择】/【取消选择】命令或按【Ctrl+D】组合键取消选区。

STEP 6 在工具箱中选择椭圆选框工具，按住【Shift】键的同时拖动鼠标绘制一个圆形选区，如图2-22所示。

STEP 7 将鼠标移动到选区内，当其变为形状时拖曳鼠标调整选区位置，如图2-23所示。

图2-22 创建选区

图2-23 移动选区

STEP 8 按【Delete】键删除选区内的图像，然后选择【编辑】/【描边】菜单命令，打开“描边”对话框，在对话框的“宽度”文本框中输入“3px”，单击颜色块，设置颜色为银色（R:217,G:217,B:217），在“位置”栏中单击选中“居中”单选项，如图2-24所示。

STEP 9 单击确定按钮即可应用，按【Ctrl+D】组合键取消选区，然后使用椭圆选框工具绘制一个较大的选区，将其移动到如图2-25所示位置处。

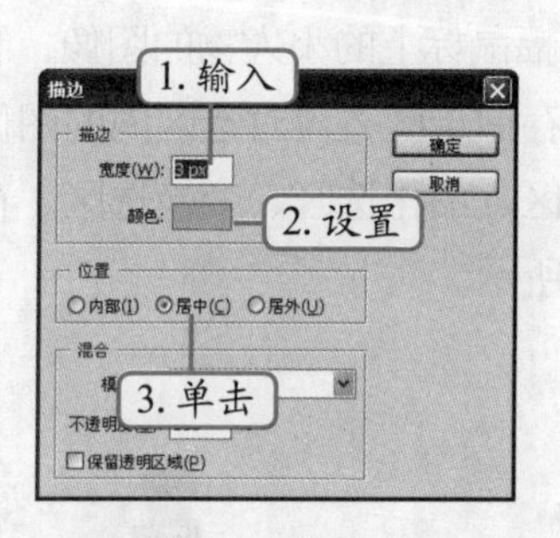

图2-24 设置“描边”对话框

图2-25 创建并移动选区

若要再次选择选区，可以选择【选择】/【重新选择】菜单命令或按【Ctrl+Alt+D】组合键，即可重新选择上一次取消的选区；使用键盘上的“→”、“↓”、“←”、“↑”键可实现选区的精确移动，每按一次将使选区向指定方向移动1个像素，结合【Shift】键一次可以移动10个像素的距离。

STEP 10 选择【编辑】/【描边】菜单命令，打开“描边”对话框，在打开的对话框的“宽度”文本框中输入10px，设置描边宽度，单击颜色块，设置颜色为深灰色（R:98,G:98,B:98），在“位置”栏中单击选中“居中”单选项，如图2-26所示。

STEP 11 单击 确定 按钮，然后取消选区，完成本例的制作，效果如图2-27所示（最终效果参见：光盘：\效果文件\项目二\光盘封面.psd）。

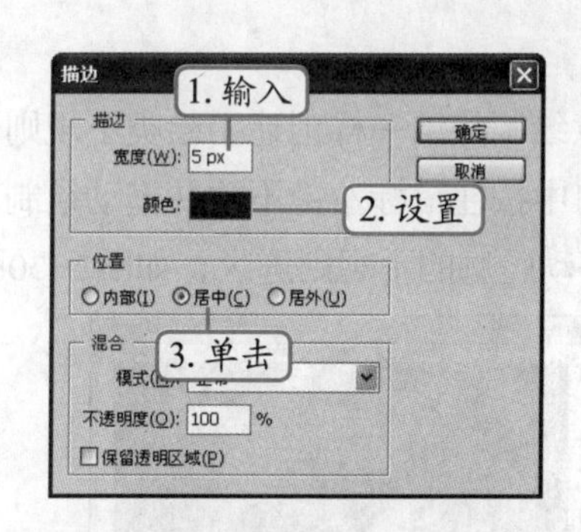

图2-26 设置“描边”对话框

图2-27 描边后的效果

任务二 合成鼠标上的小人物图像

图像合成是Photoshop的一大特色功能，在合成图像时，需要先创建选区，并对选区进行一定的编辑，使图像能很好地融合。下面具体介绍利用选区合成图像的方法。

一、任务目标

本任务将用Photoshop CS4的选区功能来合成一幅鼠标上的小人物的图像，制作时先在素材图像上创建选区，然后对选区进行羽化设置，并存储选区，再对选区内的图像进行变换。通过本任务的学习，掌握使用磁性套索工具创建选区、羽化选区、变换选区、存储和载入选区的方法。本任务制作完成后的最终效果如图2-28所示。

二、相关知识

通过套索工具组或魔棒工具组可以创建一些不规则的图像选区，若创建的选区仍然不能满足需要，还可以修改选区。下面主要对套索工具组、快速选择工具组和变换选区，以及选区内的图像的操作方法进行简单介绍。

图2-28　合成鼠标上的小人

（一）套索工具组

套索工具组由套索工具、多边形套索工具和磁性套索工具组成，在工具箱的“套索工具”按钮上单击鼠标右键，即可打开如图2-29所示套索工具组，下面具体介绍各工具的使用方法。

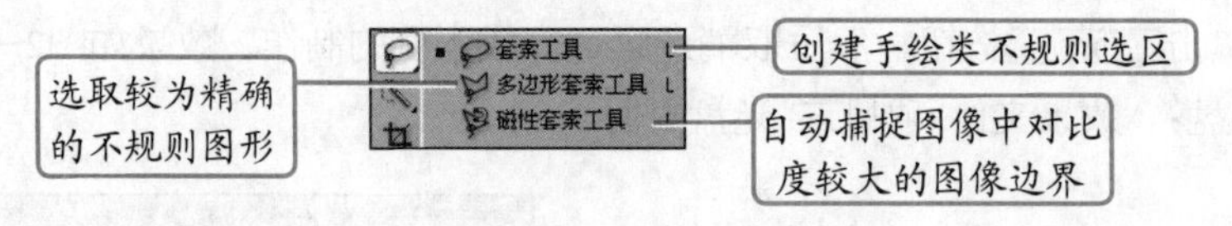

图2-29　套索工具组

1. 套索工具

使用套索工具可以像使用画笔在图纸上任意绘制线条一样创建手绘类不规则选区，方法是在工具箱中选择套索工具，然后在图像窗口中按住鼠标左键不放并拖动绘制，当鼠标回到起点位置时释放鼠标，即可得到一个沿鼠标移动轮廓的不规则选区，如图2-30所示。

图2-30　使用套索工具创建选区

在为图像创建选区时，最好使选区与图像的边缘之间有一定的距离，避免在绘制选区的过程中出错。

2. 多边形套索工具

使用多边形套索工具可以选取较为精确的不规则图形，尤其适用于选取边界为直线或边界曲折的复杂图形。方法是在工具箱中选择多边形套索工具，将鼠标移动到图像中的花朵部分的左上角，单击鼠标左键创建起始点，然后沿着花朵区域移动鼠标，当移动到左下角的转折处时在转折点上单击鼠标创建多边形的另一个顶点。继续移动鼠标，选取完成后回到起始点，当鼠标指针变为形状时，单击鼠标左键，即可封闭选取区域，如图2-31所示。

图2-31 使用多边形套索工具创建选区

3. 磁性套索工具

使用磁性套索工具可以自动捕捉图像中对比度较大的图像，从而快速、准确地选取图像，方法是选择磁性套索工具，然后在图像区域拖曳鼠标创建即可，如图2-32所示。

图2-32 使用磁性套索工具创建选区

选择磁性套索工具后，对应的工具属性栏如图2-33所示，其中各选项含义如下。

图2-33 “磁性套索”工具属性栏

- 宽度：用于设置套索线能够检测到的边缘宽度，其范围为0～40像素。对于颜色对比度较小的图像应设置较小的宽度。
- 对比度：用于设置选取时图像边缘的对比度，取值范围为1%～100%。设置的数值越大，选取的范围就越精确。

● 频率：用于设置选取时产生的节点数，取值范围为0～100。

套索工具组的其他工具属性栏与磁性套索工具属性栏相似，这里不再详细讲解。

操作提示

使用磁性套索工具创建选区时，有时会生成一些多余的节点，此时可按【Backspace】键或【Delete】键删除前面创建的多余的磁性节点，然后从删除节点处继续绘制选区。

（二）快速选择工具组

快速选择工具组由快速选择工具和魔棒工具组成，主要用于快速选取图像中颜色相近的图像区域。在快速选择工具按钮上单击鼠标右键或长按鼠标左键，即可打开快速选择工具组，如图2-34所示。

图2-34 快速选择工具组

1. 快速选择工具

使用快速选择工具可以在具有强烈颜色反差的图像中快速绘制选区。方法是在工具箱中选择快速选择工具，在图像窗口需要选择的区域拖动鼠标即可创建选区，如图2-35所示。

2. 魔棒工具

使用魔棒工具可以快速选取具有相似颜色的图像。方法是在工具箱中选择魔棒工具，在工具属性栏的"容差"文本框中输入相应的值，值越大，选择的颜色范围也越大，然后在图像窗口需要选择的区域单击鼠标即可创建选区，如图2-36所示。

图2-35 使用快速选择工具

图2-36 使用魔棒工具

选择魔棒工具后，对应的工具属性栏如图2-37所示，其中各选项含义如下。

容差: 32 ☑消除锯齿 ☑连续 □对所有图层取样 调整边缘...

图2-37 魔棒工具属性栏

● "连续"复选框：选中该复选框表示只选择颜色相同的连续区域，取消选中时会选取颜色相同的所有区域。

● "对所以图层取样"复选框：当选中该复选框时，使用魔棒工具在任意一个图层上单击，此时所有图层上与单击处颜色相似的地方都将被选中。

按【W】键可快速选择魔棒工具，按【Shift+W】组合键可在魔棒工具和快速选择工具间进行切换。

（三）变换选区

若在选取图像时，绘制的选区不能满足需要，可通过变换选区的方法改变选区的外形，得到需要的选区效果，方法是选择【编辑】/【变换选区】菜单命令，然后进行变换操作。若要变换选区内的图像，可以选择【编辑】/【自由变换】菜单命令，拖动变换框四周的控制点或在【编辑】/【变换】子菜单中选择相应的命令，对图像进行变换操作。其他变换操作介绍如下。

1. 斜切变换

斜切变换是以选区的一边作为基线进行变换。选择“斜切”命令后，将鼠标移动到控制点旁边，当鼠标指针变为↔或▸形状时，按住鼠标左键不放并拖动即可实现斜切变换效果，如图2-38所示。

2. 扭曲变换

扭曲变换是将选区的各个控制点进行任意位移来带动选区的变换。选择“扭曲”命令后，将鼠标移动到图像的任意控制点上并按住鼠标左键不放进行拖动，即可实现扭曲变换，如图2-39所示。

3. 透视变换

透视变换一般用来调整选区与周围环境间的平衡关系，从不同的角度观察都具有一定的透视效果。选择“透视”命令后，将鼠标移动到变换框的4个角的任意控制点上并按住鼠标左键不放进行水平或垂直拖动，即可实现透视变换，如图2-40所示。

4. 变形变换

选择“变形”命令后，变换框内将出现网格线，此时在网格内拖动鼠标即可变形图像；也可单击并拖动网格线两端的黑色实心点，此时实心点处出现一个调整手柄，如图2-41所示，拖动调整手柄即可实现图像的精确变形。

选区变换完成后，要单击工具属性栏中的✔按钮或按【Enter】键确认变换才可以继续进行下面的操作，若要取消该次的变换操作可单击⊘按钮。

图2-38 斜切变换

图2-39 扭曲变换

图2-40 透视变换

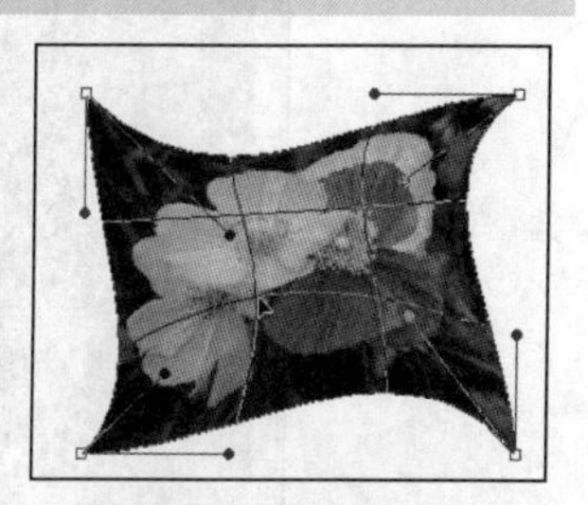

图2-41 变形变换

三、任务实施

（一）使用磁性套索工具绘制选区

使用磁性套索工具可快速选择图像中颜色反差较大的区域，下面使用磁性套索工具选择图像中的人物。其具体操作如下。

STEP 1 打开“小孩.jpg”和“鼠标.jpg”素材文件（素材参见：光盘：\素材文件\项目二\任务二\小孩.jpg、鼠标.jpg），如图2-42所示。

STEP 2 在工具箱中选择磁性套索工具，将鼠标指针移到小孩头发边缘，单击鼠标左键确定起始位置，拖动鼠标产生一条套索线并自动附着在图像周围，且每隔一段距离将自动产生一个方形的定位点，如图2-43所示。

图2-42　打开素材图像

图2-43　拖动绘制套索线

STEP 3 当拖动到小孩手部时可单击鼠标手动添加套索定位点，然后继续拖动绘制。

STEP 4 最后回到起始位置处，当鼠标指针变为形状时单击鼠标，如图2-44所示，闭合套索选区，效果如图2-45所示。

操作提示

按下【Caps Lock】键，鼠标变为⊕形状，圆形的大小便是磁性套索工具能够检测到的边缘宽度，按【↑】键或【↓】键可调整检测宽度。

图2-44　闭合套索线

图2-45　选区效果

操作提示

使用磁性套索工具绘制选区时，按住【Alt】键在其他区域单击，可切换为多边形套索工具；按住【Alt】键单击并拖曳鼠标，可切换为套索工具。

（二）存储选区

在图像处理过程中，用户可以将所绘制的选区存储起来，以便在需要多次使用时通过载入选区的方法将选区载入到图像窗口中，还可以将存储的选区与当前窗口中的选区进行运算，以得到新的选区。下面创建并存储选区，其具体操作如下。

STEP 1 选择【选择】/【存储选区】菜单命令，打开“存储选区”对话框，在其中的“名称”文本框中输入选区名称“小孩”，其他保持默认，如图2-46所示。

STEP 2 单击 确定 按钮，即可将选区存储。

操作提示

存储选区后，若要再次使用该选区，可将选区载入到当前文件中，方法是选择【选择】/【载入选区】菜单命令，打开“载入选区”对话框，在“通道”下拉列表中选择存储的选区的名称，在“操作”栏中选中相应的单选项，然后单击 确定 按钮即可，如图2-47所示。

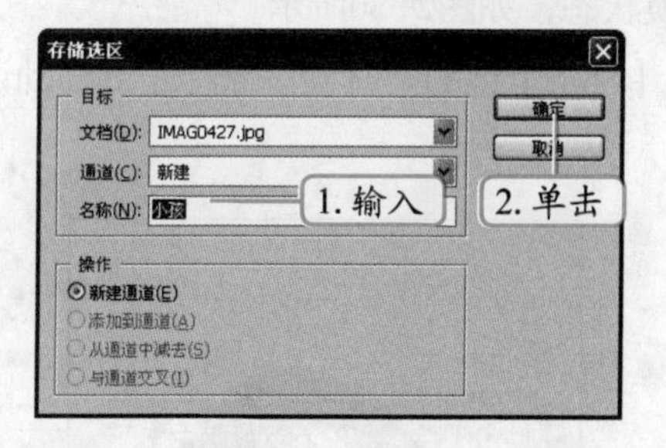

图2-46 设置“存储选区”对话框

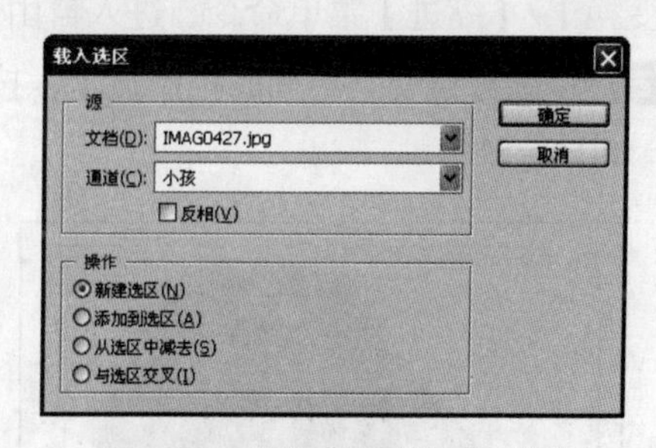

图2-47 设置“载入选区”对话框

（三）羽化选区

羽化选区可以使选区边缘变得柔和平滑，从而使图像更加自然地过渡到背景图像中，该操作常用于合成图像。除了通过选择工具在创建选区前设置羽化值外，也可在创建选区后对选区进行羽化设置。其具体操作如下。

STEP 1 载入选区后，在选区上单击鼠标右键，在弹出的快捷菜单中选择“羽化”命令，打开“羽化选区”对话框，在其中的“羽化半径”文本框中输入“10”，如图2-48所示。

STEP 2 单击 确定 按钮，在工具箱中选择移动工具，然后将选区中的小孩图像拖曳到鼠标图像中，如图2-49所示，图像周围出现一个过渡的效果。

操作提示

选择【选择】/【修改】/【羽化】菜单命令或按【Ctrl+Alt+D】组合键也可以打开“羽化选区”对话框。

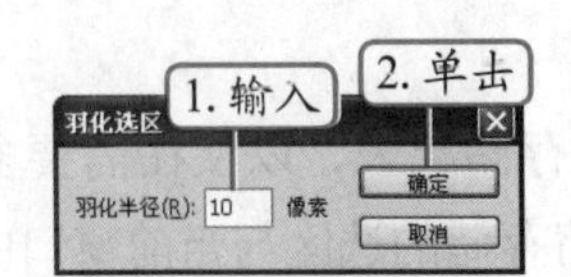

图2-48 设置羽化值

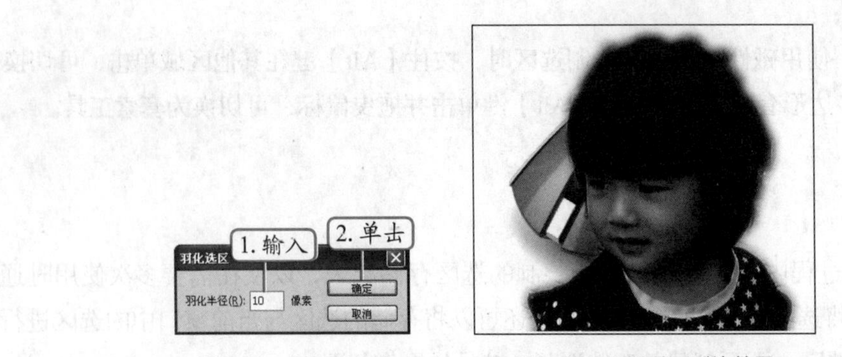

图2-49 羽化前后对比效果

操作提示

当选区较小，而“羽化半径”的值设置得比较大时，会弹出一个羽化警告提示框，单击确定按钮，表示确认当前设置的羽化半径。此时，羽化区域将变得很模糊，以至于不能在画面中看清楚，但选区仍然存在。

（四）变换选区内的图像

下面通过自由变换调整小孩图像，其具体操作如下。

STEP 1 通过观察发现，小孩图像在鼠标图像上太大，按【Ctrl+T】组合键或选择【编辑】/【变换】/【缩进】菜单命令，进入自由变换状态，如图2-50所示。

STEP 2 将鼠标移动到四周的控制点上，按住【Shift】键的同时利用鼠标左键拖动调整图像大小，如图2-51所示。

图2-50 进入自由变换状态

图2-51 缩小图像

STEP 3 将鼠标移动到小孩图像上，按住鼠标左键拖曳调整图像位置，如图2-52所示。

STEP 4 再调整大小，单击✔按钮，确认变换，如图2-53所示。

STEP 5 复制小孩图像，按【Ctrl+T】组合键进入变换状态，在其上单击鼠标右键，在弹出的快捷菜单中选择“水平翻转”命令，如图2-54所示。

STEP 6 单击✔按钮，确认变换，完成效果如图2-55所示（最终效果参见：光盘：\效果文件\项目二\合成鼠标上的小人.psd）。

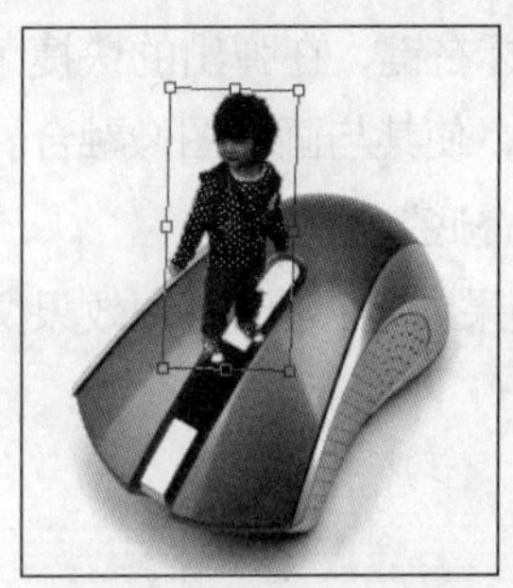

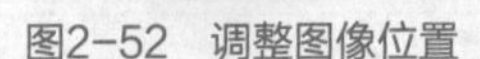

图2-52 调整图像位置

图2-53 退出变换状态

图2-54 旋转图像

图2-55 完成编辑

实训一 制作“画卷”效果

【实训要求】

打开提供的素材文件（素材参见：光盘：\素材文件\项目二\实训一\画卷.jpg、梅花.jpg），利用选区合成一幅画卷。要求图像合成边缘融合恰当，颜色过渡合理，画面整体漂亮。

【实训思路】

本实训要求图像合成边缘能够融合，在创建选区后需要进行羽化选区的操作，且这里提供的画卷素材并没有完全展开，因此，在梅花素材文件中创建花枝选区，还需对选区中图像进行变换。本实训的参考效果如图2-56所示。

图2-56 “画卷”效果

【步骤提示】

STEP 1 启动Photoshop CS4，打开“画卷.jpg”和“梅花.jpg”素材文件。

STEP 2 利用魔棒工具为“梅花.jpg”图像中的花枝创建选区，然后对选区进行羽化，羽化值为5px，将其复制到画卷图像中。

STEP 3 按【Ctrl+T】组合键进入变换状态，单击鼠标右键，在弹出的快捷菜单中选择“顺时针旋转90° ”命令，然后再进行水平翻转操作。

STEP 4 利用【Shift】键调整图像大小到合适位置，然后单击鼠标右键，在弹出的快捷菜单中选择“扭曲”命令，利用鼠标拖动四周的控制点对图像进行变形，使其与画卷图像融合。

STEP 5 在图层面板的“图层混合模式”下拉列表中选择“正片叠底”选项。

STEP 6 按【Ctrl+S】组合键保存图像文件，完成制作（最终效果参见：光盘：\效果文件\项目二\画卷.psd）。

实训二 制作人物投影效果

【实训要求】

本实训要求制作如图2-57所示的投影效果，主要通过创建选区、羽化选区的操作，得到投影的基本区域，然后再填充选区即可。

图2-57 制作投影效果

【实训思路】

本实训可使用磁性套索工具创建选区，然后对选区进行羽化，最后填充颜色；也可通过磁性套索工具选取卡通人物，然后对选区进行变换，得到投影的大致选区，最后填充渐变颜色。这里直接使用多边形套索工具制作。

【步骤提示】

STEP 1 打开“卡通人物.psd”素材文件（素材参见：光盘：\素材文件\项目二\实训二\卡通人物.psd），单击“图层”面板底部的“创建新图层”按钮，创建一个透明图层。

STEP 2 使用磁性套索工具在图像中绘制出人物投影选区。

STEP 3 按【Shift + F6】组合键，打开“羽化选区”对话框，设置羽化半径值为5，单击确定按钮。

STEP 4 设置前景色为黑色，背景色为白色。选择渐变工具，在选区中做线性渐变填充，得到投影区域。

STEP 5 通过扭曲变换，调整投影的光线来源，并调整图层顺序，完成制作（最终效果参见：光盘：\效果文件\项目二\投影.psd）。

实训三 制作质感按钮效果

【实训要求】

打开提供的素材文件（素材参见：素材文件\项目二\实训三\按钮.jpg），利用单列选框工具与网格线结合创建选区，制作如图2-58所示的质感按钮效果。

图2-58 质感按钮效果

【实训思路】

本实训可通过“首选项”对话框设置网格线的大小，然后显示网格，再利用单列选框工具创建选区。创建选区后对选区填充白色，然后变换图像方向即可。

【步骤提示】

STEP 1 打开“按钮.jpg”素材文件，选择【编辑】/【首选项】菜单命令，在打开的对话框中设置网格线宽度为12mm。

STEP 2 选择【视图】/【显示】/【网格】菜单命令，在工具箱中选择单列选框工具，然后在网格线上创建选区。

STEP 3 新建一个透明图层，为选区填充白色。

STEP 4 选择背景图层，利用快速选取工具为按钮创建选区，按【Ctrl+Shift+I】组合键反选选区，删除选区内的内容，然后取消选区，完成制作（最终效果参见：光盘：\效果文件\项目二\质感按钮.psd）。

常见疑难解析

问：如何将矩形选区变成圆角矩形选区？

答：创建选区后，选择【选择】/【修改】/【平滑】菜单命令，即可将矩形选区变成圆角矩形选区。

问：为什么按【Ctrl+M】组合键无法选择单列或单行选框工具？

答：在打开矩形选框工具组时可以看到，只有矩形选框工具和椭圆选框工具后面有“M”字样，而单行选框工具和单列选框工具后面没有“M”字样，表示不能通过快捷键切换，因此按【Ctrl+M】键只能在矩形选框工具和椭圆选框工具之间切换。

问：在使用快速选择工具创建选区时，若图像中需要选取的范围没有连续，应该如何选取？

答：可通过增减选区的方法来准确地控制选区的范围和形状。主要有两种方法：一是利用快捷键来增减选区，若使用的是魔棒工具，可按【Shift】键来增加选区，若使用的是套索工具，则可按【Alt】键来减选选区，如图2-59所示；二是利用按钮来增减选区，方法是创建选区后，根据工具属性栏中的按钮来增减选区，操作时只需根据需要单击相应的按钮，然后在图像区域绘制即可，如图2-60所示。

图2-59　利用快捷键增加选区

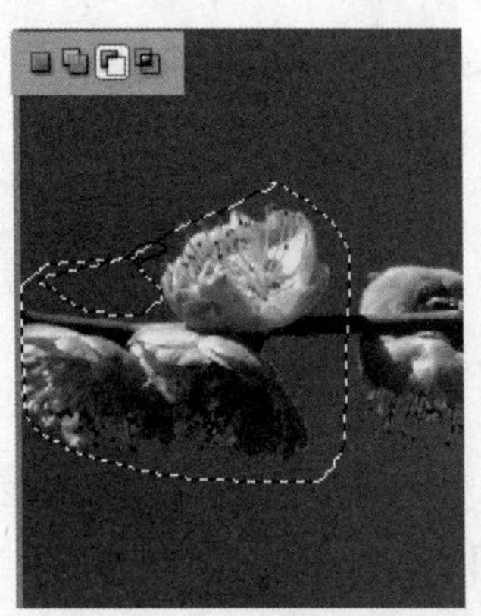
图2-60　利用按钮减选选区

拓展知识

1. 选区与图层及路径之间的关系

- 选区：使用选框工具在图像中根据几何形状或像素颜色来进行选择，并生成的区域就是选区，用于指定操作对象。
- 图层：图层可以用于保存选区中的图像，即将现有的选区在图层中的填充颜色或将选区内的图像复制到新的图层中，根据填充或新建的图层得到的图像轮廓与选区轮廓完全相同。
- 路径：路径通常用来处理选区。路径上的节点可以随意编辑，一般将选区转换为路径，或直接创建路径，进行进一步调整，然后再转换成选区。

2. 选区与图层及路径之间的转换

在图像处理过程中，选区是很基本的操作，选区与图层及路径之间的转换对于图像处理也很重要，下面简单介绍它们之间的转换关系。

- 将选区创建为图层：创建选区后单击鼠标右键，在弹出的快捷菜单中选择“新建图层”命令，在打开的对话框中设置图层的相关信息；或按【Ctrl+C】组合键复制选区中的图像，然后按【Ctrl+V】组合键粘贴选区图像；或按【Ctrl+J】组合键快速根据选区创建图层。
- 将图层转换为选区：选择需要转换为选区的图层后，按住【Ctrl】键的同时，单击图层缩略图即可为图层中的图像创建选区。
- 将选区转换为路径：创建选区后单击鼠标右键，在弹出的快捷菜单中选择“建立工作路径”命令；或在“图层”面板中单击“路径”选项卡，切换到“路径”面板，单击下方的“从选区生成工作路径”按钮可将选区转换为路径，单击“将路径作为选区载入”按钮又可将路径转换为选区。

3. “色彩范围”命令的使用

使用“色彩范围”命令创建选区与使用魔棒工具创建选区的工作原理相同，都是根据指定颜色的采样点来选取相似颜色区域，在功能上比魔棒工具更全面，常用来创建复杂选区。方法是选择【选择】/【色彩范围】菜单命令，打开“色彩范围”对话框，在其中选择吸管工具，然后在图像中需要创建选区的部分单击取样颜色，也可在“颜色容差”文本框中输入数值设置选取颜色的范围值，值越大，选区越准确，如图2-61所示，颜色选取完成后单击 确定 按钮即可创建选区，如图2-62所示。

图2-61 “色彩范围”对话框

图2-62 创建的选区效果

课后练习

（1）为如图2-63所示的“小兔”图像绘制月亮和星星（素材参见：光盘：\素材文件\项目二\课后练习\小兔.jpg），绘制后的效果如图2-64所示（最终效果参见：光盘：\效果文件\项目二\课后练习\弯弯的月亮.psd）。绘制了月亮和星星后让整个卡通画面不那么空洞，显得更加饱满。制作该图像的关键是通过增加选区，绘制出多个圆环图像。

图2-63 素材图像

图2-64 弯弯的月亮效果

（2）利用选区的创建和编辑操作制作一张名片的背景，要求名片大小为9cm×5.5cm，分辨率为72像素/英寸，色彩模式为RGB，保留图层，体现视觉创意，参考效果如图2-65所示（最终效果参见：光盘：\效果文件\项目二\课后练习\名片背景.psd）。

图2-65　名片背景

（3）利用魔棒工具选择乐器图像，然后将其移到“背景.jpg”图像窗口中（素材参见：光盘：\素材文件\项目二\课后练习\背景.jpg、乐器.jpg），效果如图2-66所示（最终效果参见：光盘：\效果文件\项目二\课后练习\更换乐器背景.psd）。

图2-66　更换背景效果

PART 3 项目三 图层的基本操作

情景导入

小白：阿秀，我发现在处理图像时很多复杂的效果都做不出来，处理时也不能得心应手，比如改变图像的位置和效果比较麻烦。

阿秀：那是因为还没有学习Photoshop的图层功能。它是图像处理的关键和精髓所在，可以通过创建多个图层，使不同的图像位于不同的图层中，从而创建出多姿多彩的图像效果。只要正确掌握了图层的使用，在今后的工作中就能更好地运用Photoshop了。

小白：真的吗？掌握图层的使用后，是不是就能进行作品设计制作了？

阿秀：是的，所以你要认真学习。

学习目标

- 掌握创建图层、选择并修改图层名称、复制与删除图层的方法
- 掌握调整图层的堆叠顺序、链接图层、锁定图层、显示和隐藏图层的方法
- 掌握图层混合模式和不透明度的设置方法
- 熟悉盖印图层的操作

技能目标

- 掌握“草莓城堡”图像文件的制作方法
- 掌握“忆江南”图像文件的制作方法
- 能够使用图层的基本操作完成简单的图像合成

任务一 合成"草莓城堡"图像

合成创意图像是使用Photoshop图像设计中常用的方法，通过对图像进行创意结合，可以得到意想不到的设计效果，而创意图像的合成就必须使用Photoshop的图层功能，下面将通过合成素材图像，得到新的效果。

一、 任务目标

本任务将练习Photoshop CS4图层的基本操作，使用图层的基本操作来合成草莓城堡效果。制作时可以先创建图层，然后修改图层名称，调整图层顺序和复制图层，并创建图层组，最后对相应的图层进行链接等操作。通过本任务的学习，可以掌握图层的基本使用方法。本任务制作完成后的最终效果如图3-1所示。

图3-1 草莓城堡效果

二、相关知识

在Photoshop 中，新建一个图像文件后，系统会自动生成一个图层，用户可以根据需要再新建多个图层。创建的图层是图像的载体，掌握图层的基本操作是处理图像的关键。下面对图层的基本概念进行介绍。

（一）图层的作用

一个完整作品通常是由多个图层合成的，在Photoshop CS4中，可以将图像的每个部分置于不同图层的不同位置，由图层叠放形成图像效果。用户对每个图层中的图像内容进行编辑、修改、效果处理等各种操作时，对其他层没有任何影响，如图3-2所示的图像是由图3-3、图3-4、图3-5所示的3个图层中的图像组成的。

图3-2 图像效果

图3-3 背景图层

图3-4 图层1

图3-5 图层2

（二）图层的类型

Photoshop的图层按性质划分，可将图层分为普通图层、背景图层、文字图层、形状图层、填充图层、调整图层6种，下面简单介绍。

- 普通图层：普通图层是最基本的图层类型，相当于一张透明纸。

● **背景图层**：Photoshop中的背景层相当于绘图时最下层不透明的画纸。在Photoshop软件中，一幅图像有且仅有一个背景图层。背景图层无法与其他图层交换堆叠次序，但背景图层可以与普通图层相互转换。

● **文本图层**：使用文本工具在图像中创建文字后，软件自动新建一个图层。文本层主要用于编辑文字的内容、属性和取向。文本图层可以进行移动、调整堆叠、复制等操作，但大多数编辑工具和命令不能在文本图层中使用。要使用这些工具和命令，首先要将文本图层转换成普通图层，图3-6所示为使用文字工具创建的文本图层。

● **形状图层**：使用形状工具在图像中绘制形状后，系统自动生成一个形状图层，并且会产生形状对应的路径，主要用于放置Photoshop中的矢量形状，图3-7所示为通过形状工具绘制形状时产生的形状图层。

● **填充图层**：填充图层可通过选择【图层】/【新建填充图层】菜单命令，在打开的子菜单中选择填充图层的类型创建，图3-8所示为创建的渐变填充图层。

● **调整图层**：调整图层可以调节其下所有图层中图像的色调、亮度、饱和度等，其方法是选择【图层】/【新建调整图层】菜单命令，然后在打开的子菜单中选择相应的命令即可，图3-9所示为创建的"色彩饱和度"调整图层。

图3-6　文字图层

图3-7　形状图层

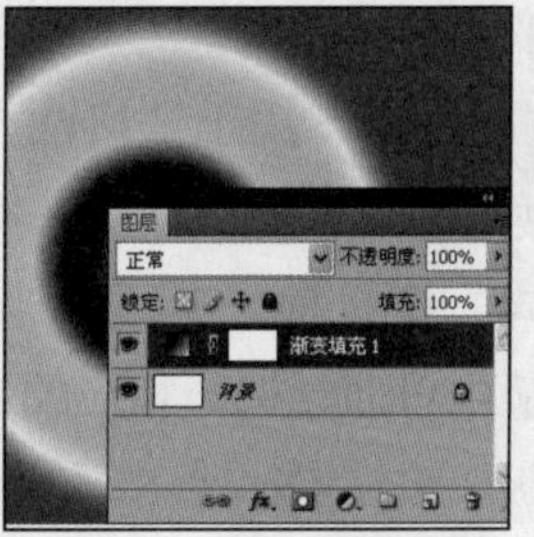

图3-8　填充图层

图3-9　调整图层

（三）认识"图层"面板

"图层"面板默认情况下显示在工作界面右下侧，主要用于显示和编辑当前图像窗口中的所有图层，打开一幅含有多个图层的图像，在"图层"面板中可查看每个图层上的图像，如图3-10所示。"图层"面板中每个图层左侧都有一个缩略图像，背景图层位于最下方，上面依次是各个图层，通过图层的叠加组成一幅完整的图像。

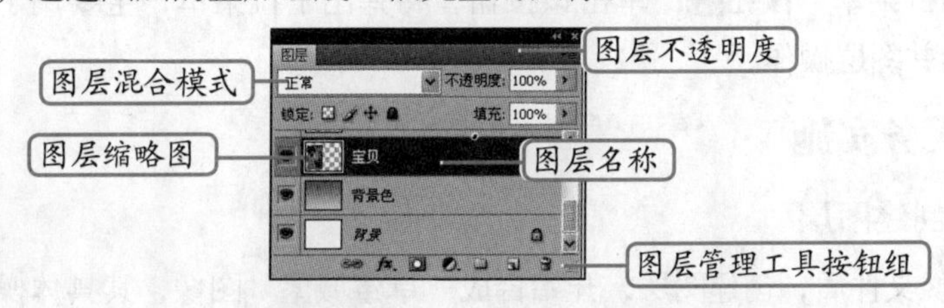

图3-10　"图层"面板

"图层"面板中各部分的作用如下。

● **图层混合模式**：用于设置当前图层与它下一图层叠合在一起的混合效果，共有25种混合模式。

- 图层不透明度：用于设置当前图层的不透明度。
- 图层填充不透明度：用于设置当前图层内容的填充不透明度。
- 锁定透明像素按钮：用于锁定当前图层的透明区域，单击该按钮后，透明区域不能被编辑。
- 锁定图像像素按钮：用于锁定图像像素，单击该按钮后，当前层的图层编辑和透明区域不能进行绘图等图像编辑操作。
- 锁定位置按钮：用于锁定图层的移动功能，固定图层位置。单击该按钮后，不能对当前图层进行移动操作。
- 全部锁定按钮：用于锁定图层及图层副本的所有编辑操作，单击该按钮后，对当前图层进行的所有编辑均无效。
- “填充”数值框：用于设置图层内容的填充值。
- 图标：用于显示或隐藏图层。当在图层左侧显示有此图标时，表示图像窗口将显示该图层的图像。单击此图标，图标消失并隐藏该图层的图像。
- 当前图层：在“图层”面板中，以蓝色条显示的图层为当前图层。用鼠标单击相应的图层即可改变当前图层。
- “链接图层”按钮：用于链接两个或两个以上的图层，链接图层可同时进行缩放、透视等变换操作。
- “添加图层样式”按钮：用于为当前图层添加图层样式效果，单击该按钮，将弹出下拉菜单，从中可通过选择相应的命令为图层添加图层样式。
- “添加图层蒙版”按钮：单击该按钮，可以为当前图层添加图层蒙版。
- “创建新组”按钮：单击该按钮，可以创建新的图层组，它可以包含多个图层，并可将这些图层作为一个对象进行查看、复制、移动和调整顺序等操作。
- “创建新的填充和调整图层”按钮：用于创建调整图层，单击该按钮，在弹出的下拉菜单中可以选择所需的调整命令。
- “创建新图层”按钮：单击该按钮，可以创建一个新的空白图层。
- “删除图层”按钮：单击该按钮，可以删除当前图层。
- “面板菜单”按钮：单击该按钮，将弹出下拉菜单，主要用于新建、删除、链接和合并图层操作。

三、任务实施

（一）创建图层

新建图像文件后，创建图层，开始合成“草莓城堡”图像，其具体操作如下。

STEP 1 打开“白云.jpg”素材文件（素材参见：光盘：\素材文件\项目三\任务一\白云.jpg），然后将其存储为“草莓城堡.psd”文件，如图3-11所示。

STEP 2 在“图层”面板底部单击“新建图层”按钮，新建“图层1”。

STEP 3 在工具箱中选择渐变工具，在工具属性栏中单击“渐变编辑器”按钮，打开“渐变编辑器”对话框，在渐变条左下侧单击滑块，然后在“色标”栏的“颜色”色块上设置颜色为深绿色（R:71,G:130,B:17）。

STEP 4 在渐变条下方需要的位置单击，添加色块，利用相同的方法设置颜色为黄色（R:235,G:239,B:174），设置右侧的色块颜色为蓝色（R:77,G:149,B:186），如图3-12所示。

图3-11 打开“白云”素材文件

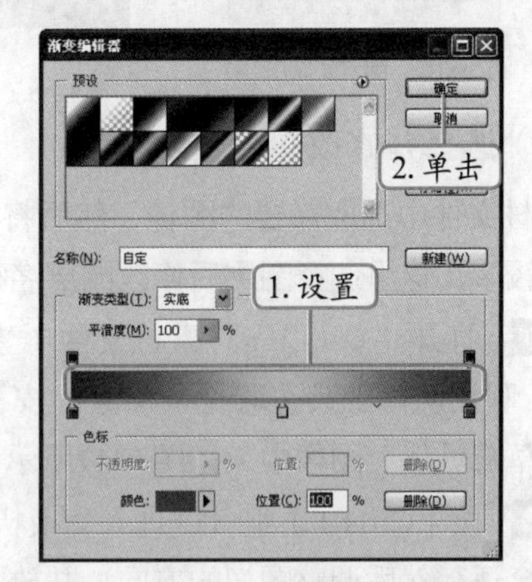

图3-12 设置“渐变编辑器”对话框

STEP 5 单击 确定 按钮，在新建的图层上由上向下拖曳鼠标渐变填充图层1，在“混合模式”下拉列表中选择“强光”选项，效果如图3-13所示。

STEP 6 选择【图层】/【新建】/【图层】菜单命令，或按【Ctrl+Shift+N】组合键打开“新建图层”对话框，在“名称”文本框中输入“加深”文本，在“颜色”下拉列表中选择“绿色”选项，如图3-14所示。

图3-13 渐变填充图层

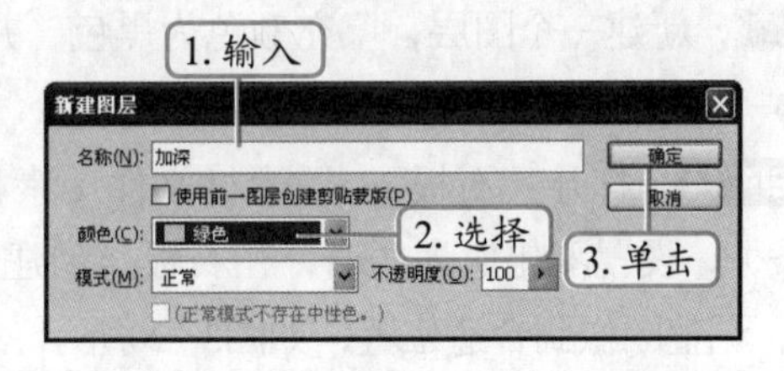

图3-14 设置“新建图层”对话框

操作提示

在“新建图层”对话框中也可设置图层的混合模式和不透明度，只需在对应的下拉列表中选择对应的选项即可。

STEP 7 单击 确定 按钮，即可新建一个透明普通图层，如图3-15所示。

STEP 8 再次使用渐变工具，设置渐变样式为“由黑色到透明”样式，在图像中由下向上拖曳鼠标渐变填充图层，并设置图层混合模式为“叠加”，效果如图3-16所示。

图3-15　创建的新图层

图3-16　渐变填充图层后的效果

（二）选择并修改图层名称

在素材文件中选取需要的图像，然后将其移到“草莓城堡”图像文件中，合成图像，由于图层比较多，这里选择图层后修改图层名称，以便于图层内容更直观，其具体操作如下。

STEP 1　打开“草莓.jpg”素材文件（素材参见：光盘：\素材文件\项目三\任务一\草莓.jpg），利用魔棒工具选取背景图像，按【Ctrl+Shift+I】组合键反选，使用移动工具将其拖曳到“草莓城堡”图像中，如图3-17所示。

STEP 2　按【Ctrl+T】组合键进入变换状态，按住【Shift】键的同时，用鼠标拖曳调整图像大小到合适，然后调整图像的方向，并放置到合适的位置，效果如图3-18所示。

图3-17　移动图像文件

图3-18　变换草莓图像

STEP 3　按住【Ctrl】键的同时，单击图层2缩略图，创建选区，然后单击“新建图层”按钮，新建一个图层，填充颜色为黑色，并在“不透明度”对话框中设置值为39%，效果如图3-19所示。

STEP 4　打开“石板.jpg”素材文件（素材参见：光盘：\素材文件\项目三\任务一\石板.jpg），设置羽化值为20px，在石板上创建矩形选区，然后将其移动到草莓城堡中，通过变换，调整图像到合适位置，如图3-20所示。

图3-19　制作阴影

图3-20　添加图像

STEP 5 在“图层”面板的“图层2”上单击选择图层2，选择【图层】/【图层属性】菜单命令，或单击鼠标右键，在弹出的快捷菜单中选择“图层属性”命令，打开“图层属性”对话框。

STEP 6 在“名称”文本框中输入“草莓”文本，在“颜色”下拉列表中可选择图层颜色，这里保持默认，如图3-21所示。

STEP 7 单击[确定]按钮，效果如图3-22所示。

STEP 8 单击选择“图层3”，在图层名称上双击，即可使图层名称进入编辑状态，在其中输入“草莓阴影”文本，如图3-23所示，按【Enter】键即可。

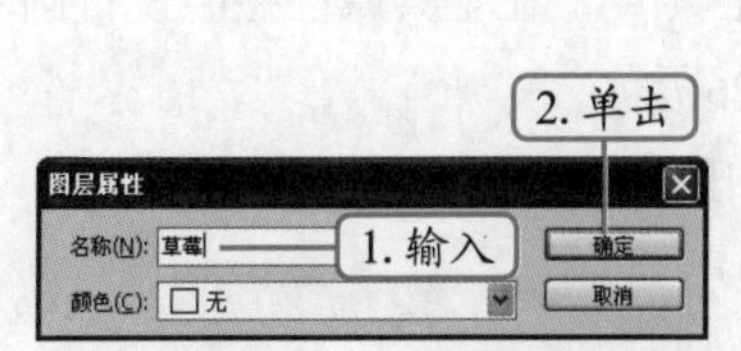

图3-21 “图层属性”对话框

图3-22 更改图层名称效果

图3-23 输入图层名称

STEP 9 利用相同的方法，将图层4名称更改为“小路”即可。

选择图层时除了单击选择一个图层外，也可选择多个连续或不连续的图层，具体方法如下。

①单击选择第一个要选择的图层，按住【Shift】键的同时单击最后一个要选择的图层，可选择多个连续相邻的图层。

②按住【Ctrl】键的同时单击需要选择的图层，可选择多个不连续、不相邻的图层。

③选择【选择】/【所有图层】菜单命令，可选择“图层”面板中的所有图层。

④选择一个链接图层后，选择【图层】/【选择链接图层】菜单命令，可选择“图层”面板中与所选图层链接的所有图层。

另外，若要取消选择，可在图层面板底部的空白处单击，或选择【选择】/【取消选择所有图层】菜单命令即可。

（三）调整图层的堆叠顺序

图像中图层的放置顺序不正确，会导致图像的效果出现问题，此时需要调整图层在图像中显示的先后顺序，其具体操作如下。

STEP 1 在“图层”面板中用鼠标选择“草莓”图层，并按住鼠标左键不放，将其拖动到最上层，当出现一个虚线框时释放鼠标，即可将草莓图像移动到图层最前面，效果如图3-24所示。

STEP 2 单击选择“小路”图层，选择【图层】/【排列】/【后移一层】菜单命令，或按

【Ctrl+[】组合键将其向下移动一层，效果如图3-25所示。

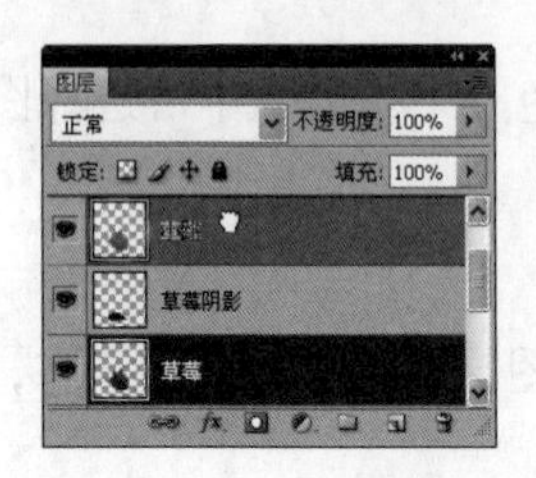

图3-24 拖曳鼠标调整

图3-25 通过菜单命名调整图层顺序

STEP 3 选择“草莓”图层，在工具箱中选择橡皮擦工具，在工具属性栏中设置画笔样式为“柔角65像素”，在草莓下边缘涂抹，效果如图3-26所示。

STEP 4 在工具栏中选择模糊工具，在草莓边缘涂抹出模糊效果，如图3-27所示。

图3-26 擦出边缘

图3-27 模糊处理

（四）创建图层组

由于图像中需要添加的素材很多，若依次重命名图层会显得繁琐，因此，可创建图层组统一放置同类型图层或相关图层，其具体操作如下。

STEP 1 选择【图层】/【新建】/【组】菜单命令，打开“新建组”对话框，在“名称”文本框中输入组名称“装饰”，其他保持默认，如图3-28所示。

STEP 2 单击 确定 按钮，完成新建组操作，效果如图3-29所示。

图3-28 设置“新建组”对话框

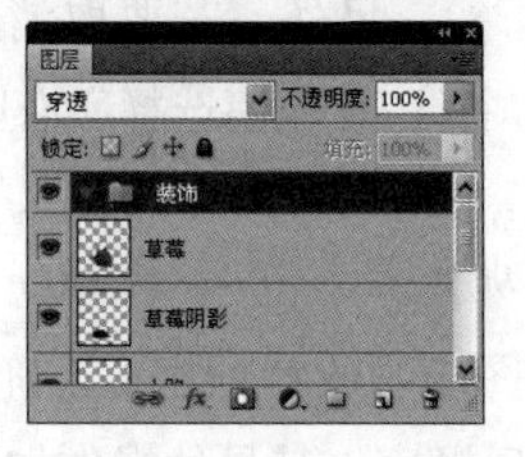

图3-29 创建的图层组

操作提示

单击“图层”面板中的“创建新组”按钮，可在“图层”面板中创建一个组，在其名称上双击即可修改组名称。

STEP 3 打开“城堡.psd”素材文件（素材参见：光盘：\素材文件\项目三\任务一\城堡.psd），如图3-30所示。

STEP 4 全选图像区域，然后按【Ctrl+C】组合键复制，切换到“草莓城堡”图像文件，新建一个透明图层，此时，该图层位于“装饰”图层组中，如图3-31所示。

STEP 5 按【Ctrl+V】组合键粘贴，使用移动工具将其移动到合适位置，效果如图3-32所示。

图3-30 打开素材

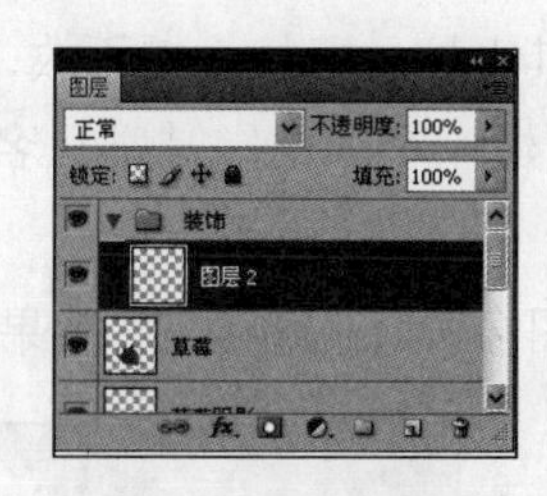

图3-31 创建图层

图3-32 粘贴对象

（五）复制图层

需要使用相同对象时，可通过复制图层的方法快速完成，下面通过复制图层，为图像添加飞鸟背景，其具体操作如下。

STEP 1 打开“飞鸟.jpg”素材文件（素材参见：光盘：\素材文件\项目三\任务一\飞鸟.jpg），如图3-33所示。

STEP 2 使用选区工具选取飞鸟部分，然后将其移动到草莓城堡图像中，并通过变换操作将其调整到合适大小，完成后调整其在图像中的位置即可，如图3-34所示。

图3-33 打开素材

图3-34 调整图像大小和位置

STEP 3 选择【图层】/【复制图层】菜单命令，打开“复制图层”对话框，在其中的“为”文本框中输入“飞鸟”文本，其他保持默认，如图3-35所示。

STEP 4 单击 确定 按钮即可复制选择的图层，按【Ctrl+T】组合键使图像进入变换状态，图像自由变换到合适大小和位置，效果如图3-36所示。

按【Ctrl+J】组合键可快速复制图层，值得注意的是复制的图层与原图层的内容完全相同，并重叠在一起，因此在窗口中并无明显变化，此时可使用移动工具移动图像，查看复制的图层。

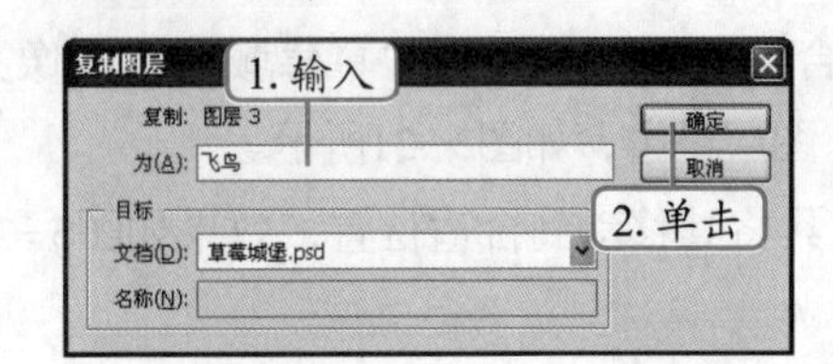

图3-35 设置“复制图层”对话框

图3-36 变换复制的图像

STEP 5 选择“图层3”，在其上按住鼠标左键不放，向下拖动到面板底部的“新建图层”按钮上，释放鼠标即可新建一个图层，其默认名称为所选图层的副本图层，如图3-37所示。

STEP 6 通过自由变换，调整图像的大小和位置，效果如图3-38所示。

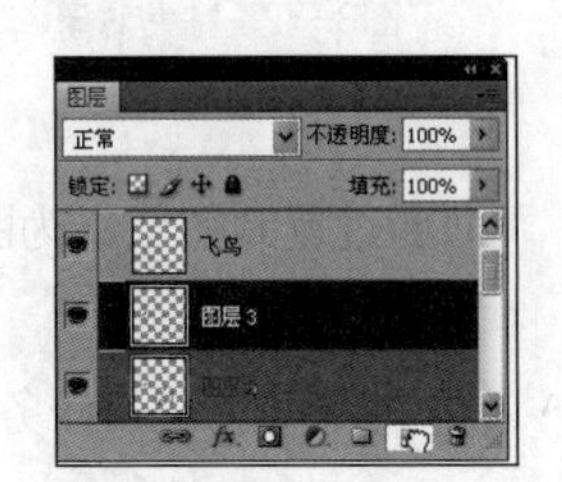

图3-37 通过按钮复制图层

图3-38 变换复制的图像

STEP 7 打开“飞鸟1.jpg”素材文件（素材参见：光盘：\素材文件\项目三\任务一\飞鸟1.jpg），使用选区工具将其复制到城堡图像中，并调整大小到合适位置，如图3-39所示。

STEP 8 打开“叶子.psd”素材文件（素材参见：光盘：\素材文件\项目三\任务一\叶子.psd），使用移动工具将叶子图像移动到草莓城堡中，调整大小即可，效果如图3-40所示。

图3-39 添加飞鸟1图像

图3-40 添加叶子图像

（六）链接图层

由于图像中为天空添加了飞鸟图像，若要全部一起调整位置，可将飞鸟所在的图层链接起来，其具体操作如下。

STEP 1 利用【Shift】键选择叶子和飞鸟所在的4个图层，在“图层”面板底部单击“链接”按钮，即可将所选图层链接，效果如图3-41所示。

STEP 2 选择草莓、阴影、小路和城堡所在的图层，选择【图层】/【链接图层】菜单命令，链接图层，保存图像完成“草莓城堡.psd”图像的制作，效果如图3-42所示（最终效果参见：光盘：\效果文件\项目三\草莓城堡.psd）。

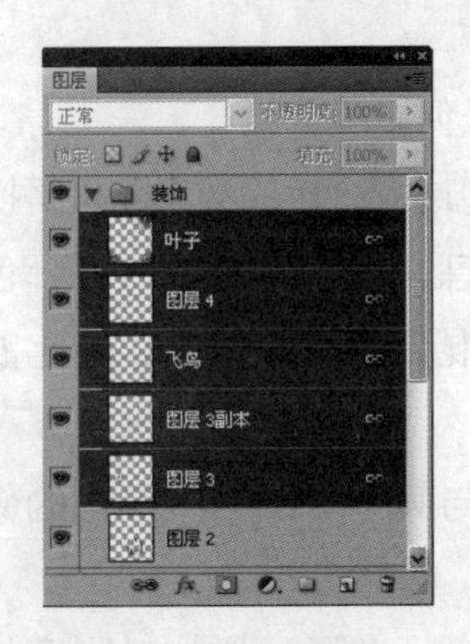

图3-41 链接图层

图3-42 链接并保存图像

任务二 制作“忆江南”图像

使用Photoshop CS4可以将一幅现代风格的图片处理出浓浓的古典韵味，这在平面设计中是最常用的设计方法，下面具体介绍利用Photoshop制作古典风格的图像效果。

一、任务目标

本任务将练习使用Photoshop CS4的图层混合模式和不透明度等功能来制作一幅古典韵味浓厚的画卷，制作时先打开素材，然后通过复制图像的方法复制其他素材图像，调整图层的混合模式和不透明度，得到合理的画面颜色效果。通过本任务的学习，可以掌握图层混合模式的相关作用和效果，以及不透明度对图层的影响。本任务制作完成后的最终效果如图3-43所示。

图3-43 “忆江南”图像

行业提示

制作具有浓厚的中国古典风格的图像时，在设计方面注意以下问题。

①在选择素材时，一定要选择与当前设计主题相切合的素材。

②文字内容和字体等最好都带有古典宁静的气息。

③注意对色彩的调整，通常会有做旧风格。

二、相关知识

图层混合模式是指上面图层与下面图层的像素进行混合，上层的像素会覆盖下层的像素，从而得到另外一种图像效果。Photoshop CS4提供了二十多种不同的色彩混合模式，不同的色彩混合模式可以产生不同的效果。单击“图层”面板中“混合模式”下拉列表框右侧的按钮，在打开的下拉列表中即可选择需要的混合模式。下面分别介绍各种混合模式的应用效果。

- 正常模式：系统默认的图层混合模式，各个图层间没有任何影响。
- 溶解：“溶解”模式根据像素位置不透明度，结果色由基色或混合色的像素随机替换。
- 变暗：使用“变暗”模式可以查看每个通道中的颜色信息，并选择基色或混合色中较暗的颜色作为结果色。应用该混合模式后，将替换比混合色亮的像素，而比混合色暗的像素将保持不变。
- 正片叠底：“正片叠底”模式将当前图层中的图像颜色与其下层图层中图像的颜色混合相乘，得到比原来的两种颜色更深的第3种颜色。
- 颜色加深：“颜色加深”模式查看每个通道中的颜色信息，并通过增加对比度使基色变暗以反映混合色。与白色混合后不产生变化。
- 线性加深：“线性加深”模式将查看每个通道中的颜色信息，并通过减小亮度使基色变暗以反映混合色，与白色混合后不发生变化。
- 变亮：“变亮”模式将查看每个通道中的颜色信息，并选择基色或混合色中较亮的颜色作为结果色。比混合色暗的像素被替换，比混合色亮的像素将保持不变。
- 滤色：“滤色”模式将查看每个通道中的颜色信息，并将混合色的互补色与基色复合。结果色总是较亮的颜色，用黑色过滤时颜色保持不变，用白色过滤时将产生白色。此效果类似于多个幻灯片在彼此之上所产生的投影。
- 颜色减淡：“颜色减淡”模式将查看每个通道中的颜色信息，并通过减小对比度使基色变亮以反映混合色。与黑色混合则不发生变化。
- 线性减淡：“线性减淡”模式将查看每个通道中的颜色信息，并通过增加亮度使基色变亮以反映混合色。与黑色混合则不发生变化。
- 叠加：“叠加”模式复合或过滤颜色，具体取决于基色。图案或颜色在现有像素上叠加，同时保留基色的明暗对比。不替换基色，但基色与混合色相混以反映原色的亮度或暗度。
- 柔光：“柔光”模式将使颜色变暗或变亮，具体取决于混合色。此效果与发散的聚光灯照在图像上相似。如果混合色（光源）比50%灰色亮，则图像变亮，就像被减淡了一样；如果混合色（光源）比50%灰色暗，则图像变暗，就像被加深了一样。用纯黑色或纯白色绘画会产生明显较暗或较亮的区域，但不会产生纯黑色或纯白色。
- 强光：“强光”模式将复合或过滤颜色，具体取决于混合色。此效果与耀眼的聚光灯照在图像上相似。如果混合色（光源）比50%灰色亮，则图像变亮，就像过滤后的效果，这对于向图像添加高光非常有用；如果混合色（光源）比50%灰色暗，则图像变暗，就像复合后的效果，这对于向图像添加阴影非常有用。用纯黑色或纯白色绘画会产生纯黑色或纯白色。

- 亮光：“亮光”模式将通过增加或减小对比度来加深或减淡颜色，具体取决于混合色。如果混合色（光源）比50%灰色亮，则通过减小对比度使图像变亮；如果混合色比50%灰色暗，则通过增加对比度使图像变暗。
- 线性光：“线性光”模式将通过减小或增加亮度来加深或减淡颜色，具体取决于混合色。如果混合色（光源）比50%灰色亮，则通过增加亮度使图像变亮；如果混合色比50%灰色暗，则通过减小亮度使图像变暗。
- 点光：“点光”模式将根据混合色替换颜色。如果混合色（光源）比50%灰色亮，则替换比混合色暗的像素，而不改变比混合色亮的像素；如果混合色比50%灰色暗，则替换比混合色亮的像素，而比混合色暗的像素保持不变，这对于向图像添加特殊效果非常有用。
- 差值：“差值”模式将查看每个通道中的颜色信息，并从基色中减去混合色，或从混合色中减去基色，具体取决于哪一个颜色的亮度值更大。与白色混合将反转基色值，与黑色混合则不产生变化。
- 排除：“排除”模式将创建一种与“差值”模式相似但对比度更低的效果。与白色混合将反转基色值，与黑色混合则不发生变化。
- 色相：“色相”模式用基色的亮度和饱和度以及混合色的色相创建结果色。
- 饱和度：“饱和度”模式将用基色的亮度和色相以及混合色的饱和度创建结果色。在无饱和度的区域上应用此模式绘画不会产生变化。
- 颜色：“颜色”模式将用基色的亮度以及混合色的色相和饱和度创建结果色，这样可以保留图像中的灰阶，并且对给单色图像上色和给彩色图像着色都会非常有用。
- 亮度：“亮度”模式将用基色的色相和饱和度以及混合色的亮度创建结果色。此模式将产生与“颜色”模式相反的效果。
- 深色：“深色”模式是比较混合色和基色的所有通道值的总和并显示值较小的颜色。“深色”不会生成第三种颜色（可以通过“变暗”混合获得），因为它将从基色和混合色中选择最小的通道值来创建结果颜色。
- 浅色：“浅色”模式是比较混合色和基色的所有通道值的总和并显示值较大的颜色。“浅色”不会生成第三种颜色（可以通过“变亮”混合获得），因为它将从基色和混合色中选择最大的通道值来创建结果颜色。
- 实色混合：“实色混合”模式是将混合颜色的红色、绿色和蓝色通道值添加到基色的 RGB 值。如果通道的结果总和大于或等于 255，则值为 255；如果小于 255，则值为 0。因此，所有混合像素的红色、绿色和蓝色通道值要么是 0，要么是 255。这会将所有像素更改为原色，即红色、绿色、蓝色、青色、黄色、洋红、白色或黑色。

三、任务实施

（一）合并图层

合并图层是将几个图层合并为一个图层，当较复杂的图像处理完成后，常常会产生大量的图层，从而使电脑处理速度变慢。此时可根据需要对图层进行合并，以减少图层的数量和文件大小，方便对合并后的图层进行编辑。下面合并梅花图层和空白图层，其具体操作如下。

STEP 1 打开“画布.jpg”和“梅花.jpg”素材文件（素材参见：光盘：\素材文件\项目三\任务二\画布.jpg、梅花.jpg），如图3-44所示。

STEP 2 切换到梅花图像窗口，在工具箱中选择移动工具，利用鼠标将其依次拖曳到画布图像窗口中，变换调整到合适大小，效果如图3-45所示。

图3-44 打开素材图像

图3-45 拖动复制图像

STEP 3 在“图层”面板中选择“背景”图层，在面板底部单击“新建图层”按钮，新建一个透明图层。

STEP 4 按【D】键复位前景色和背景色，然后按【Ctrl+Delete】组合键以背景色填充图层，在图层面板中利用【Shift】键选择图层1和图层2，在其上单击鼠标右键，在弹出的快捷菜单中选择“合并图层”命令，如图3-46所示。

STEP 5 此时被选择的图层将合并为一个图层，如图3-47所示。

图3-46 选择命令

图3-47 合并图层

操作提示

当在“图层”面板中只选择了一个图层时，单击鼠标右键，在弹出的快捷菜单中的“合并图层”命令将变为“向下合并”命令，它可将当前图层与其下的第一个图层进行合并。

除了"合并图层"和"向下合并"这两种方式外，还有合并可见图层和拼合图像两种方法。

合并可见图层是指将所有的可见图层合并成一个图层，被隐藏的图层不参与合并。

拼合图层是将所有可见图层进行合并，将隐藏的图层丢弃。当使用拼合图像命令时，将打开提示对话框，在其中单击确定按钮即可。

（二）设置图层混合模式

下面将通过设置图层的混合模式，将两幅图像完美融合，其具体操作如下。

STEP 1 保持"图层1"的选择状态，在"图层"面板中单击图层混合模式下拉按钮，在打开的下拉列表中选择"叠加"选项，效果如图3-48所示。

图3-48 叠加混合模式

STEP 2 打开"江南.jpg"素材图像（素材参见：光盘：\素材文件\项目三\任务二\江南.jpg），利用移动工具将其拖动到画布图像中，调整大小后效果如图3-49所示。

STEP 3 在图层混合模式下拉列表中选择"正片叠底"选项，效果如图3-50所示。

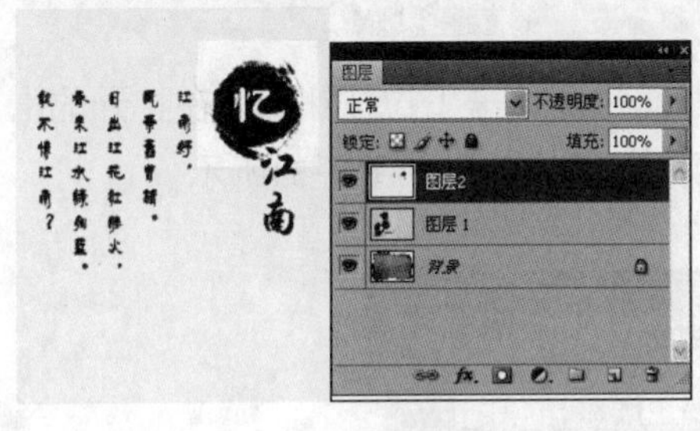

图3-49 添加图像

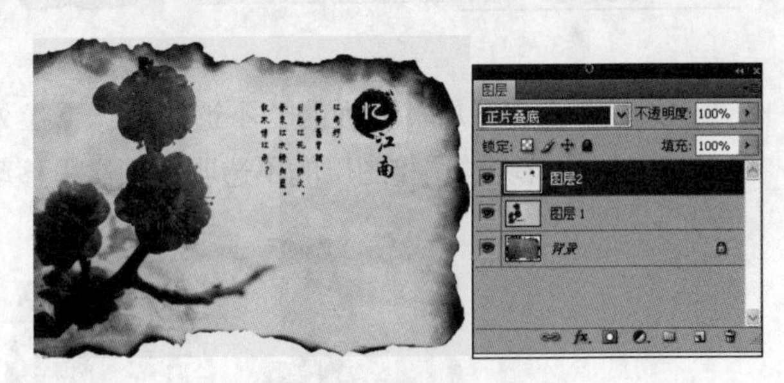

图3-50 设置"正片叠底"模式

在图层混合模式下拉列表中选择一种混合模式，然后滚动鼠标滚轮，即可依次查看各种混合模式应用于图像后的效果，这对对图层混合模式不熟悉的用户非常实用。

STEP 4 打开"亭子.jpg"素材文件（素材参见：光盘：\素材文件\项目三\任务二\亭子.jpg），利用相同的方法将其移动到画布图像中，并设置混合模式为"正片叠底"模式，效果如图3-51所示。

图3-51 添加亭子图像

（三）设置图层不透明度

添加的“亭子”图片的边缘比较生硬，颜色过渡也很突兀，因此，这里对亭子所在的图层设置图层不透明度，以达到很好的过渡效果。其具体操作如下。

STEP 1 在图层面板中选择亭子所在的“图层3”，按住鼠标左键不放向下拖曳，到“背景”图层和“图层1”之间后释放鼠标，调整图层顺序，效果如图3-52所示。

STEP 2 在面板底部单击“添加图层蒙版”按钮，在工具箱中选择画笔工具，在工具属性栏中设置画笔为“柔角60像素”，然后在图像边缘涂抹，效果如图3-53所示。

图3-52 调整图层顺序

图3-53 隐藏图像边缘

STEP 3 在“图层”面板的“不透明度”下拉列表框右侧单击下拉按钮，在打开的滑块上拖曳移动滑块，调整图层的不透明度，这里移动到53%处，效果如图3-54所示。

图3-54 调整图层不透明度

（四）盖印图层

下面通过盖印图层的方法将图像合并到一个新的图层中，保持原有图层不变，以便于对图像进行调整。其具体操作如下。

STEP 1 选择图层2，按【Ctrl+Shift+Alt+E】组合键盖印所有可见图层，得到图层4，如图3-55所示。

STEP 2 将图像以“忆江南”为名另存为PSD文件，完成本任务的制作，效果如图3-56所示（最终效果参见：光盘：\效果文件\项目三\忆江南.psd）。

图3-55 盖印可见图层

图3-56 保存图像

实训一 合成“童年”照片

【实训要求】

打开提供的素材文件（素材参见：光盘：\素材文件\项目三\实训一\照片1.jpg、照片2.jpg、照片3.jpg、照片4.jpg、花纹.jpg、背景.jpg），利用图层的基本操作完成金色童年图像的合成，要求画面美观。

【实训思路】

童年都是美好的，童年的照片也很值得回忆，因此在制作时可通过这些方面来完成图像的合成。本实训涉及的图层很多，可通过新建、复制调整图层顺序等方法快速完成，通过链接图层可快速调整图像位置，最后通过图层混合模式美化画面颜色。本实训的参考效果如图3-57所示。

图3-57 “童年”照片效果

【步骤提示】

STEP 1 打开“背景.jpg”和“花纹.jpg”素材文件。

STEP 2 将花纹移动到背景中，通过图层模式和橡皮擦工具将两幅图像融合。

STEP 3 新建一个空白图层，通过创建选区并填充制作照片底纹图形，打开“照片1.jpg”素材文件，在其上创建圆形选区，然后将选区移到背景图像中，并调整其大小和位置。

STEP 4 选择图形和照片所在的图层，单击图层面板底部的“链接图层”按钮，将所选图层链接。

STEP 5 选择照片背景图形所在的图层，将其拖曳到图层面板底部的“新建图层”按钮上，复制图层并调整位置。

STEP 6 利用相同的方法添加对应的照片到图形中，调整大小和位置，最后选取照片4中的人物，并移动到背景图像中，设置图层混合模式为“明度”，保存图像为“童年.psd”，完成制作（最终效果参见：光盘：\效果文件\项目三\童年.psd）。

实训二 制作画框效果

【实训要求】

本实例将制作一个“画框”图像效果，主要使用了“树叶.jpg”图像素材，制作好的画框效果如图3-58所示。通过本实训的学习，可以掌握图层混合模式和不透明度的使用方法。

图3-58 制作画框效果

【实训思路】

本实训可通过多边形套索工具创建选区并填充颜色，然后将素材图像复制进来，最后调整图像的色彩模式和不透明度，并使用画笔绘制装饰图像即可。

【步骤提示】

STEP 1 新建图像文件，设置从深绿色（R:6,G:83,B:64）到浅绿色（R:175,G:233,B:171）的线性渐变。

STEP 2 打开“树叶.jpg”素材文件（素材参见：光盘：\素材文件\项目三\实训二\树叶.jpg），将其复制到新建的图像中，变换大小和位置。

STEP 3 将树叶所在的图层混合模式更改为“正片叠底”。

STEP 4 按住【Ctrl】键的同时单击图层1，载入图像选区，然后新建一个图层，将选区填充为白色，并将其放到图层1的下方，设置该图层不透明度为33%。

STEP 5 利用相同的方法制作画框的边缘效果，完成制作后保存图像（最终效果参见：光盘：\效果文件\项目三\画框图像.psd）。

常见疑难解析

问：当图层面板中有不需要的图层时，应该如何处理？

答：可以通过删除图层的方法来完成，具体方法为：将需要删除的图层拖动到面板底部的“删除图层”按钮上即可删除图层。另外，选择【图层】/【删除图层】菜单命令，在弹出的子菜单中选择对应的命名也可删除图层。

问：如何创建背景图层呢？

答：在创建图像文件时，若在“新建”对话框的“背景内容”下拉列表框中选择“白色”或“背景色”选项，那么创建的图像文件在图层面板最低层的便是背景图层，若选择“透明”选项，则创建的图像文件就没有背景图层。若要创建背景图层，可选择其中一个图层，选择【图层】/【新建】/【背景图层】菜单命令，即可将所选图层创建为背景图层。

问：如何将背景图层转换为普通图层呢？

答：背景图层是一个很特殊的图层，只能存在于“图层”面板底部，不能调整它的顺序，不能设置混合模式、不透明度，也不能添加图层样式。若要对背景图层进行设置，必须将其先转换为普通图层，其方法为：双击“背景”图层，在打开的“新建图层”对话框中输入新的图层名称，单击 确定 按钮即可，或按住【Alt】键的同时，双击“背景”图层，将其转换为普通图层。

问：除了前面讲解的创建图层的方法外，还有其他的创建图层的方法吗？

答：选择【图层】/【新建】/【通过拷贝的图层】菜单命令，或按【Ctrl+J】组合键即可将选中的图像复制到一个新的图层中，原图层的内容保持不变；选择【图层】/【新建】/【通过剪切的图层】菜单命令，或按【Ctrl+Shift+J】组合键可将选区内的图像从原来图层中剪切到新的图层中。

拓展知识

当图像中的图层数量越来越多时，使用图层组可以很好地管理图层面板中的图层，下面补充介绍其他创建图层组的方法。

- 从所选图层创建图层组：若要将“图层”面板中已存在的多个图层放置在一个图层组中，可先选择图层，然后选择【图层】/【图层编组】菜单命令，或按【Ctrl+G】组合键即可将选择的图层编组，单击前面的按钮可展开图层组，单击按钮可将其折叠。
- 将图层移入或移除图层组：若要将图层移入图层组，只需将其直接拖曳至图层组中即可，相反，将图层移除图层组只需将图层组中的图层拖曳到图层组外即可。
- 取消图层编组：若不再需要将图层编组，可取消图层编组，选择【图层】/【取消图层编组】菜单命令，或按【Ctrl+Shift+G】组合键即可取消图层编组。取消编组后，图层组中的图层仍然存在，若要将图层组合中的图层删除，可直接将图层组拖曳到

"删除"按钮上即可。

课后练习

（1）利用提供的"儿童1.jpg"、"儿童2.jpg"、"背景.jpg"素材文件（素材参见：光盘：\素材文件\项目三\课后练习\儿童1.jpg、儿童2.jpg、背景.jpg），制作儿童艺术照"快乐童年"的艺术画面，完成后的参考效果如图3-59所示，主要练习图层顺序的调整、复制图层以及剪贴图层的操作（最终效果参见：光盘：\效果文件\项目三\课后练习\快乐童年.psd）。

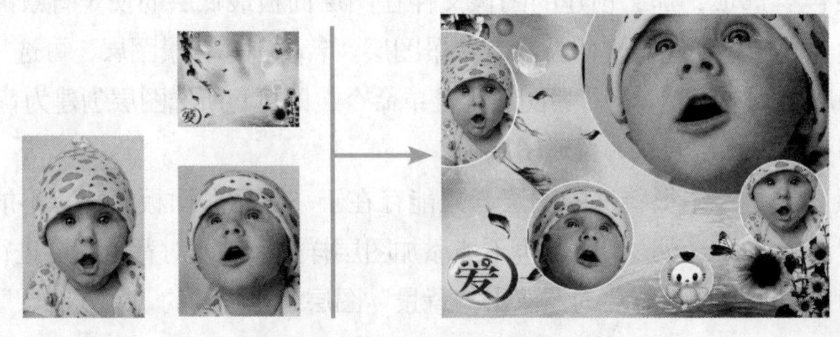

图3-59 快乐童年效果

（2）利用图层的基本操作，制作一个办公楼效果图，要求使用"素材.psd"、"配景素材.psd"素材文件（素材参见：光盘：\素材文件\项目三\课后练习\素材.psd、配景素材.psd），参考效果如图3-60所示（最终效果参见：光盘：\效果文件\项目三\课后练习\办公楼效果.psd）。

图3-60 办公楼后期处理效果

PART 4 项目四 绘制和修饰图像

情景导入

阿秀：小白，经过前段时间的学习，你对Photoshop有什么样的理解？

小白：我觉得Photoshop的图像处理功能真的好强大，可以将不同的图像组合在一起，合成新的图像效果。

阿秀：嗯，这是它的特色功能，除此之外，其工具箱中的工具还可用来绘制或修饰图像，如使用修改工具去除照片中的瑕疵。

小白：这么神奇，那以后再也不用担心因为照片中有瑕疵而不能使用了？

阿秀：设计工作中使用的素材通常需要简单处理才能使用，所以熟练使用这些工具，对以后的设计也有帮助。

学习目标

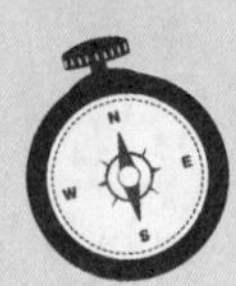

- 掌握各种绘图工具的使用方法
- 掌握各种修复工具的操作方法
- 掌握模糊和加深等工具的使用方法

技能目标

- 掌握“梅花”图像文件的制作方法
- 掌握“修复照片”图像文件的制作方法
- 掌握景深效果的制作方法
- 能够修复有瑕疵的照片或图像

任务一 制作“梅花”图像

梅花自古以来都象征着高雅、傲气，因此，梅花也是水墨画家常用写意的首选，使用Photoshop CS4中的绘画工具也可制作出一幅逼真的水墨梅花效果，下面具体介绍制作方法。

一、任务目标

本任务将练习使用Photoshop CS4的绘画工具来绘制一幅水墨梅花图像。制作时可先使用画笔工具绘制梅花图像的枝干，通过自定义画笔，绘制花朵图像。通过本任务的学习，可以掌握画笔工具的使用方法，同时对使用Photoshop绘制图像有一定的了解。本任务制作完成后的最终效果如图4-1所示。

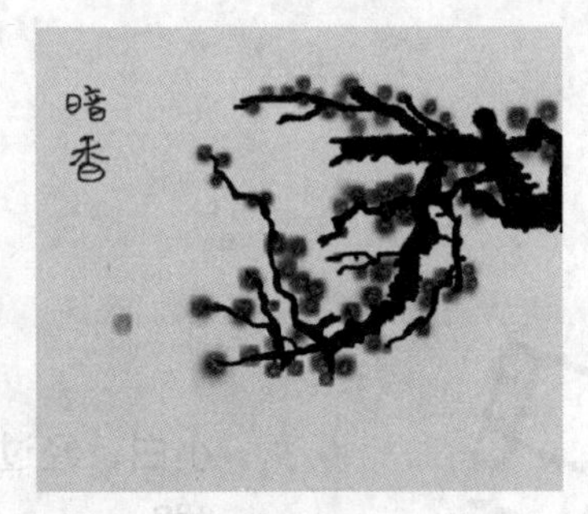

图4-1 “梅花”图像效果

二、相关知识

在使用Photoshop CS4绘制图画前，需要先了解设置绘画颜色和绘画模式的方法，了解对应工具的工具属性栏选项和按钮的作用，了解添加和删除画笔的方法，以及认识“画笔”面板中的元素等。下面主要对这些知识进行简单介绍。

（一）设置绘图颜色

在Photoshop中无论使用何种工具绘制图像，都必须先设置前景色和背景色，其中前景色用于显示当前绘图工具的颜色，背景色用于显示图像的底色，即画布的底色。图4-2所示为工具箱中的前景色和背景色按钮。其中，前景色按钮显示了当前的前景色；背景色按钮显示的是当前的背景颜色；“切换前景色和背景色”按钮 用于在前景色和背景色之间切换；“默认的前景色和背景色”按钮 用于快速恢复系统默认的前景色和背景色，通常默认前景色为黑色，背景色为白色。

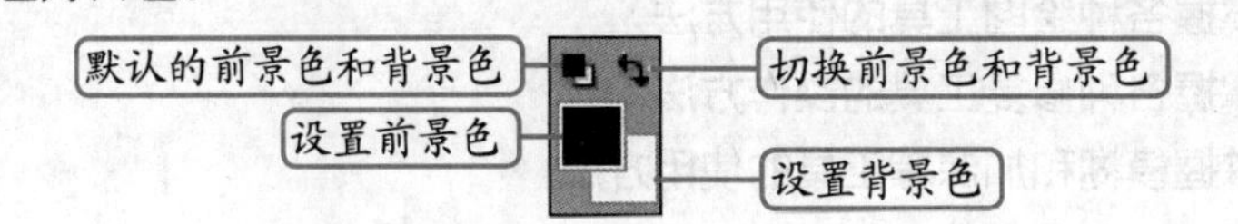

图4-2 前景色和背景色显示图标

设置前景色和背景色可通过拾色器、颜色面板、色板面板、吸管工具来完成，下面分别介绍。

1. 使用拾色器设置颜色

单击工具箱中设置前景色的按钮，打开如图4-3所示的“拾色器（前景色）”对话框，在其中选择一种色彩模式，然后用鼠标拖动颜色滑块到要设置的颜色的相近区域，再将鼠标指针放到左边颜色显示窗口中，鼠标光标将变成一个小圆圈，在需设置为前景色的颜色处单击鼠标，然后单击 确定 按钮即可。设置背景色的方法与设置前景色的方法相同。

图4-3 “拾色器（前景色）”对话框

操作提示

对话框左侧的彩色方框称为色彩区域，用于选择颜色；中部的垂直长条为颜色滑杆，用于选择各种不同的颜色；右上方方形窗口的上半部分显示的为当前新选取的颜色，下半部显示原来设置的颜色；对话框的右下角有9个单选项，即HSB、RGB、Lab三种色彩模式的三原色，当选中其中的某个单选项时，左侧的滑杆将自动变为该颜色模式的控制器。

2. 使用色板面板设置颜色

单击浮动控制面板区中的“色板”选项卡，打开“色板”面板。若界面中没有显示出该选项卡，可选择【窗口】/【色板】菜单命令打开。将鼠标移至色板面板的色样方格中，指针变为吸管工具，单击所需的颜色方格，即可设置前景色，如图4-4所示。若要设置背景色，只需按下【Ctrl】键，然后单击所需的色样方格即可。

3. 使用颜色面板设置颜色

单击浮动控制面板区中的“颜色”选项卡，打开颜色面板，如图4-5所示。若界面中没有该选项卡，可选择【窗口】/【颜色】菜单命令打开。颜色面板的左上角有两个颜色方框，上面的方框表示前景色，下面的方框表示背景色。设置颜色时先单击所需设置的颜色方框，然后用鼠标拖动相应滑杆上的滑块或在其右侧的文本框中输入数值即可设置新的颜色。

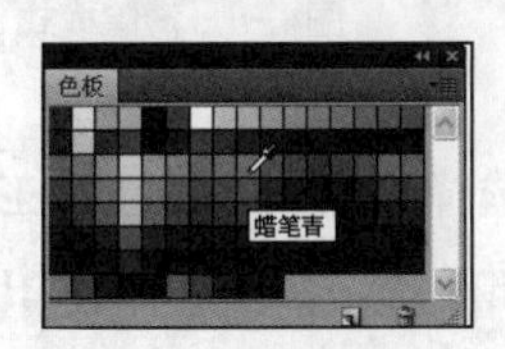

图4-4 “色板”面板

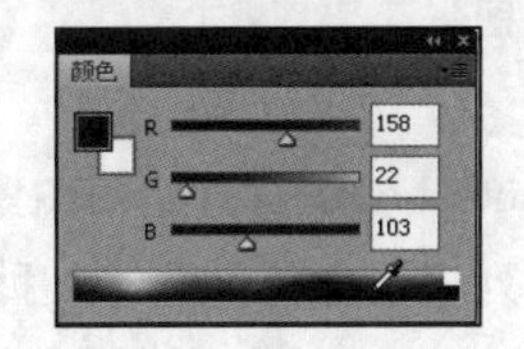

图4-5 “颜色”面板

操作提示

在默认情况下，颜色面板显示的是R、G、B三条滑杆，即RGB色彩模式。如果用户需要切换到其他色彩模式下，可单击面板右上角的按钮，然后选择所需的色彩模式即可。

4. 使用吸管工具设置颜色

使用吸管工具可以获取任何图像中的一种颜色，使其成为前景色或背景色，以便用户使用。单击工具箱中的吸管工具，在其工具属性栏的“取样大小”列表框中选择一种取样方式，然后将光标移到图像所需颜色处单击，取样的颜色就会成为新的前景色，如图4-6所示。按【Alt】键的同时在图像上单击选取所需的颜色，取样的颜色可成为新的背景色。

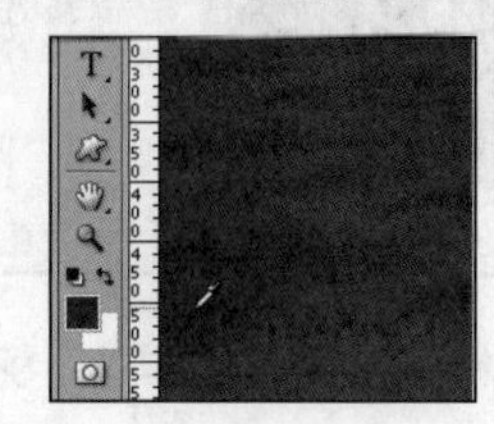

图4-6 使用吸管工具设置颜色

（二）设置绘图模式

绘图模式即色彩混合模式，用于控制绘制和编辑工具对当前图像中像素的作用形式，即当前使用的绘图颜色如何与图像原有的底色进行混合。绘图模式与前面讲解的图层混合模式作用相同，这里不再详述，补充介绍其中的背后模式和清除模式。

- 背后模式：该模式用于在非背景图层的图层上绘图，且只能在图层的透明区域绘图，其效果就像在图像的背后绘图一样，如图4-7所示。
- 清除模式：该模式为新增绘图模式，用于清除非背景层的图层上的图像，从而使图层下面的部分图像显示出来，如图4-8所示。

图4-7 背后模式

图4-8 清除模式

在Photoshop中打开一幅图像，选择画笔工具，在其工具属性栏中的“模式”下拉列表框中分别选择一种绘图模式，然后在图像中可预览各种模式产生的绘图效果。

（三）画笔工具属性栏

画笔工具用于创建比较柔和的线条，其效果类似水彩笔或毛笔的效果。选择工具箱中的画笔工具，可显示出画笔属性栏，如图4-9所示，通过属性栏可设置画笔的各种属性参数。

图4-9 画笔工具属性栏

其中各选项含义如下。

- "画笔"：用于设置画笔笔头的大小和样式。单击"画笔"右侧的按钮，打开"画笔设置"面板，其中"主直径"文本框用于设置画笔笔头的大小，可在其右侧的文本框中输入数字或拖动其底部滑杆上的滑块来设置画笔的大小，"硬度"文本框用于设置画笔边缘的晕化程度，值越小晕化越明显，就像毛笔在宣纸上绘制后产生的湿边效果一样。
- "模式"下拉列表框：用于设置画笔工具对当前图像中像素的作用形式，即当前使用的绘图颜色与原有底色之间进行混合的模式。
- "不透明度"数值框：用于设置画笔颜色的透明度，数值越大，不透明度越高。单击其右侧的按钮，在弹出滑动条上拖动滑块也可实现透明度的调整。
- "流量"数值框：用于设置绘制时颜色的压力程度，值越大，画笔笔触越浓。
- 喷枪工具：单击该按钮可以启用喷枪工具进行绘图。

（四）添加和删除画笔

Photoshop CS4中的画笔并不是不能操作的，用户可以根据需要将系统提供或自定义创建的画笔文件添加到"画笔"列表框中成为当前画笔，也可以将不需要的画笔从画笔列表中删除。

1. 添加画笔

在工具箱中选定一种绘图工具，在其工具属性栏中单击画笔栏右侧的按钮，在打开的"画笔预设"面板的右上角单击按钮，在打开的菜单中选择"载入画笔"命令，打开"载入"对话框，选择需要添加到Photoshop中的画笔，单击载入(L)按钮，即可添加新的画笔列表，其显示在原画笔列表的后面。

添加画笔后如果用户需要还原到系统默认的画笔列表中，可以单击按钮，在弹出的子菜单中选择"复位画笔"命令，在打开的提示对话框中单击确定按钮即可。另外，单击按钮后，可选择子菜单下方的任意一种画笔样式来替换当前画笔。

2. 删除画笔

在"画笔设置"面板的列表框中选择要删除的画笔，然后单击右上角的按钮，在弹出的菜单中选择"删除画笔"命令即可。

（五）认识"画笔"面板

"画笔"面板中显示了所有安装的画笔，单击属性栏右侧的"切换画笔面板"按钮，或在面板组中单击按钮，打开"画笔"面板，如图4-10所示。在"画笔"面板中可选择需要的画笔样式，设置形状动态、散布、颜色动态等属性，也可对这些属性进行更改或添加新的属性，如设置合适的画笔大小和间距。

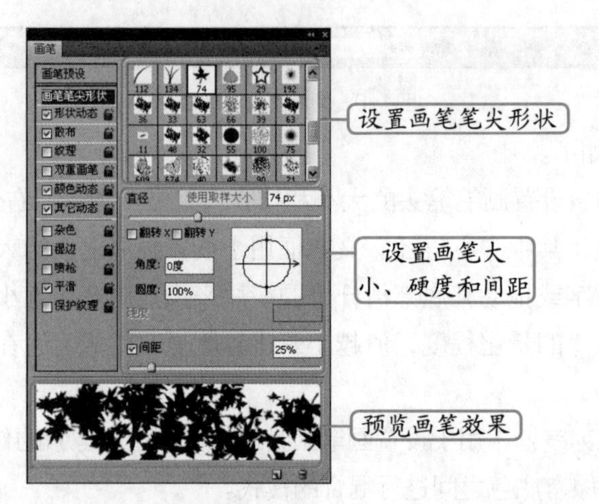

图4-10 “画笔”面板

三、任务实施

（一）载入Photoshop自带的画笔

确定好绘制水墨主题后，就需要选择合适的画笔，这里载入Photoshop CS4自带的湿介质画笔。其具体操作如下。

STEP 1 启动Photoshop CS4，新建一个大小为“500×500”像素，分辨率为“300”，名称为“梅花”的图像文件。

STEP 2 在工具箱中单击前景色图标，打开“拾色器（前景色）”对话框，在左侧单击颜色区域设置颜色为玄色，或在右侧R、G、B对应的文本框中输入“239”、“242”、“233”，如图4-11所示。

STEP 3 单击[确定]按钮，然后按【Alt+Delete】组合键填充前景色，效果如图4-12所示。

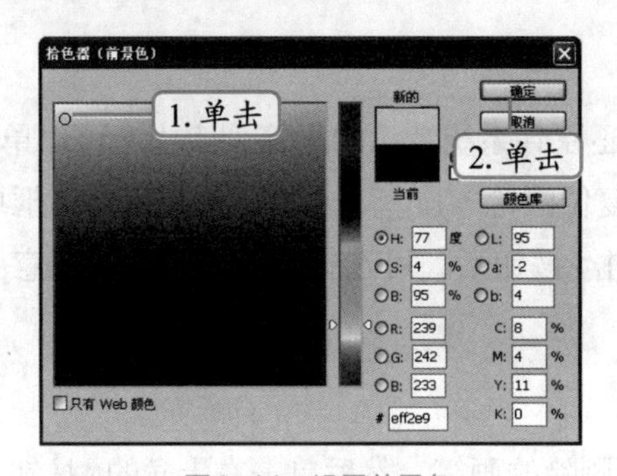

图4-11 设置前景色

图4-12 以前景色填充背景

STEP 4 在工具箱中选择画笔工具，在工具属性栏的画笔栏单击按钮，在打开的面板中单击按钮，在打开的菜单中选择“湿介质画笔”命令，如图4-13所示。

STEP 5 此时，将打开提示对话框，提示是否替换原有的画笔，如图4-14所示，单击[追加(A)]按钮，将湿介质画笔添加在原有画笔之后。

STEP 6 再次单击按钮，在打开的菜单中选择“大列表”命令，更改画笔显示方式。

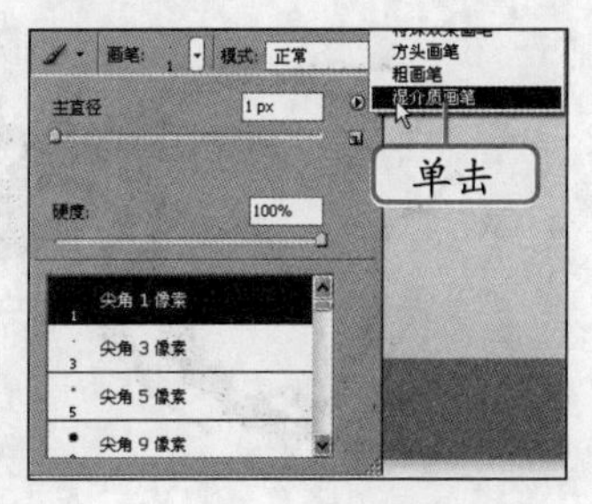

图4-13 选择“湿介质画笔”命令

图4-14 追加画笔

（二）使用画笔工具绘制图像

载入画笔后，就可以开始绘制图像。下面使用湿介质画笔中的一种画笔绘制梅花枝干。其具体操作如下。

STEP 1 在工具箱中单击“画笔工具”按钮，在工具属性栏中的“画笔”栏单击按钮，在打开的面板的画笔列表框中选择“深描水彩笔”画笔。

STEP 2 按【D】键复位前背景色，在“图层”面板中单击“新建图层”按钮，新建一个透明图层。

STEP 3 使用画笔工具在其中拖曳鼠标绘制主要枝干，如图4-15所示。

STEP 4 在工具属性栏中将画笔的笔触大小调小，继续在图像的枝干中拖曳鼠标绘制其他较小的枝干，突出枝干的层次感，如图4-16所示。

图4-15 绘制主要枝干

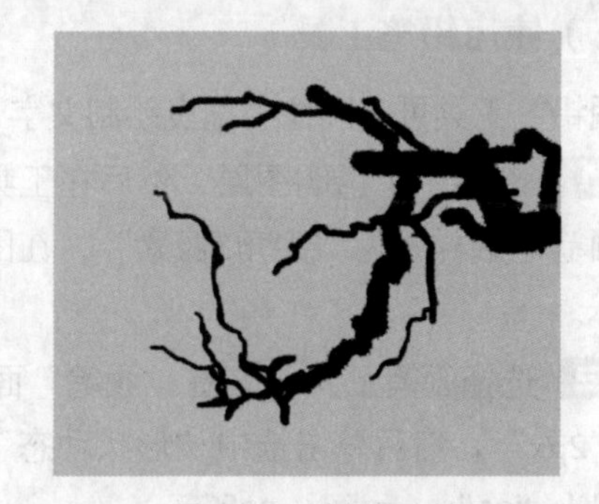
图4-16 绘制细小枝干

STEP 5 按【[】键调大或按【]】键调小画笔，然后沿枝条边上绘制细节，以突出枝条的苍劲感，效果如图4-17所示。

STEP 6 利用拾色器设置前景色为灰色（R:107,G:108,B:102），在工具属性栏中设置不透明度为30%，然后不断调整画笔笔触的大小在枝干上涂抹，以突出枝干的明暗关系，效果如图4-18所示。

STEP 7 新建一个透明图层，通过载入画笔的方法添加“自然画笔2”到“画笔”面板，然后将画笔样式设置为“旋绕画笔20像素”，如图4-19所示。

STEP 8 在工具属性栏中设置画笔的不透明度与流量都为50%，设置前景色为红色（R:253,G:1,B:18），然后设置不同大小的画笔，在枝干上单击绘制花瓣，在花瓣色彩很深的位置可多单击几次，效果如图4-20所示。

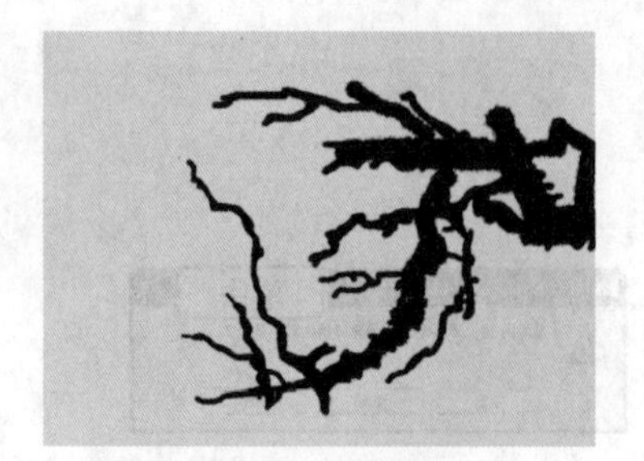

图4-17　绘制细节

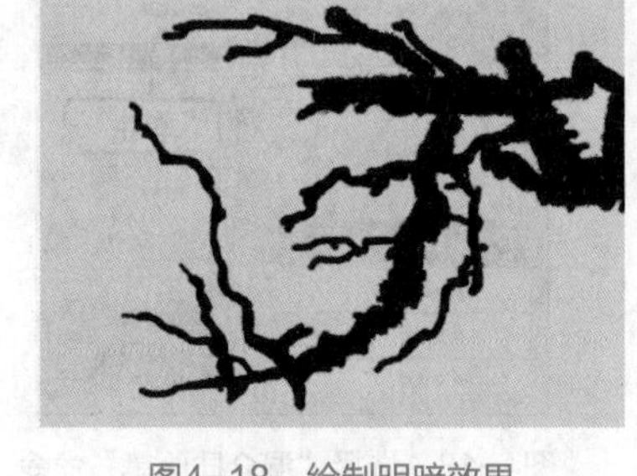

图4-18　绘制明暗效果

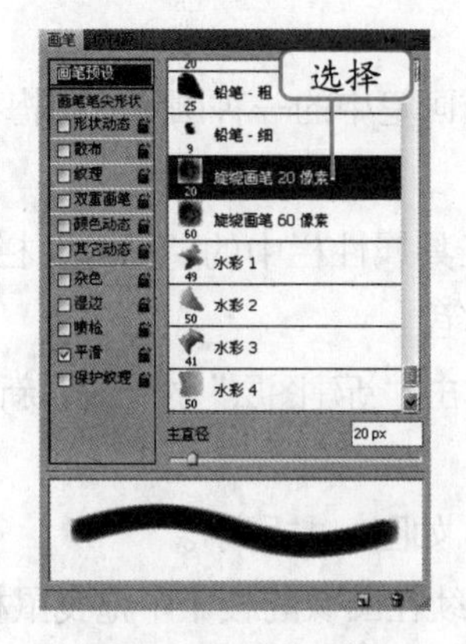

图4-19　选择画笔

图4-20　绘制花瓣

（三）使用铅笔工具

利用铅笔工具可在图像中拖曳绘制文字，并绘制花瓣的花蕊，其具体操作如下。

STEP 1　新建一个透明图层，然后在工具箱中单击“铅笔工具”按钮，在工具属性栏中设置画笔笔触样式为“尖角3像素”，在图像左侧拖曳鼠标书写“暗香”文本，效果如图4-21所示。

STEP 2　选择画笔工具，在“画笔”面板中设置铅笔的笔触样式为“铅笔-细”，直径大小为“2px”，然后单击选中“形状动态”复选框，并把画笔控制设置为“渐隐”模式，渐隐范围为“25”，如图4-22所示。

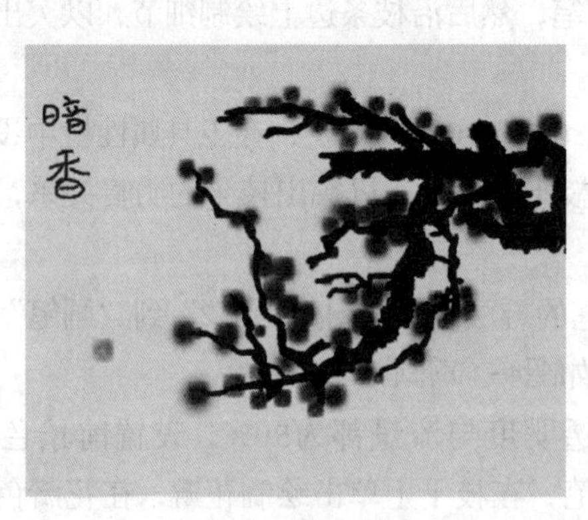

图4-21　书写文字

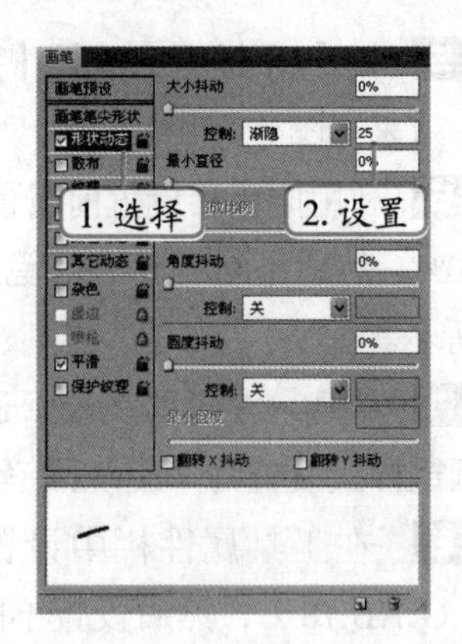

图4-22　设置画笔形状动态

STEP 3 在工具属性栏中设定画笔的不透明度为80%，放大显示某个花瓣，将前景色设置为黄色（R:242,G:233,B:97），然后拖曳鼠标绘制4条渐隐线条，以获得花蕊的效果，如图4-23所示。

STEP 4 利用相同的方法在其他花瓣处绘制花蕊，然后保存图像文件完成制作，效果如图4-24所示（最终效果参见：光盘：\效果文件\项目四\梅花.psd）。

图4-23 绘制花蕊效果

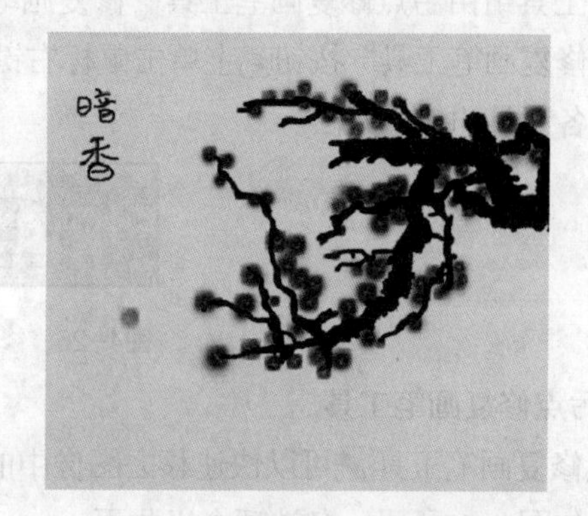

图4-24 “梅花”最终效果

在绘制枝干的过程中，需要不断地调整变换画笔笔触大小，所以一定要耐心、仔细地绘制枝干，尤其是在突出枝干的苍劲感和明暗程度时，更需要不断地进行尝试。

任务二 修复和美化照片

当照片中有瑕疵或多余部分时，会严重影响照片的质量和照片效果，此时可以使用Photoshop CS4的照片修复功能来对照片进行修复和美化，保留有意义的照片，使其不受瑕疵的影响。

一、任务目标

本任务将学习使用Photoshop CS4的照片修复功能来修复照片。修复时先在照片上不需要的部分创建选区，然后使用修复画笔工具将其替换，再使用污点修复画笔工具去除地板上的白色部分，最后通过修补工具添加鸽子图像。通过本任务的学习，可以掌握Photoshop各种修复工具的使用方法。本任务制作完成后的最终效果如图4-25所示。

图4-25 修复和美化照片

二、相关知识

在对照片进行修复时，需要先熟悉修复照片需要使用到的工具。下面主要对修复工具组和图章工具组中的工具及其使用方法进行简单介绍。

（一）修复工具组

修复工具组由污点修复画笔工具、修复画笔工具、修补工具和红眼工具组成，在工具箱的“污点修复画笔工具”按钮上单击鼠标右键，即可打开如图4-26所示修复工具组，下面具体介绍各工具的使用方法。

图4-26 修复工具组

1. 污点修复画笔工具

污点修复画笔工具可以快速移去图像中的污点和其他不理想的部分。该工具对应的工具属性栏如图4-27所示，各选项含义如下。

图4-27 污点修复画笔工具属性栏

- “画笔”栏：与画笔工具属性栏对应的选项一样，用来设置画笔的大小和样式等。
- “模式”下拉列表框：用于设置绘制后生成图像与底色之间的混合模型，将在图层内容中作具体介绍。
- “类型”栏：用于设置修复图像区域过程中采用的修复类型。单击选中“近似匹配”单选项后，将使用要修复区域周围的像素来修复图像；单击选中“创建纹理”单选项后，将使用被修复图像区域中的像素来创建修复纹理，并使纹理与周围纹理相协调。
- “对所有图层取样”复选框：单击选中复选框，将从所有可见图层中对数据进行取样。

2. 修复画笔工具

修复画笔工具与污点修复工具稍有区别，可用于校正瑕疵，使它们消失在周围的图像中。其工具属性栏如图4-28所示，各选项含义如下。

图4-28 修复画笔工具属性栏

- “源”栏：设置用于修复像素的来源。单击选中“取样”单选项，则使用当前图像中定义的像素进行修复；单击选中“图案”单选项，则可在其后单击按钮，并在打开的下拉菜单中选择预定义的图案对图像进行修复。
- “对齐”复选框：用于设置对齐像素的方式，与其他工具类似。

3. 修补工具

修补工具也是一种相当实用的修复工具，选择该工具后，在图像区域可以按住鼠标拖曳，框选将要修复的图像，获取选区，然后将其拖曳到与修复区域大致相同的图像区域，释放鼠标后系统会自动进行修复。

操作提示

框选需要修复的图像时，可通过使用创建选区工具来创建精确的修复选区，然后再使用修补工具进行修复。

4. 红眼工具

红眼工具可以置换图像中的特殊颜色，特别是针对照片人物中的红眼状况。使用方法是选择红眼工具后，在图像中的红眼区域单击即可，如图4-29所示。

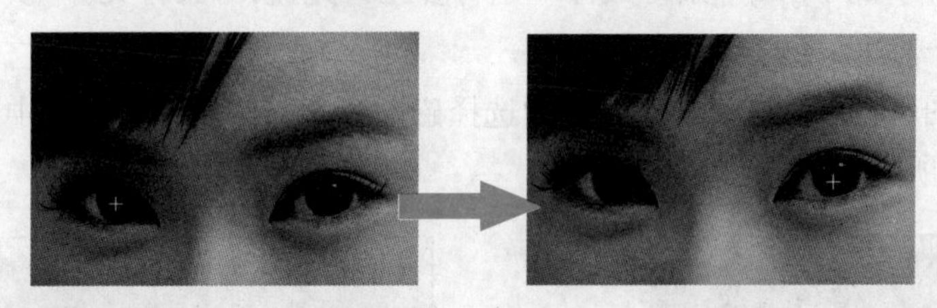

图4-29 使用红眼工具

该工具对应的工具属性栏如图4-30所示，各选项含义如下。

瞳孔大小: 50% 变暗量: 50%

图4-30 红眼工具属性栏

- "瞳孔大小"数值框：用于设置瞳孔（眼睛暗色的中心）的大小。
- "变暗量"数值框：用于设置瞳孔的暗度。

操作提示

红眼工具在位图、索引或是多通道色彩模式的图像中不可用。

（二）图章工具组

图章工具组包括仿制图章工具和图案图章工具，可以使用颜色、图案填充图像或选区，以得到图像的复制或替换效果，下面分别介绍。

1. 仿制图章工具

利用仿制图章工具可以将图像窗口中的局部图像或全部图像复制到其他的图像中。选择仿制图章工具，按住【Alt】键在图像中单击，获取取样点，然后在图像的另一个区域单击拖曳，这时取样处的图像将被复制到该处。

2. 图案图章工具

使用图案图章工具，可以将Photoshop CS4提供的图案或自定义的图案应用到图像中。选择该工具，其属性栏如图4-31所示，其中，部分参数设置与画笔工具栏类似，其他选项含义如下。

图4-31 图案图章工具属性栏

- 下拉列表框：单击右侧的图标，在打开的列表框中可以选择所应用的图案样式。
- “印象派效果”复选框：单击选中此复选框，绘制的图案将具有印象派绘画的艺术效果。

三、任务实施

（一）使用修复画笔工具

下面将使用修复画笔工具来去除图像中不需要的人物背景。修复时，需要注意细节部分的处理，其具体操作如下。

STEP 1 打开“鸽子.jpg”素材文件（素材参见：光盘：\素材文件\项目四\任务二\鸽子.jpg），如图4-32所示。

STEP 2 将图层复制一层，在工具箱中选择磁性套索工具，为背景中多余的图像创建选区，如图4-33所示。

图4-32 打开素材图像

图4-33 创建选区

STEP 3 在工具箱中单击“修复画笔工具”按钮，按住【Alt】键的同时在图像区域中单击取样，如图4-34所示。

STEP 4 在工具属性栏的“模式”下拉列表框中选择“替换”选项，然后在选区内拖曳鼠标涂抹，替换图像内容，如图4-35所示。

图4-34 单击取样

图4-35 涂抹区域

STEP 5 继续涂抹选区内图像进行修复，这一过程要仔细耐心，且需要不断地取样修改，修复完成后的效果如图4-36所示。

STEP 6 利用相同的方法修复照片中其他的部分，效果如图4-37所示。

图4-36 替换背景人物

图4-37 替换多余的图像

（二）使用污点修复画笔工具

通过观察，发现广场的地板上有许多白色的图像，影响照片视觉。下面利用污点修复画笔工具将其修复，其具体操作如下。

STEP 1 在工具箱中选择污点修复工具，调整画笔大小到合适位置，然后在图像的白色区域单击，如图4-38所示。

STEP 2 通过不断调整画笔大小，继续修复地板上的白色瑕疵，效果如图4-39所示。

图4-38 修复白色污点

图4-39 修复其他污点

（三）使用修补工具

消除污点后，可通过修补工具添加几只鸽子，使画面不至于单调。其具体操作如下。

STEP 1 使用选取工具在鸽子图像上创建选区，在工具箱中单击"修补工具"按钮，然后将选区内的图像拖曳到空白区域，效果如图4-40所示。

STEP 2 利用相同的方法为图像添加其他鸽子图像，效果如图4-41所示。

图4-40　创建修补源选区

图4-41　修补后的效果

（四）使用图案图章工具

下面使用图案图章工具为小孩的衣服添加图案效果，其具体操作如下。

STEP 1 利用快速选择工具选取小孩衣服部分，在工具箱中选择图案图章工具，在工具属性栏中设置模式为“叠加”，图案为“树皮”，如图4-42所示。

STEP 2 将鼠标移动到选区内拖曳，使图案替换，效果如图4-43所示。

STEP 3 取消选择选区，完成后将其保存为“修复照片.psd”，如图4-44所示（最终效果参见：光盘：\效果文件\项目四\修复照片.psd）。

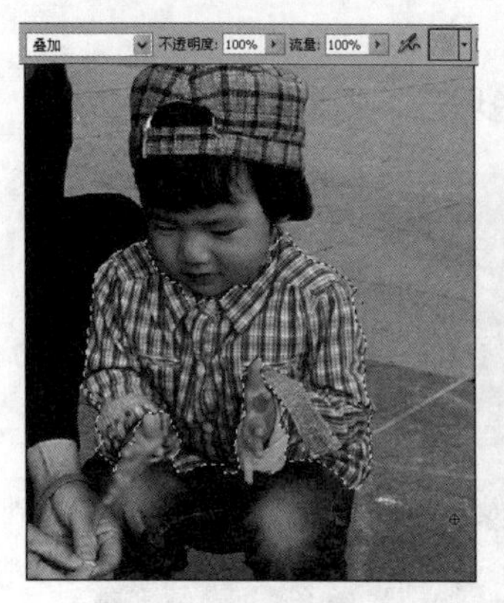

图4-42　创建选区

图4-43　替换图像

图4-44　最终效果

任务三　制作景深照片效果

景深照片效果是指使用单反相机在拍照时通过聚焦某一图像对象，使其清晰，而背景图像部分则比较模糊，通过这样的对比形成一种视觉效果。下面主要介绍制作方法。

一、任务目标

本任务将练习用Photoshop CS4的图片修饰工具来为一张照片制作景深效果，制作过程中，可使用锐化工具对主要部分进行锐化，使用模糊工具模糊背景，然后使用加深和减淡工具来调整图片整体颜色，最后使用历史记录画笔工具恢复图像边缘区域的像素。通过本任务的学习，可以掌握Photoshop模糊工具组和加深工具组中相关工具的使用方法。本任务制作完成前后对比效果如图4-45所示。

图4-45 景深照片效果

二、相关知识

要制作景深效果的照片，选择对应的修饰工具后，还需对工具进行设置，下面简单介绍相关工具的工具属性栏的参数设置。

（一）认识模糊工具属性栏

选择模糊工具后，即可激活模糊工具栏，如图4-46所示，其中“强度”数值框用于设置运用模糊工具时的着色的力度，值越大，模糊的效果就越明显，取值范围为1%~100%之间，其他大部分参数设置与画笔相同。

图4-46 模糊工具属性栏

（二）涂抹工具

涂抹工具用于拾取单击鼠标起点处的颜色，并沿拖移的方向扩张颜色，从而模拟用手指在未干的画布上进行涂抹而产生的效果，其使用方法与模糊工具一样。图4-47所示为向右上方涂抹一次的效果，图4-48所示为多次涂抹后的效果。

图4-47 涂抹一次

图4-48 涂抹多次

（三）海绵工具

使用海绵工具在图像中涂抹后，可以精细地改变某一区域的色彩饱和度。其对应的工具属性栏如图4-49所示，各选项含义如下。

图4-49 海绵工具属性栏

- “模式”下拉列表框：用于设置是否增加或降低饱和度。选择“降低饱和度”，表示降低图像中色彩饱和度；选择“饱和”选项，表示增加图像中色彩饱和度。
- “流量”文本框：在此文本框中可以直接输入流量值或单击右侧的▸按钮，拖曳滑块设置涂抹压力值，压力值越大，饱和度改变的效果越明显。

三、任务实施

（一）使用模糊和锐化工具

下面使用锐化工具为图像增加清晰度，然后使用模糊工具模糊图像背景区域，其具体操作如下。

STEP 1 打开“花朵.jpg”素材文件（素材参见：光盘：素材文件\项目四\任务三\花朵.jpg），复制背景图层，得到“背景 副本”图层，如图4-50所示。

STEP 2 选择“背景 副本”图层，使用选取工具在花朵图像上创建选区，然后在工具箱中选择锐化工具，在选区里涂抹锐化选区，效果如图4-51所示。

图4-50 打开素材图像

图4-51 锐化选区

STEP 3 按【Ctrl+Shift+I】组合键反选选区，在工具箱中单击“模糊工具”按钮，然后在图像背景区域涂抹，如图4-52所示。

STEP 4 继续使用模糊工具在图像上涂抹，涂抹时注意，远景需要多次涂抹增加模糊效果，如图4-53所示。

图4-52 模糊背景

图4-53 多次模糊

（二）使用加深和减淡工具

进行模糊和锐化后的图像颜色饱和度部分有所降低，此时可使用加深和减淡工具对其进行调节，其具体操作如下。

STEP 1 保持选区不变，在工具箱中选择加深工具，然后在图像区域涂抹，增加颜色暗度，如图4-54所示。

STEP 2 按【Ctrl+Shift+I】组合键反选选区，然后选择减淡工具，在花朵图像上涂抹，增加图像明度，如图4-55所示，完成后取消选区。

图4-54 加深背景

图4-55 减淡花朵图像

（三）使用历史记录画笔工具

取消选区后图像的边缘还不能很好地融合过渡，因此，可使用历史记录画笔将其恢复，其具体操作如下。

STEP 1 在工具箱中选择历史记录画笔工具，然后在花朵图像周围进行调整。

STEP 2 完成后将其保存为"景深效果.psd"文件，如图4-56所示（最终效果参见：光盘：\效果文件\项目四\景深效果.psd）。

图4-56 完成制作

知识补充

历史记录艺术画笔与历史记录画笔的工作原理相同，不同点在于历史记录艺术画笔在恢复图像的同时会对图像进行艺术化处理，创造出艺术效果。

实训一　制作商业插画

【实训要求】

利用Photoshop CS4的绘画工具制作一幅商业插画，要求突出时尚主题的思想，且具有强烈的艺术感染力。其中相关要求如下。

【实训思路】

商业插画是为企业或产品绘图，达到宣传的效果，因此这类插画可以绘制在商品的包装上，也可以绘制在商品宣传册上，也可以是商品的附赠物品上。因此，首先利用渐变工具制作插画背景，然后使用画笔工具绘制人物形象，再使用选取工具绘制其他图形并填充颜色，最后添加文字即可。本实训的参考效果如图4-57所示。

绘制商业插画可直观地传达商品信息，利用夸张手法强化商品特性，来促进消费者的购买欲望。因此在设计插画前，应该对所画商品的特点有一定的了解，通过进行市场调查，了解消费者购物眼光，最后结合商品特性，设计出既能体现商品特色，又能吸引消费者眼光的商业插画。

图4-57　“商业插画”效果

【步骤提示】

STEP 1 启动Photoshop CS4程序，新建“商业插画”图像文件，利用渐变工具填充背景颜色。

STEP 2 通过画笔工具绘制图像中的主要人物图像部分，这一过程需要不断尝试，反复修改。

STEP 3 为绘制的图像对应的部分填充颜色。

STEP 4 使用文字工具输入文字，然后设置字体格式。

STEP 5 按【Ctrl+S】组合键保存图像文件，完成制作（最终效果参见：光盘：\效果文件\项目四\商业插画.psd）。

实训二　制作双胞胎图像效果

【实训要求】

本实训要求将如图4-58所示（素材参见：光盘：\素材文件\项目四\实训二\小孩.jpg）的照片上的儿童进行复制，制作出双胞胎图像效果，本实训完成后的参考效果如图4-59所示。

图4-58 素材文件

图4-59 制作双胞胎图像效果

【实训思路】

制作本实例主要通过修补工具对图像进行复制，然后使用仿制图章工具对细节部分进行处理。

【步骤提示】

STEP 1 打开“小孩.jpg”图像文件，选择工具箱中的修补工具沿人物绘制选区。

STEP 2 单击属性栏中的“目标”选项，将鼠标放置到选区中向左拖动，松开鼠标后得到复制的图像。

STEP 3 选择仿制图章工具，按住【Alt】键单击取样人物右侧手边的衣服，然后拖动鼠标对复制的部分玩具区域进行修复。

STEP 4 按【Ctrl+D】键取消选区，完成双胞胎图像的制作（最终效果参见：光盘：\效果文件\项目四\双胞胎图像.jpg）。

常见疑难解析

问：有些在网站上下载的图像会有网址、名称等信息，如果要删除这些信息该如何操作呢？

答：方法有很多种。使用仿制图章工具将干净图像取样点图像复制到要去除的网址上；使用修补工具设置取样点修复网址图像；如果网址在图像边缘上，则可以用裁切工具把不要的地方裁切掉。

问：使用模糊工具对图像进行模糊处理，与“滤镜”菜单中的“高斯模糊”命令有什么不同？

答：模糊工具可以只对局部图像进行涂抹，从而模糊处理图像，而“高斯模糊”命令则是对整幅图像或选区内的图像进行模糊处理。

问：使用图案图章工具时，属性栏中的图案可以进行自定义设置吗？

答：可以的。当绘制好一个图案后，选择【编辑】/【定义图案】命令，在打开的“图案名称”对话框中设置好名称，就可以在属性栏中的图案下拉列表框中找到该图案了。

问：若是Photoshop CS4自带的画笔也不能满足需要，应该怎么办呢？

答：用户可以自定义预设画笔样式，另外，也可以从网上下载画笔样式，然后将其载入到Photoshop中。具体方法是在打开的面板中单击按钮，或在面板组中单击“画笔预设”按钮，打开“画笔预设”面板，在其中单击，在打开的菜单中选择“载入画笔”命令，打开“载入”对话框，在其中找到从网上下载的画笔笔刷所在的位置，选择需要载入的笔刷，如图4-60所示，单击载入(L)按钮，载入的画笔笔刷将在画笔样式中显示。单击选择画笔后，在图像区域单击即可绘制出需要的图像效果，如图4-61所示。

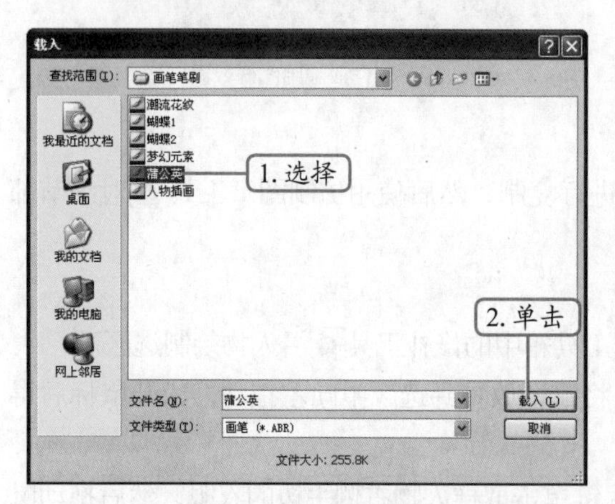

图4-60　画笔笔刷样式

图4-61　载入的笔刷效果

拓展知识

1. 橡皮擦工具

橡皮擦工具主要用来擦除当前图像中的颜色。选择橡皮擦工具后，可以在图像中拖动鼠标，根据画笔形状对图像进行擦除，擦除后图像将不可恢复。其属性栏如图4-62所示，其中各选项含义如下。

画笔: 200 模式: 画笔 不透明度: 100% 流量: 100% 抹到历史记录

图4-62　橡皮擦工具属性栏

- 模式”下拉列表框：单击其右侧的按钮，在下拉列表框中可以选择画笔、铅笔、块3种擦除模式。
- “抹到历史记录”复选框：单击选中该复选框，可以将图像擦除至“历史记录”面板中恢复点外的图像效果。

2. 背景橡皮擦工具

与橡皮擦工具相比，使用背景橡皮擦工具可以将图像擦除到透明色，其属性栏如图4-63所示。其中各选项含义如下。

画笔: 125 限制: 不连续 容差: 50% 保护前景色

图4-63　背景橡皮擦工具属性栏

- “取样连续”按钮：此按钮呈选中状态，在擦除图像过程中将连续地采集取样点。
- “取样一次”按钮：此按钮呈选中状态，将第一次单击鼠标位置的颜色作为取样点。

- “取样背景色板”按钮：此按钮呈选中状态，当前背景色将作为取样色。
- “限制”下拉列表框：单击右侧的三角按钮，打开下拉列表框，其中“不连续”选项指修整图像上擦除样本色彩的区域；“连续”选项指只被擦除连续的包含样本色彩的区域；“查找边缘”选项指自动查找与取样色彩区域连接的边界，也能在擦除过程中更好地保持边缘的锐化效果。
- “容差”数值框：用于调整需要擦除的与取样点色彩相近的颜色范围。
- “保护前景色”复选框：单击选中该复选框，可以保护图像中与前景色一致的区域不被擦除。

3. 魔术橡皮擦工具

魔术橡皮擦工具是一种根据像素颜色来擦除图像的工具，用魔术橡皮擦工具在图层中单击时，所有与单击处颜色相似的区域都将被擦掉而变成透明的区域。其属性栏如图4-64所示，其中各选项含义如下。

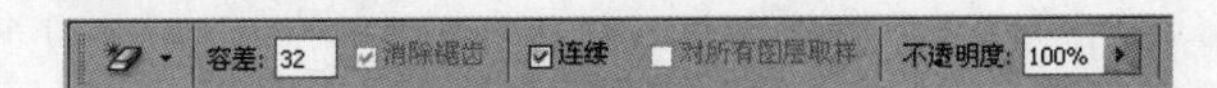

图4-64 魔术橡皮擦工具属性栏

- “消除锯齿”复选框：单击选中该复选框，会使擦除区域的边缘更加光滑。
- “连续”复选框：单击选中该复选框，将只擦除与临近区域中颜色类似的部分，否则会擦除图像中所有颜色类似的区域。
- “对所有图层取样”复选框：单击选中该复选框，可以利用所有可见图层中的组合数据来采集色样，否则只采集当前图层的颜色信息。

课后练习

（1）为如图4-65所示（素材参见：光盘：\素材文件\项目四\课后练习\树叶.jpg）的树叶图像使用污点修复画笔工具将破碎的树叶修复完整，完成后的效果如图4-66所示（最终效果参见：光盘：\效果文件\项目四\课后练习\树叶.jpg）。

图4-65 素材图像

图4-66 修复后的树叶效果

（2）使用仿制图章工具将如图4-67所示的纹理图像中的图案复制应用到人物衣服中（素材参见：光盘：\素材文件\项目四\课后练习\人物.jpg、纹理.jpg），并使其自然融合，完成后的效果如图4-68所示（最终效果参见：光盘：\效果文件\项目四\课后练习\衣服纹理.psd）。

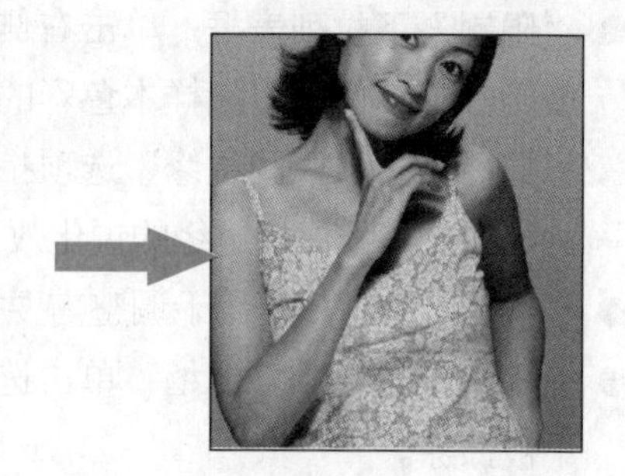

图4-67　素材图像　　　　图4-68　衣服纹理效果

（3）根据提供的两幅荷花图像素材制作故事插画（素材参见：光盘：\素材文件\项目四\课后练习\荷花1.jpg、荷花2.jpg），要求具有朦胧效果，并配以与荷花相关的文字。完成后的参考效果如图4-69所示（最终效果参见：光盘：\效果文件\项目四\课后练习\故事插画.psd）。

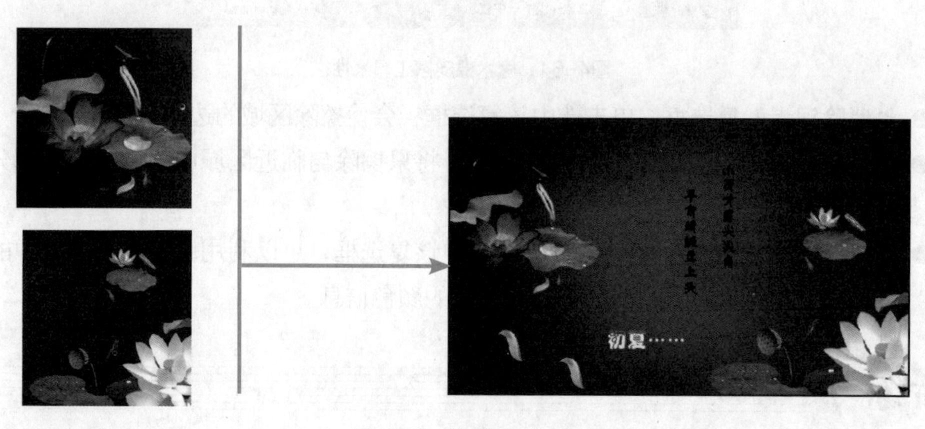

图4-69　故事插画效果

PART 5

项目五
调整图像色彩

情景导入

阿秀：小白，这里有一些婚纱照片，你试着用Photoshop处理出特殊的色彩效果。

小白：特殊色调？这要怎么做。

阿秀：可以使用Photoshop的调色功能来完成，如调整图像的亮度、对比度、色彩平衡、图像饱和度等，除此之外，还可以调整曝光不足的照片、偏色的图像，以及制作一些特殊图像色彩。

小白：这么神奇，那操作起来一定有些复杂了？

阿秀：其实每一个调整命令都不复杂，但需要结合起来灵活使用，这样才能得到意想不到的效果。

学习目标

- 掌握各种色彩调整命令的使用方法以及得到的效果
- 灵活运用各种调色命令调整图像色调

技能目标

- 掌握“青色调照片”图像文件的制作方法
- 掌握艺术照片色调的调整和设置方法
- 能够将多个色彩调整命令结合使用，得到具有特殊效果的图像文件

任务一 制作“青色调照片”图像

色调在图像效果方面能最大限度地体现图像内容，当图像中的色调发生变化时，图像给观者的感觉也会随之而变，而青色调的图像可以给人复古典雅的感觉，下面具体介绍调出青色调照片的方法。

一、任务目标

本任务将练习使用Photoshop CS4的色彩调整命令来完成色调的调整。制作过程中主要使用曲线、色阶、色彩平衡、可选颜色和通道混合颜色等调整命令，且在调整过程中还应注意调整图层的使用。通过本任务的学习，可以掌握相关色彩调整命令的使用，同时对调整图层的使用方法有一定的了解。本任务制作完成后的最终效果如图5-1所示。

图5-1 “青色调照片”图像效果

行业提示

色彩调整常用于修正照片偏色或曝光颜色等，也常用于影楼的照片处理，即通过对照片的色调进行调整，使其得到特殊的照片效果，在调整照片色调时，应注意以下方面：

① 要考虑照片中的色调在调整时选用何种颜色进行混合，即调整后的主色调。

②照片调整颜色后的颜色应该与画面内容相融合，不能冲突。

③调整过程中，需要多次反复尝试参数设置，直到达到理想的效果，这一过程需要耐心进行。

二、相关知识

在使用色彩命令对图像进行调整时，需要先熟悉色彩的相关知识。下面主要对这些知识进行简单介绍。

（一）色彩的基本知识

图像都是由色彩构成的，而任何色彩都由色相、纯度和明度组成。下面先介绍色相、纯度、明度和对比度等色彩的基本概念，以及配色的常用方法，以帮助没有美术基础的用户进行理解。

1. 色相

色相是指色彩的相貌，是区别色彩种类的名称，即通常说的不同颜色。例如红、紫、橙、蓝、青、绿、黄等色彩都分别代表一类具体的色相，而黑、白以及各种灰色是属于无色系的。色相是色彩最显著的特征，对色相进行调整即在多种颜色之间变化，在三原色之间加插中间色。

2. 纯度

纯度是指色彩的纯净程度，也称饱和度。对色彩的饱和度进行调整也就是调整图像的纯度。

3. 明度

明度是指色彩的明暗程度，也可称为亮度。明度是任何色彩都具有的属性，其中白色是明度最高的颜色，因此在色彩中加入白色，可提高图像色彩的明度；黑色是明度极低的颜色，因此在色彩中加入黑色，可降低图像色彩的明度。

4. 对比度

对比度是指不同颜色之间的差异，调整对比度的实质就是调整颜色之间的差异。提高对比度，可使颜色之间的差异变得很明显。

5. 色彩联想与象征

配色时的常用方法包括联想法和色彩感情法，具体如下。

- 联想法：在设计作品选择色彩时，可通过色彩有序联系来确定作品的主色调，如需要设计的作品要体现深邃、时尚、没有枯燥感觉的OA界面设计，那么蓝色可以说是最好的选择，这时，通过一片蓝色，又可联想到蓝天、大海、蓝衬衣，可以说，每个人联想到的物品都不相同。色块是抽象的，无法表达明确的信息，但可以通过色彩的有序联想让色彩依附于形，让色彩与图形产生直接有效的联想关系。该方法是一个讨巧的色彩设计技巧。
- 色彩情感法：色彩包罗万象，与人们的感情和表达内容息息相关，不同的颜色，可以表现出不同的人物性格，即使一种颜色的不同色调，也可以呈现出上百万种的精神样貌。颜色可以描述出人们的心情，如橙色给人积极向上、热情的感觉。

常见的色彩相关搭配如下。

- 黄色：黄色一般代表愉悦、嫉妒、奢华、光明、希望的感觉，食品、能源、照明、金融等行业都使用。黄色是最亮丽的颜色，如“黄+黑”搭配非常明晰，“黄+果绿+青绿”搭配协调中有对比，“桔黄+紫+浅蓝”搭配对比中有协调。
- 橙色：橙色一般代表温暖、欢乐、热情、忧郁的感觉，食品、石化、建筑、百货等行业都使用。橙色是最温暖的颜色，因此将橙色和冷色系搭配很不错，如“橙+蓝”搭配时，只需稍微将一种颜色调深，即可体现出明暗对比效果。
- 蓝色：蓝色一般代表轻盈、忧郁、深远、宁静、科技的感觉，IT、交通、金融、农林等行业都使用。常见的商务风格配色为“蓝+白+浅灰”搭配，体现清爽干净；“蓝+白+深灰”搭配，体现成熟稳重；“蓝+白+对比色（或准对比色）”搭配，体现明快活跃。
- 红色：红色一般代表勇敢、激怒、热情、危险、祝福的感觉，食品、交通、金融、石化、百货等行业都使用。红色具有很强的视觉冲击效果，“红+黑白灰”的搭配更能体现冲击感。

（二）色彩调整注意事项

数码相机、扫描仪、显示器、打印机和印刷设备等都有特定的色彩空间，了解这些设备间的色彩空间，对于平面设计等有很大的帮助，下面简单介绍一下。

1. 色域

色域指设备能够产生的色彩范围，在现实中，自然界可见光谱的颜色组成了最大的色域空间，包括人眼能看见的所有颜色。Lab国际照明协会根据人眼视觉特性，将光线波长转换为亮度和色相，创建了一套色域的色彩数据，如图5-2所示。通过观察可知，Lab模式的色彩范围最广，其次是RGB模式，最小的是CMYK模式。

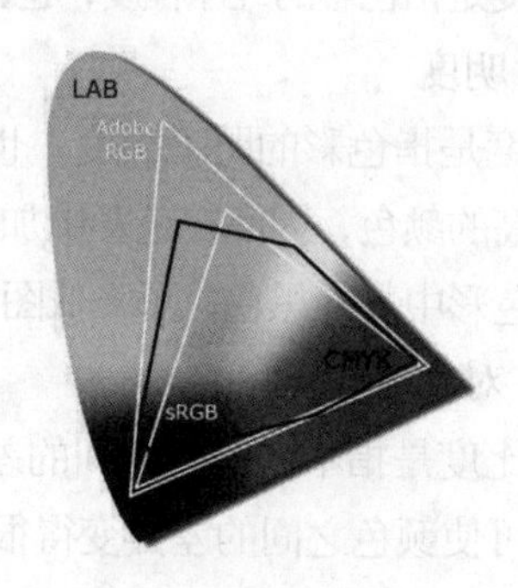

图5-2　Lab色彩数据

2. 溢色

显示器RGB模式的色域比打印机CMYK模式的色域广泛，这就会导致在显示器上看到的颜色与打印出来的颜色不一致，而那些不能被打印机准确输出的颜色就称为“溢色”。

当使用拾色器或“颜色”面板设置图像颜色时，若出现溢色，Photoshop会提示警告信息。当然，用户可根据需要开启溢色警告，方法是选择【视图】/【色域警告】菜单命令，此时，图像中被灰色覆盖的区域便是溢色区域，如图5-3所示，再次执行该命令可关闭色域警告。

图5-3　色域警告效果

操作提示

当使用“调整”命令调整图像颜色或增加色彩饱和度时，若想在操作过程中查看是否出现溢色，可先用颜色取样工具在图像中创建取样点，然后在“信息”面板的吸管图标上单击鼠标右键，在弹出的快捷菜单中选择“CMYK颜色”命令，之后在调整图像时，如取样点的颜色超过CMYK色域，则CMYK旁边将出现惊叹号警告。

在选择颜色时，也可以在拾色器中查看溢色，方法是打开拾色器对话框后，开始色域警告，则在拾色器对话框中也会以灰色显示溢色部分，如图5-4所示。上下拖动滑块，可观察将RGB图像转换为CMYK后，丢失最多的色系。

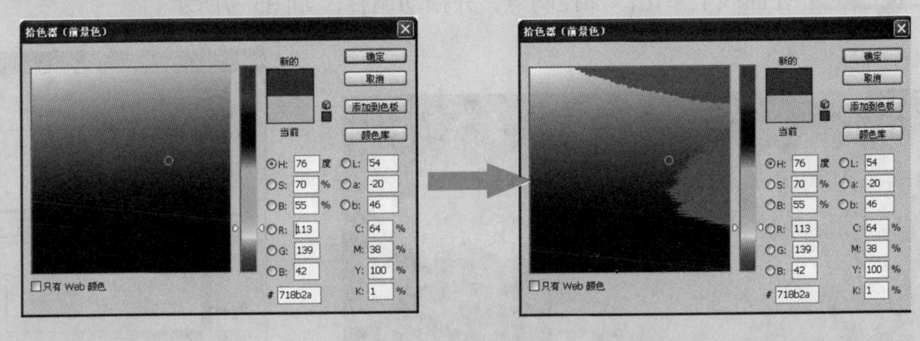

图5-4 在“拾色器”中查看溢色

3. 在显示器上模拟印刷色

制作用于商业印刷机上输出的图像时，如画册、海报和杂志等，可以通过对Photoshop进行设置，从而在显示器上观看印刷后的颜色效果，方法是选择【视图】/【校样设置】/【工作中的CMYK】菜单命令，然后再选择【视图】/【校样颜色】菜单命令，启动电子校样，Photoshop即可模拟出在商用印刷机上的效果，如图5-5所示。

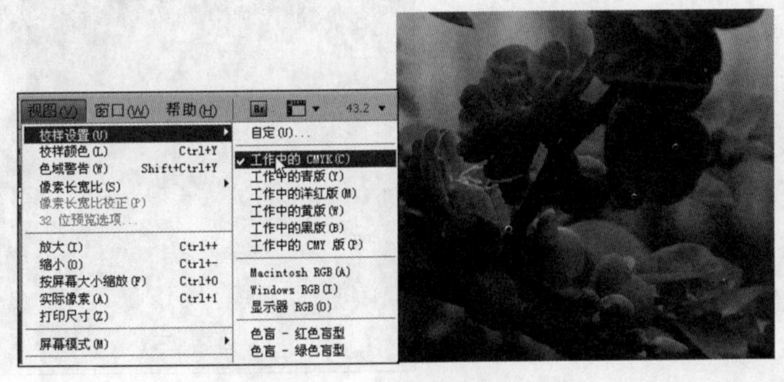

图5-5 模拟印刷效果

“校样颜色”只是提供了一个CMYK模式的预览，以便用户查看，并没有真正将图像转换为CMYK模式，若要关闭电子预览，可再次选择【视图】/【校样颜色】菜单命令。

三、任务实施

（一）使用“曲线”命令

“曲线”命令是Photoshop中最强大的调整工具，下面使用“曲线”对话框调整图像亮度。其具体操作如下。

STEP 1 打开“照片.jpg”素材文件（素材参见：光盘：\素材文件\项目五\任务一\照片.jpg），如图5-6所示。

STEP 2 按【Ctrl+J】组合键复制一层图层，选择【图像】/【调整】/【曲线】菜单命令，或按【Ctrl+M】组合键，打开“曲线”对话框。

STEP 3 在曲线上单击添加控制点，并拖动调整，如图5-7所示。

图5-6 打开素材文件

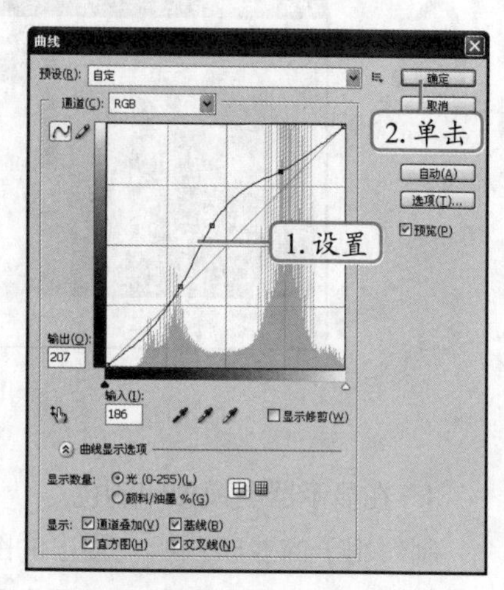

图5-7 调整“曲线”对话框

STEP 4 完成后单击确定按钮，效果如图5-8所示。

操作提示

在“曲线”对话框中可单击选中“预览”复选框，然后根据图像预览效果调整曲线的控制点，这一过程需要耐心反复调整。

图5-8 调整曲线后的效果

（二）创建“色阶”调整图层

调整图层可对其下的所有图层有效，且可以通过删除调整图层来取消图像色彩的调整，因此，下面通过创建调整图层来调整图像的色阶。其具体操作如下。

STEP 1 在面板组中打开“调整”面板，然后在其中单击“色阶”按钮，即可创建一个色阶调整图层。

STEP 2 在“调整”面板中调整色阶的参数，如图5-9所示。

STEP 3 完成后返回“图层”面板，即可查看效果，如图5-10所示。

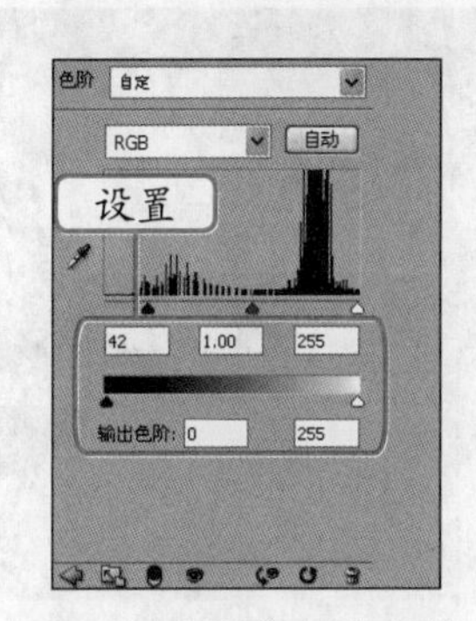

图5-9 设置“色阶”参数

图5-10 设置色阶后的效果

（三）设置“可选颜色”调整图层

下面利用“可选颜色”调整图层对图像中的白色部分进行调整，其具体操作如下。

STEP 1 在“调整”面板组中单击按钮返回，然后在其中单击“可选颜色”按钮，切换到“可选颜色”面板。

STEP 2 在“颜色”下拉列表框中选择“白色”选项，设置“黄色”为“−49%”，如图5−11所示。

STEP 3 在图像区域可查看设置可选颜色后的效果，在“图层”面板中可查看创建的调整图层，如图5−12所示。

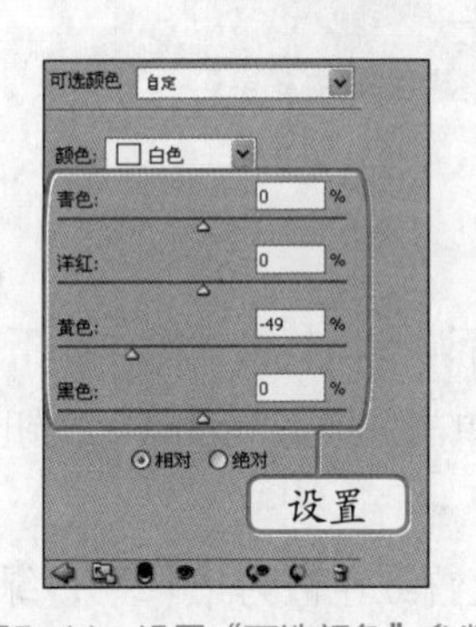

图5-11 设置“可选颜色”参数

图5-12 设置可选颜色后的效果

STEP 4 在图层面板中新建一个透明图层，按【Ctrl+Alt+Shift+E】组合键盖印图层。

STEP 5 选择【滤镜】/【模糊】/【高斯模糊】菜单命令，打开“高斯模糊”对话框，在其中的“半径”文本框中输入“5”，如图5−13所示。

STEP 6 完成后单击 确定 按钮，然后将该图层的图层混合模式设置为“柔光”，效果如图5−14所示。

关于滤镜的相关操作将在项目十中详细讲解，这里只需要按照操作步骤进行操作即可。

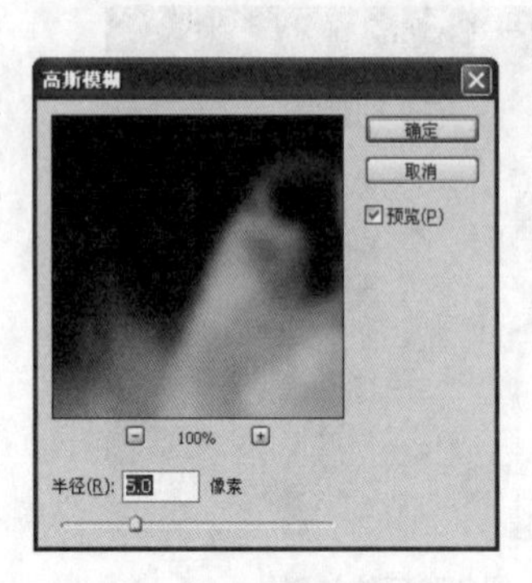

图5-13 设置高斯模糊

图5-14 设置图层混合模式后的效果

STEP 7 按【Ctrl+J】组合键，复制一层，然后利用相同的方法将高斯模糊值设置为"7"，修改图层混合模式为"柔光"，完后效果如图5-15所示。

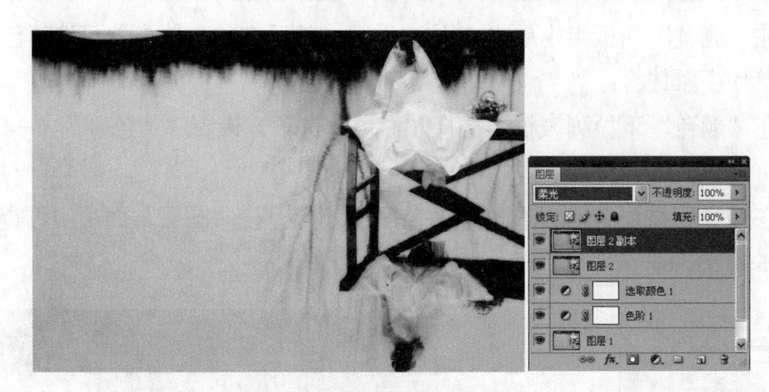

图5-15 继续高斯模糊图像

（四）设置"通道混合器"调整图层

下面利用"通道混合器"调整图层对图像中的绿色部分进行调整，其具体操作如下。

STEP 1 在"调整"面板组中单击按钮返回，然后在其中单击"通道混合器"按钮，切换到"通道混合器"面板。

STEP 2 在"输出通道"下拉列表框中选择"绿"选项，设置红色值为"+2"，绿色值为"+100"，如图5-16所示。

STEP 3 在图像区域可查看设置通道混合器后的效果，在"图层"面板中可查看创建的调整图层，效果如图5-17所示。

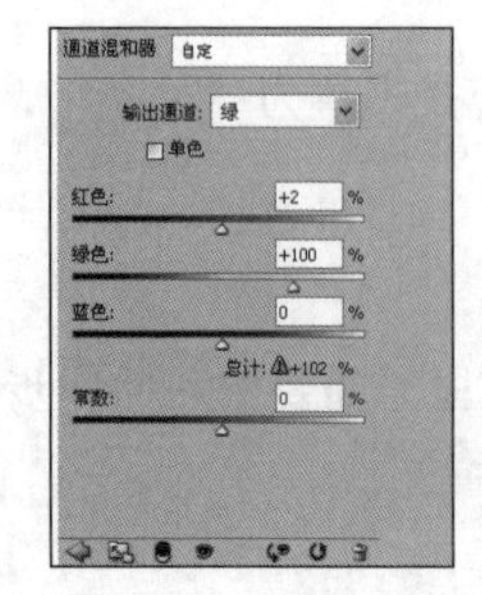

图5-16 设置"通道混合器"参数

图5-17 设置通道混合器后的效果

STEP 4 新建一个透明图层，并盖印图层，选择【滤镜】/【其它】/【高反差保留】菜单命令，在打开的“高反差保留”对话框的“半径”文本框中输入“5”，如图5-18所示。

STEP 5 完成后单击 确定 按钮，然后将该图层的图层混合模式设置为“叠加”，如图5-19所示。

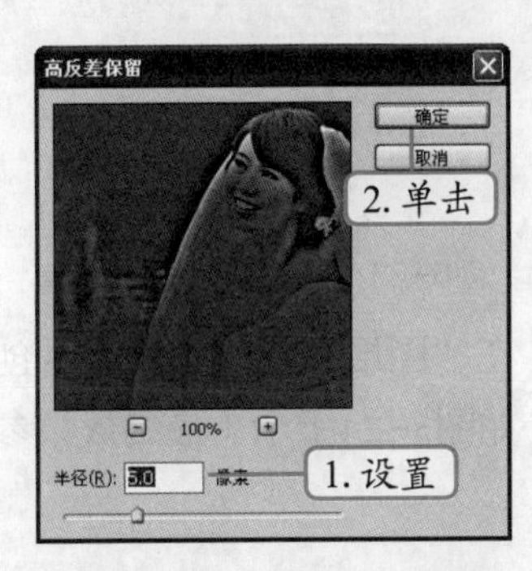

图5-18 设置高反差保留

图5-19 设置图层混合模式后的效果

（五）设置“色彩平衡”调整图层

下面利用“色彩平衡”调整图层设置图像中的色彩，其具体操作如下。

STEP 1 在“调整”面板组中单击按钮返回，然后在其中单击“色彩平衡”按钮，切换到“色彩平衡”面板。

STEP 2 在“色调”栏单击选中“阴影”单选项，在下方的3个文本框中分别设置值为“-31,+17,+32”，如图5-20所示。

STEP 3 在“色调”栏单击选中“高光”单选项，在下方的3个文本框中分别设置值为“0,0,-5”，如图5-21所示。

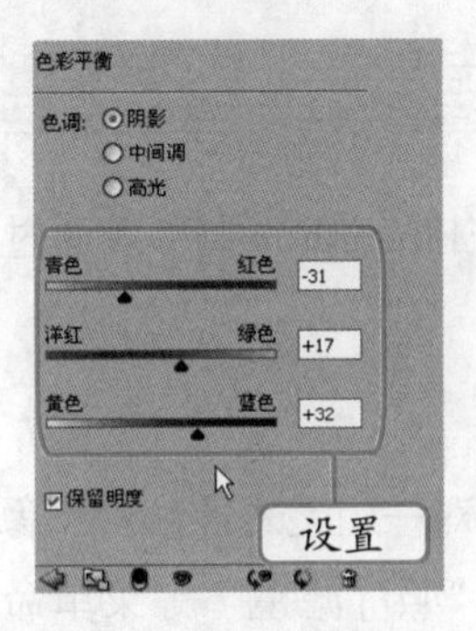

图5-20 设置阴影

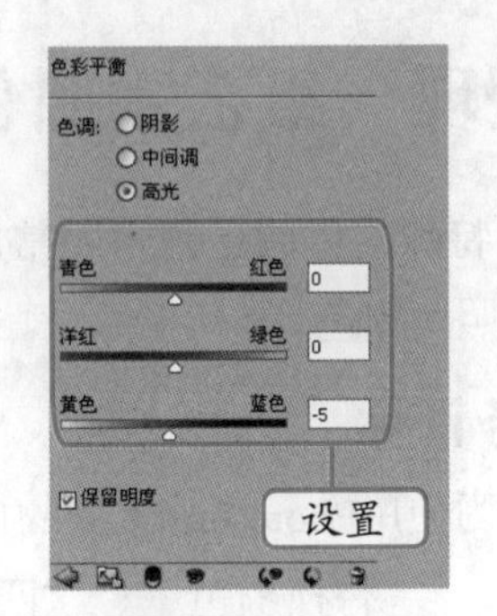

图5-21 设置高光

STEP 4 在图像区域可查看设置色彩平衡后的效果，在“图层”面板中可查看创建的调整图层，如图5-22所示。

STEP 5 在“调整”面板组中单击按钮返回，然后在其中单击“通道混合器”按钮，切换到“通道混合器”面板。

STEP 6 在“输出通道”下拉列表框中选择“蓝”选项，设置红色值为“-2”，如图5-23所示。

图5-22　设置色彩平衡后的效果

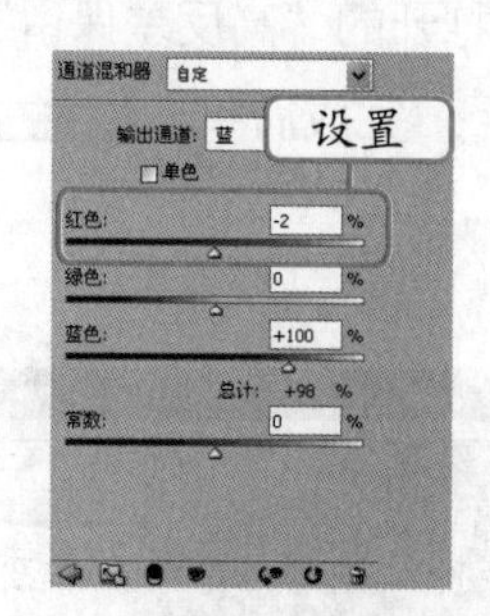

图5-23　设置蓝色通道混合值

STEP 7　在图像区域可查看设置通道混合器后的效果，在“图层”面板中可查看创建的调整图层，完成后将图像保存为“青色调照片.psd”文件，如图5-24所示（最终效果参见：光盘：\效果文件\项目五\青色调照片.psd）。

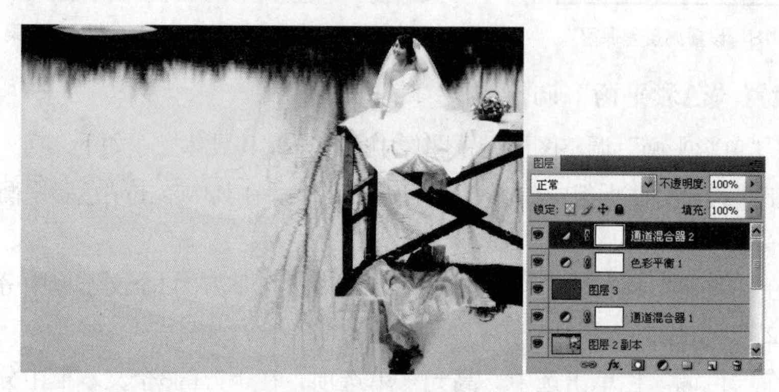

图5-24　完成制作

任务二　处理一组艺术照色调

将照片调出特殊的色调是艺术照常用的手法，在Photoshop中可以通过颜色调整命令来快速方便地处理照片颜色。

一、任务目标

本任务将学习使用Photoshop CS4的色彩调整功能对一组艺术照片调整颜色，主要用到了“色相/饱和度”、“替换颜色”、“匹配颜色”、“照片滤镜”等菜单命令。通过本任务的学习，可以掌握这些色彩调整命令的使用方法。本任务制作完成后的参考效果如图5-25所示。

拍摄的艺术照片已具有一定的观赏性，所以后期一般是对色调进行相应的处理，调整出个性艺术照效果。需要注意的是，在调整照片颜色时，需要根据客户在拍照前期选择的艺术照风格类型来调整图像，否则图像的色调将与画面动作起冲突。常见的艺术照色调有冷色调、暖色调和单色调等类型。

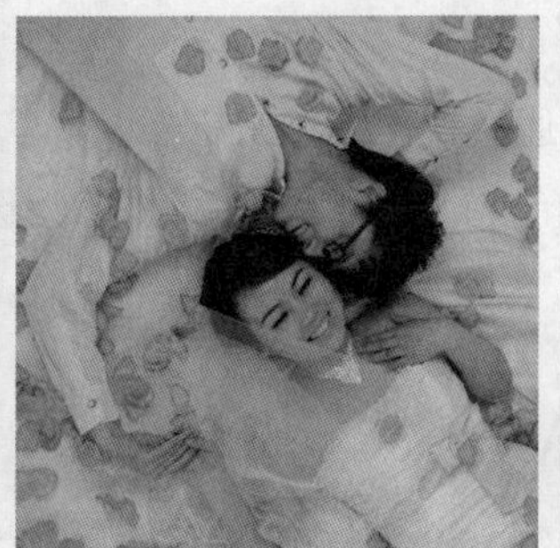

图5-25 艺术照调色效果

二、相关知识

在学习对照片调整色调前，可先了解在Photoshop中快速调整图像色彩的相关操作，下面简单介绍。

（一）“自动色调”命令

“自动色调”命令可自动调整图像中的黑和白，将每个颜色通道中最亮和最暗的像素颜色调到纯白和纯黑，中间像素值按比例重新分布，从而增强图像的对比度，图5-26所示为选择【图像】/【自动色调】菜单命令前后的图像对比效果。

图5-26 自动调整色调前后的效果

（二）“自动对比度”命令

“自动对比度”命令可自动调整图像的对比度，使高光区域看上去更亮，阴影区域更暗，图5-27所示为选择【图像】/【自动对比度】菜单命令前后的图像对比效果。

图5-27 自动调整对比度前后的效果

（三）"自动颜色"命令

"自动颜色"命令可通过搜索图像来标示阴影、中间调和高光，从而调整图像的对比度和颜色，通常用于矫正偏色的照片，图5-28所示为选择【图像】/【自动颜色】菜单命令前后的图像对比效果。

图5-28　自动调整颜色前后的效果

三、任务实施

（一）调整色相和饱和度

下面使用"色相/饱和度"命令来调整照片的颜色，其具体操作如下。

STEP 1 打开"照片1.jpg"素材文件（素材参见：光盘：\素材文件\项目五\任务二\照片1.jpg），如图5-29所示。

STEP 2 选择【图像】/【调整】/【色相/饱和度】菜单命令，打开"色相/饱和度"对话框，在其中设置色相为"+6"，饱和度为"+2"，明度为"+4"，如图5-30所示。

图5-29　打开素材图像

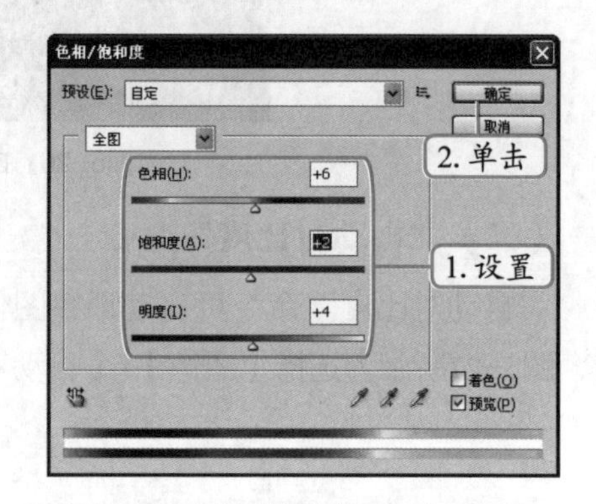

图5-30　设置"色相/饱和度"对话框

STEP 3 完成后单击确定按钮应用设置，效果如图5-31所示（最终效果参见：光盘：\效果文件\项目五\照片1.jpg）。

知识提示

若被调整的图像无色或以灰色显示，通过"色相/饱和度"命令调整图像色彩时，应先单击选中"着色"复选框后再进行调整，"着色"复选框主要是以另一种颜色代替原有的颜色。

图5-31 调整色相和饱和度后的效果

（二）使用“替换颜色”命令

使用“替换颜色”命令可以将图像中的固定颜色替换为另外的一种颜色，下面将图像中的玫瑰花瓣替换为黄色花瓣，其具体操作如下。

STEP 1 打开“照片2.jpg”素材文件（素材参见：光盘：\素材文件\项目五\任务二\照片2.jpg），如图5-32所示。

STEP 2 选择【图像】/【调整】/【替换颜色】菜单命令，打开“替换颜色”对话框，当鼠标变为形状后，在红色花瓣上单击取样，在“替换颜色”对话框中按照如图5-33所示进行设置。

图5-32 打开素材图像

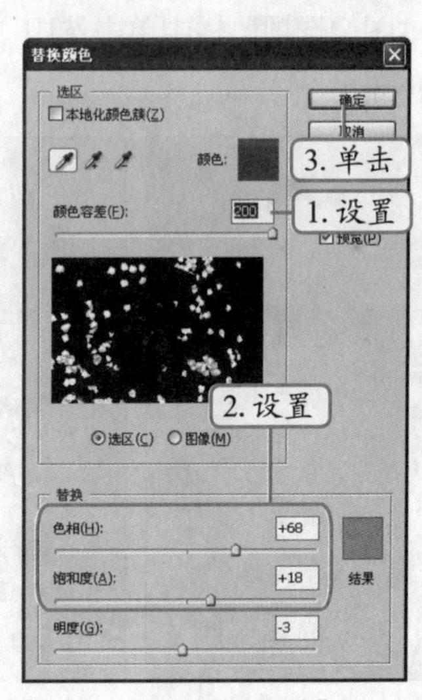

图5-33 设置“替换颜色”对话框

STEP 3 完成后单击 确定 按钮应用设置，效果如图5-34所示（最终效果参见：光盘：\效果文件\项目五\任务二\照片2.psd）。

在通过“替换颜色”命令调整图像的色彩时，必须精确设置被调整颜色所在的区域，这样调整后的图像色彩才会更合理。

图5-34　替换花瓣颜色后的效果

（三）使用“匹配颜色”命令

使用“匹配颜色”命令将两张照片的颜色融合在一起，形成新的色彩效果，下面将照片4中的图像颜色匹配到照片3中，其具体操作如下。

STEP 1 打开“照片3.jpg”和“照片4.jpg”素材文件（素材参见：光盘：\素材文件\项目五\任务二\照片3.jpg、照片4.jpg），如图5-35所示。

STEP 2 切换到“照片3.jpg”图像窗口后，选择【图像】/【调整】/【匹配颜色】菜单命令，打开“匹配颜色”对话框，在“图像统计”栏的“源”下拉列表框中选择“照片4.jpg”选项，在“图像选项”栏中单击选中“中和”复选框，然后在“渐隐”文本框中输入“19”，如图5-36所示。

图5-35　打开素材图像

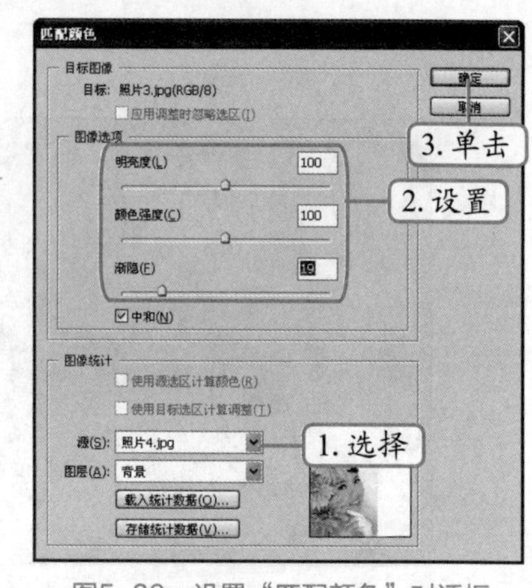

图5-36　设置“匹配颜色”对话框

STEP 3 完成后单击 确定 按钮应用设置，效果如图5-37所示（最终效果参见：光盘：\效果文件\项目五\照片3.jpg）。

若在“匹配颜色”对话框中没有设置源图像，则“渐隐”参数设置将不产生任何作用。

在“匹配颜色”对话框在单击存储统计数据(V)...按钮，可保存当前的设置，单击载入统计数据(O)...按钮，可载入存储的设置。使用载入的统计数据时，无需在Photoshop CS4中打开源图像，即可完成匹配颜色操作。

图5-37 匹配颜色后的效果

（四）使用“照片滤镜”命令

使用“照片滤镜”命令可模拟传统光学滤镜特效，使图像呈暖色调、冷色调或其他颜色色调显示，下面使用“照片滤镜”命令调整照片颜色，其具体操作如下。

STEP 1 打开“照片5.jpg”素材文件（素材参见：光盘：\素材文件\项目五\任务二\照片5.jpg），如图5-38所示。

STEP 2 选择【图像】/【调整】/【照片滤镜】菜单命令，打开“照片滤镜”对话框，在“使用”栏单击选中“滤镜”单选项，并在其后的下拉列表框中选择“深祖母绿”选项，在“浓度”文本框中输入“69”，如图5-39所示。

STEP 3 完成后单击确定按钮应用设置，效果如图5-40所示（最终效果参见：光盘：\效果文件\项目五\照片5.jpg）。

图5-38 打开素材图像

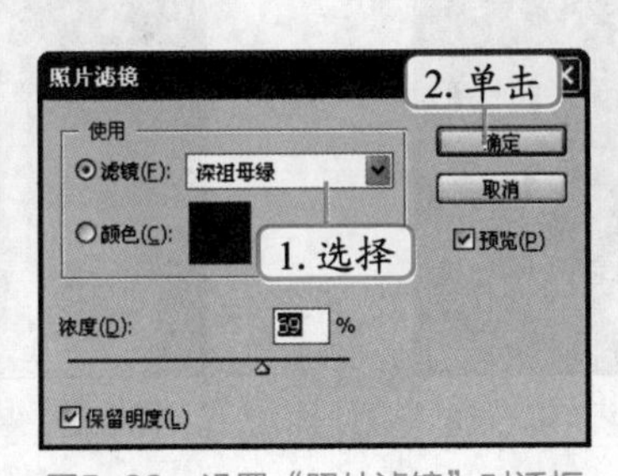

图5-39 设置“照片滤镜”对话框

图5-40 完成效果

（五）使用“渐变映射”命令

使用“渐变颜色”命令可营造出特殊的色彩效果，下面使用“渐变映射”命令将暖色调的照片处理成灰色调色彩氛围，其具体操作如下。

STEP 1 打开“照片6.jpg”素材文件（素材参见：光盘：\素材文件\项目五\任务二\照片

6.jpg），如图5-41所示。

STEP 2 选择【图像】/【调整】/【渐变映射】菜单命令，打开“渐变映射”对话框，在“灰度映射所用的渐变”栏中单击渐变条。

STEP 3 打开“渐变编辑器”对话框，设置渐变为浅粉色（R:216,G:209,B:108）到黑色的渐变，单击确定按钮返回渐变映射对话框，如图5-42所示。

图5-41 打开素材图像

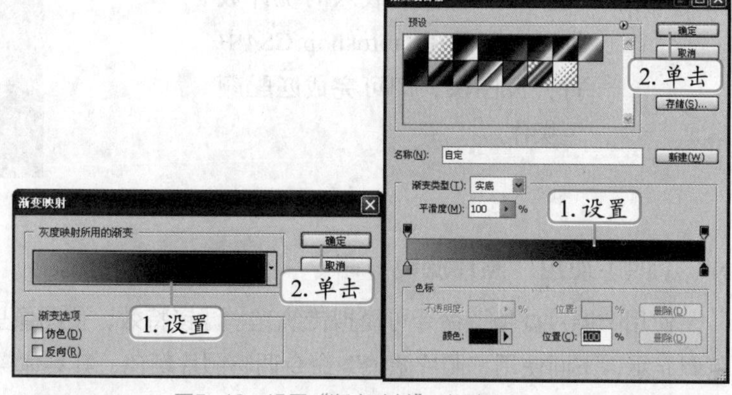

图5-42 设置“渐变映射”对话框

STEP 4 设置完成后单击确定按钮应用设置，效果如图5-43所示。

STEP 5 在工具箱中选择历史记录画笔工具，在图像中的人物部分涂抹，恢复颜色，完成制作，效果如图5-44所示（最终效果参见：光盘：\效果文件\项目五\照片6.jpg）。

图5-43 渐变映射后的效果

图5-44 恢复人物图像颜色

实训一 调出暖色调照片

【实训要求】

利用Photoshop CS4的“通道混合器”命令和“色相/饱和度”命令来处理一张照片的色彩，要求调出黄色的暖色调效果。

【实训思路】

素材照片中的绿色较强，画面偏冷色调，因此，通过通道混合器来调整图像的整体色调，然后通过色相和饱和度来平衡照片的色调。本实训的参考效果如图5-45所示。

图5-45 “暖色调照片”效果

【步骤提示】

STEP 1 打开“照片7.jpg”素材文件（素材参见：光盘：\素材文件\项目五\实训一\照片7.jpg）。

STEP 2 选择【图像】/【调整】/【通道混合器】菜单命令，在打开的对话框中分别设置“红”、“绿”、“蓝”通道的颜色。

STEP 3 选择【编辑】/【渐隐通道混合器】菜单命令，在打开的对话框中设置不透明度为“67%”，模式为“叠加”。

STEP 4 选择【图像】/【调整】/【色相/饱和度】菜单命令，在打开的对话框中调整“全图”和“黄色”选项的值。

STEP 5 完成后按【Ctrl+S】组合键保存图像文件，完成制作（最终效果参见：光盘：\效果文件\项目五\照片7.jpg）。

实训二 制作淡黄色调效果

【实训要求】

本实训要求对如图5-46所示（素材参见：光盘：\素材文件\项目五\实训二\照片8.jpg）的照片调整色调，制作出淡黄色调的艺术照片，本实训完成后的参考效果如图5-47所示。

图5-46 素材文件

图5-47 制作淡黄色调效果

【实训思路】

要制作出淡黄色调的温馨艺术照，首先需要在图像中添加黄色色彩，反复运用“可选颜色”命令调整图像中的草地的色彩，然后使用“曲线”命令调整图像的亮度，最后用“色彩平衡”命令来调整整体画面色彩。

【步骤提示】

STEP 1 打开“照片8.jpg”素材文件，通过创建可选颜色调整图层，调整图像中的绿色。

STEP 2 创建“色彩平衡”调整图层，在其中调整相关参数，对图像中的色彩进行调整。

STEP 3 创建“曲线”调整图层，调整图像的亮度，然后按【Ctrl+Alt+2】组合键选取高光区域，创建一个新的图层，填充颜色为淡黄色（R:245,G:219,B:111），设置该图层模式为“滤色”，不透明度为30%，适当增加图片高光部分的亮度。

STEP 4 按【Ctrl+D】键取消选区，创建可选颜色调整图层，对红、黄进行调整。

STEP 5 新建一个图层，按【Ctrl+Alt+Shift+E】组合键盖印图层，简单地对图片进行柔化处理，按【Ctrl+Alt+2】组合键创建高光选区，按【Ctrl+Shift+I】组合键反选选区。

STEP 6 新建一个图层，并填充为紫色（R:115,G:80,B:129），将混合模式改为“滤色”，不透明度改为“20%”。

STEP 7 利用“亮度/对比度”命令调整整体亮度，完成后保存为“淡黄色调艺术照.psd”，完成制作（最终效果参见：光盘：\效果文件\项目五\淡黄色调艺术照.psd）。

常见疑难解析

问：为什么使用“色阶”命令调整偏色时，单击图像中的黑色和白色部分就可以清除偏色呢？

答：根据色彩理论，只要将取样点的颜色RGB值调整为R=G=B，整个图像的偏色就可以得到校正。使用黑色吸管单击原本是黑色的图像，可将该点的颜色设置为黑色，即R=G=B。并不是所有的点都可作为取样点，因为彩色图像中需要各种颜色的存在，而这些颜色的RGB值并不相等。因此，应尽量将无彩色的黑、白、灰作为取样点。在图像中，通常黑色（如头发、瞳孔）、灰色（如水泥柱）、白色（如白云、头饰等）都可以作为取样点。

问：在处理曝光过度的照片时，有没有使照片快速恢复正常的方法？

答：无论照片是曝光过度或者曝光不足，选择【图像】/【调整】/【阴影/高光】命令都可以使照片恢复到正常的曝光状态。“阴影/高光”命令不是单纯地使图像变亮或变暗，而是通过计算，对图像局部进行明暗处理。

问：“反相”命令是调整图像哪方面的命令？

答：使用“反相”命令可以将图像的色彩反转，而且不会丢失图像的颜色信息。当再次使用该命令时，图像即可还原，常用于制作底片效果。

拓展知识

打开任一图像文件，按【Ctrl+L】组合键即可打开“色阶”对话框，如图5-48所示。

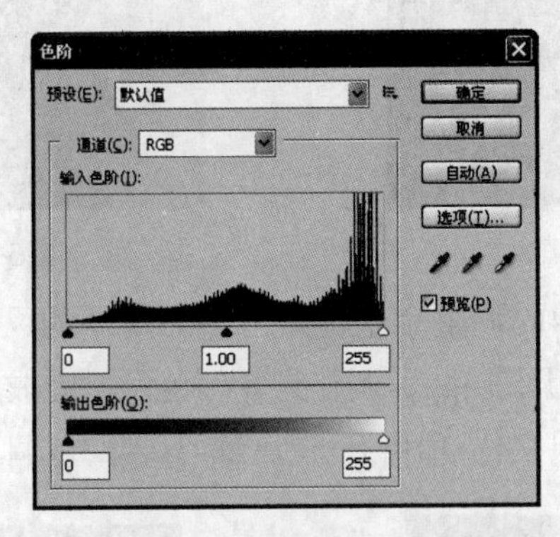

图5-48 “色阶”对话框

- 在“输入色阶”选项组中，阴影滑块左侧位于色阶0处，所对应的像素就是纯黑色的，若向右移动阴影滑块，则Photoshop会将滑块当前位置的像素值映射为色阶“0”，即左侧都为黑色。
- 在“输入色阶”选项组中，当高光滑块左侧位于色阶255处，所对应的像素将是纯白的，若将滑块向左移动，滑块当前位置的像素值就会映射为色阶255，即滑块右侧的所有像素都将变为白色。
- 在“输入色阶”选项组中，当中间调滑块位于色阶128处，用于调整图像中的灰度系数，可改变灰色调中间范围的强度值，但不会明显改变高光和阴影。
- 在“输出色阶”组中，两个滑块主要用于限定图像的亮度范围，当向右拖曳暗部滑块时，左侧的色调都会影射为当前位置的灰度，图像中最暗的色调变为灰色。同样，当向左拖曳白色滑块时，其右侧的色调会映射为当前滑块位置的灰色，图像中最亮的色调就变暗。

通过“色阶”命令还可以调整多个通道，方法是按住【Shift】键在通道面板中选择需要调整颜色的多个通道，然后再打开“色阶”对话框，此时，在“通道”下拉列表框中将显示目标通道的缩写。

课后练习

（1）为如图5-49所示（素材参见：光盘：\素材文件\项目五\课后练习\蔷薇.jpg）的蔷薇图像调整图像颜色，要求调出复古色调的蔷薇效果，完成后的参考效果如图5-50所示（最终效果参见：光盘：\效果文件\项目五\课后练习\复古色调.psd）。

图5-49　素材图像

图5-50　复古色调

（2）使用Photoshop CS4的调整命令将如图5-51所示的风景照片（素材参见：光盘：\素材文件\项目五\课后练习\风景.jpg）调整为梦幻色调，完成后的参考效果如图5-52所示（最终效果参见：光盘：\效果文件\项目五\课后练习\梦幻色调.psd）。

图5-51　素材图像

图5-52　梦幻色调

（3）打开如图5-53所示的桃花（素材参见：光盘：\素材文件\项目五\课后练习\桃花.jpg），观察发现桃花的色相和饱和度较低，颜色很暗淡。要求通过图像调色调整成鲜艳的色彩效果，完成后的参考效果如图5-54所示（最终效果参见：光盘：\效果文件\项目五\课后练习\桃花.psd）。

图5-53　素材图像

图5-54　桃花

PART 6

项目六 添加和编辑文字

情景导入

小白：阿秀，绘制好图像后，如果在画面中添加一些文字可能会得到效果更好的作品，那么应该如何对文字设置出满意的效果呢？

阿秀：一个成功的设计作品，文字是必不可少的元素，它往往能起到画龙点睛的作用，更能突出画面主题，所以要认真学习文字的运用。

小白：是的！那应该如何使用文字工具才能制作出各类设计作品中需要的文字呢？

阿秀：在Photoshop中主要分为美术文本和段落文本，美术文本适用于输入较少的文字，通常用来作为标题，而段落文本则可以输入较长段的文字，通常用来输入整段的文章。

学习目标

- 掌握美术字文本的输入和编辑方法
- 掌握段落文本的输入和编辑方法
- 掌握变形文字的制作方法
- 掌握文字图层的转换和文字选区的应用等操作

技能目标

- 掌握“入场券”图像文件的制作方法
- 掌握“折页宣传单”图像文件的制作方法
- 能够灵活运用各种文字工具制作出设计作品中需要的文字效果

任务一 制作“入场券”图像文件

入场券通常指进入比赛、演出、会议、展览会等公共活动场所的入门凭证，一般都印有或注明时间、座次、票价或持券者应注意的事项等，下面为2013年桃花节制作一张入场券。

一、任务目标

本任务将练习使用Photoshop CS4的文字工具来创建美术字文本，在制作时需要先根据提供的素材文件制作入场券的背景，然后创建美术字文本，并对美术字文本进行相应的设置。通过本任务的学习，可以掌握美术字文本的创建和编辑方法。本任务制作完成后的最终效果如图6-1所示。

图6-1 “入场券”图像文件效果

入场券的尺寸没有固定，大小可根据需要进行设置，具体可与印刷公司商定，用最省纸的方法来印制，市面上最常用的入场券尺寸为20cm × 7cm，分辨率为150。

二、相关知识

Photoshop提供了丰富的文字输入和编排功能，掌握了文字工具的输入、设置以及调整方法，就能运用文字工具制作特殊的文字效果，下面主要介绍文字工具的组成、文字工具属性栏和“字符”面板的相关操作。

（一）文字工具的组成

Photoshop CS4的文字工具包括横排文字工具T、直排文字工具IT、横排文字蒙版工具T和直排文字蒙版工具T，在工具箱中的“文字工具”按钮T上单击鼠标右键，即可展开文字工具面板，如图6-2所示。

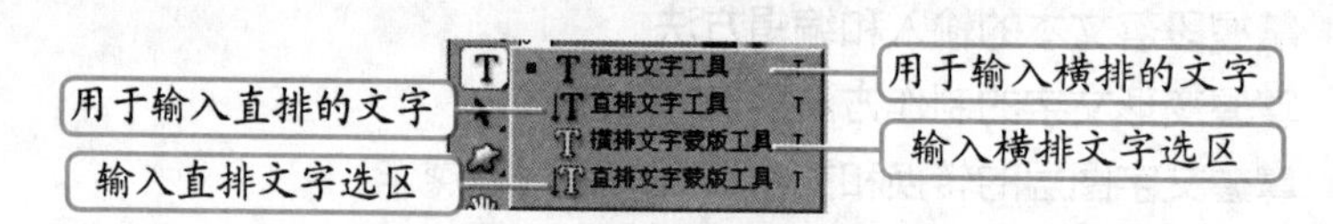

图6-2 文字工具

（二）认识文字工具属性栏

单击工具箱的横排文字工具T，可在文字工具属性栏中简单设置文字的相关属性，图6-3所示为文字工具属性栏，各选项含义如下。

图6-3 文字工具属性栏

- “更改文本方向”按钮：单击该按钮可以在文字的水平排列状态和垂直排列状态之间进行切换。
- “字体”下拉列表框：该下拉列表框用于选择字体。
- “设置字体大小”下拉列表框：用于选择字体的大小，也可直接在文本框中输入要设置字体的大小。
- “设置消除锯齿的方法”下拉列表框：用于选择是否消除字体边缘的锯齿效果，以及用什么方式消除锯齿。
- 对齐方式：单击按钮，可以使文本向左对齐；单击按钮，可使文本沿水平中心对齐；单击按钮，可使文本向右对齐。
- 设置文本颜色：单击该色块，可打开“拾色器”对话框，用于设置字体的颜色。
- “创建文字变形”按钮：单击该按钮，可以设置文字的变形效果。
- “切换字符和段落面板”按钮：单击该按钮，显示或隐藏字符和段落面板。

（三）认识“字符”面板

使用“字符”面板可以设置文字各项属性，选择【窗口】/【字符】菜单命令，即可打开如图6-4所示的面板。面板中包含了两个选项卡，“字符”选项卡用于设置字符属性，“段落”选项卡用于设置段落属性。

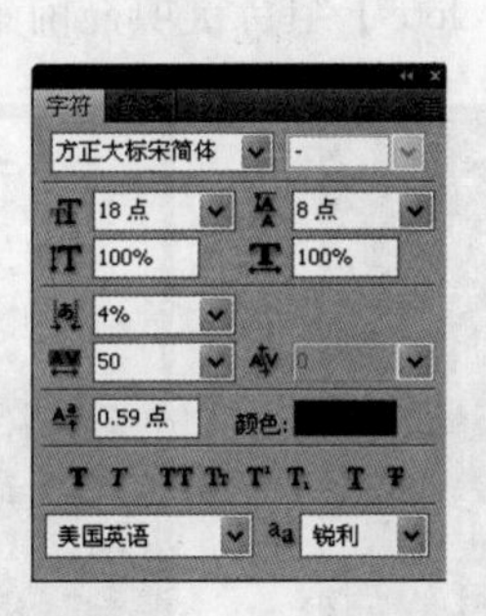

图6-4 “字符”面板

“字符”面板用于设置字符的字间距、行间距、缩放比例、字体以及尺寸等属性。其中各选项含义如下。

- 华文隶书 下拉列表框：单击此下拉列表框右侧的下拉按钮，可在打开的下拉列表中选择需要的字体。
- 18点 下拉列表框：在此下拉列表框中直接输入数值可以设定字体大小。
- “颜色”色块：单击颜色块，在打开的拾色器中设置文本的颜色。
- 按钮：分别用于对文字进行加粗、倾斜、全部大写字母、将大写字母转换成小写字母、上标、下标、添加下划线、添加删除线等操作。设置时单击文本后单击相应的按钮即可。
- 8点 下拉列表框：此下拉列表框用于设置行间距，单击文本框右侧的三角按钮，在下拉列表中可以选择行间距的大小。
- 100% 文本框：设置选中的文本的垂直缩放效果。

- 100% 文本框：设置选中的文本的水平缩放效果。
- 150 下拉列表框：设置所选字符的字距调整，单击右侧的下拉按钮，在下拉列表中选择字符间距，也可以直接在文本框中输入数值。
- 0 下拉列表框：设置两个字符间的微调。
- 0.59点 文本框：设置基线偏移，当设置参数为正值时，向上移动，当设置参数为负值时，向下移动。

三、任务实施

（一）制作“入场券”背景

下面先制作入场券的背景，具体根据提供的图片，使用Photoshop的图层混合模式来制作背景。其具体操作如下。

STEP 1 新建一个名称为“入场券.psd”，大小为“21cm×15cm”，分辨率为“150”，背景色为黑色的图像文件。

STEP 2 在图像的水平和垂直标尺上拖曳鼠标创建参考线，多次拖曳创建多条参考线，如图6-5所示。

STEP 3 在工具箱中选择矩形相框工具，然后在参考线上绘制矩形选区，新建一个图层，设置前景色为白色，按【Alt+Delete】组合键填充前景色，如图6-6所示。

图6-5 创建参考线

图6-6 填充选区

STEP 4 将“图层1”复制一层，并填充为玄色（R:238,G:241,B:231），打开“桃花.jpg”素材文件（素材参见：光盘：\素材文件\项目六\任务一\桃花.jpg），如图6-7所示。

STEP 5 使用移动工具将其移动到入场券图像窗口，调整图层位置，并设置图层混合模式为“深色”，效果如图6-8所示。

图6-7 打开素材文件

图6-8 填充选区

STEP 6 按【Ctrl+J】组合键复制一层，然后修改图层不透明度为67%，如图6-9所示。

STEP 7 按【Ctrl+J】组合键再复制一层，选择【滤镜】/【模糊】/【高斯模糊】菜单命令，在打开的“高斯模糊”对话框中设置半径值为“5”，单击 确定 按钮，然后设置图层混合模式为“柔光”，效果如图6-10所示。

图6-9 修改不透明度

图6-10 调整图层混合模式

STEP 8 将图层2副本2中不需要的部分删除，新建图层，利用矩形工具，在其中绘制一个矩形选区，填充为淡蓝色（R:194,G:219,B:227）。

STEP 9 在矩形选框工具的属性栏中设置羽化值为“5”，在图像右侧拖曳鼠标绘制矩形选区，并进行描边，描边像素为“1px”，颜色为黑色，效果如图6-11所示。

STEP 10 新建图层6，选择除背景图层外的所有图层，按【Ctrl+Shift+Alt+E】组合键盖印图层，将该图层不透明度设置为“50%”，效果如图6-12所示。

图6-11 描边选区

图6-12 调整不透明度

STEP 11 新建一个图层，利用矩形选框工具在图像中绘制一个矩形，并填充为黑色，复制该矩形所在的图层，按【Ctrl+T】组合键进行变换，效果如图6-13所示。

STEP 12 按【Ctrl+Shift+T】组合键自动变换并添加图层，效果如图6-14所示。

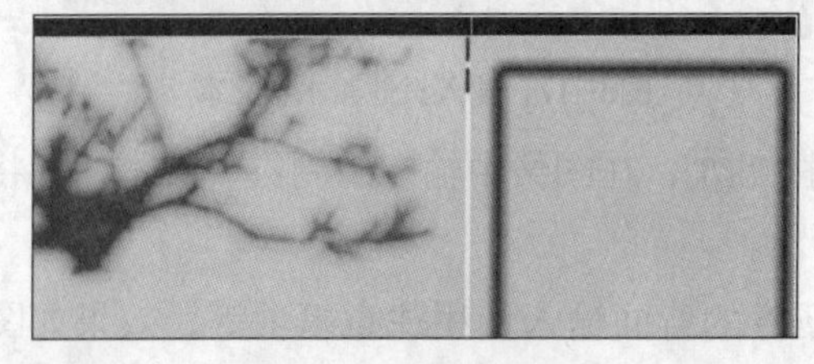

图6-13 变换图像

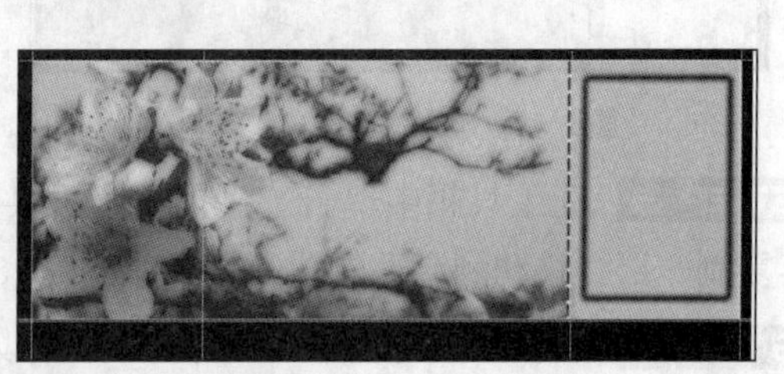

图6-14 制作虚线效果

STEP 13 在图层面板中选中虚线所在的图层，将其合并为“图层9”，并复制一层为“图层9副本”。

STEP 14 将“图层6”复制一层，通过自由变换，将其移动到图像下方，并水平翻转，设置不透明度为“50%”，调整“图层9副本”中虚线的位置，并将其与“图层6副本”链接，完成背景图像制作。

STEP 15 按【Ctrl+；】组合键隐藏参考线，效果如图6-15所示。

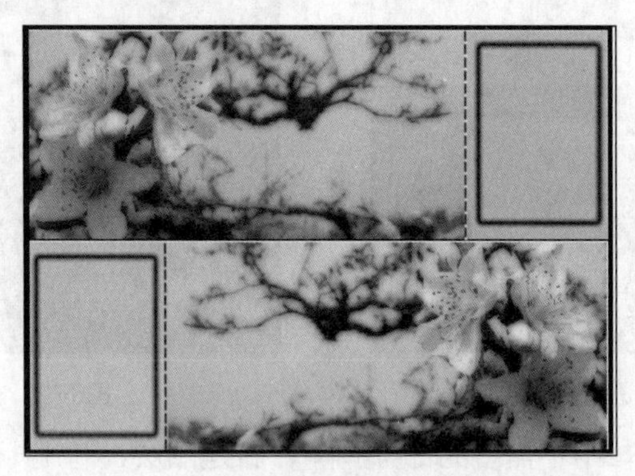

图6-15　完成背景制作

（二）创建美术字文本

下面在入场券图像中添加美术文字进行说明。其具体操作如下。

STEP 1 在工具箱中单击“横排文字工具”按钮T，在图像窗口中单击定位文本插入点，此时，将自动新建一个文字图层，在其中输入文本“魅力西苑，花样年华”，如图6-16所示。

STEP 2 在工具属性栏中单击✔按钮确认输入，继续利用文字工具输入其他文本，效果如图6-17所示。

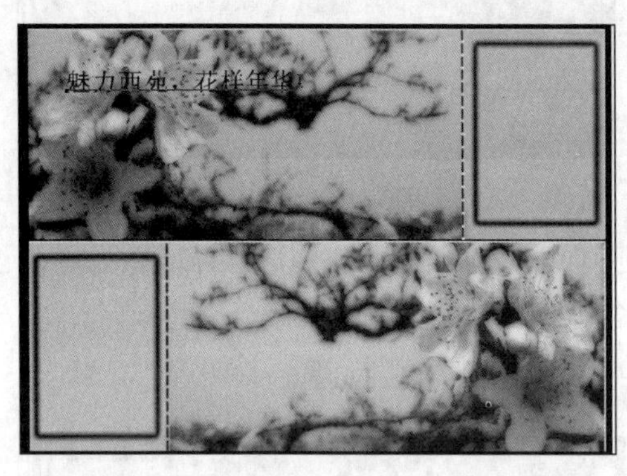

图6-16　输入横排美术字文本

图6-17　输入其他美术字文本

STEP 3 在工具箱中单击“直排文字工具”按钮IT，在图像中输入“副券”文本，并将其复制一层，移动到合适位置，效果如图6-18所示。

STEP 4 再次使用横排文字工具IT，在入场券的背面输入使用注意事项等，效果如图6-19所示。

图6-18 输入直排美术字文本

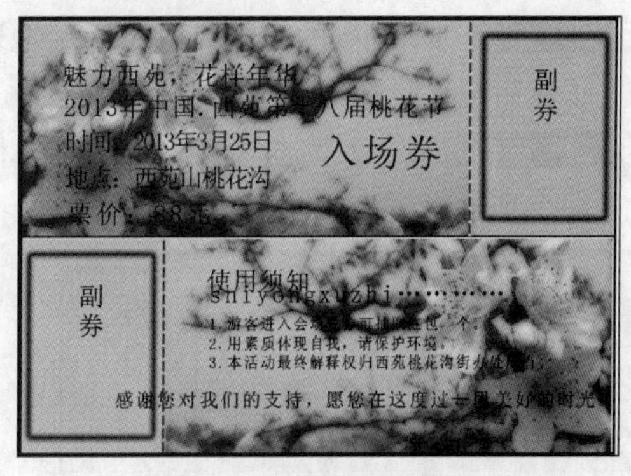

图6-19 输入使用注意事项等内容

（三）设置文字格式

没有设置字符格式的文本不能很好地体现主题，下面为美术字文本设置字符格式，其具体操作如下。

STEP 1 选择横排文字工具T，在“魅力西苑，花样年华”文本上单击，即可选择该文字所在的图层，此时光标插入点定位到文本中，拖曳鼠标选择文字，在工具属性栏的“字体”下拉列表框中选择“汉仪雪君体简”，设置字号为“36点”，如图6-20所示。

STEP 2 利用相同的方法设置下一行的文本，确认设置后，按【Ctrl+T】组合键进入变换状态，然后调整大小到合适位置，如图6-21所示。

图6-20 设置字体

图6-21 变换设置字体大小

STEP 3 使用横排工具T选择“.”文本，在面板组中单击“字符”按钮A，打开“字符”面板，在其中设置基线偏移值为“6.5点”，如图6-22所示。

STEP 4 按【Enter】键确认设置，即可应用，效果如图6-23所示。

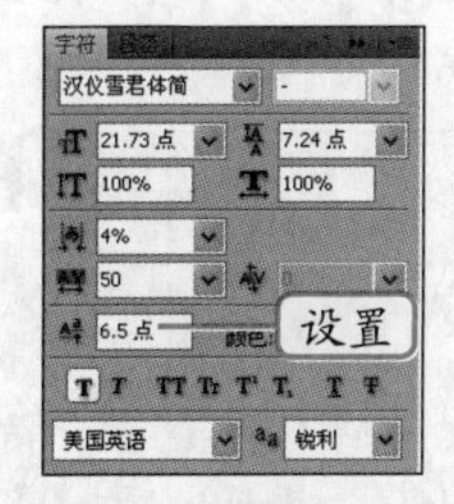

图6-22 设置基线偏移

图6-23 基线偏移后的效果

STEP 5 利用相同的方法设置时间、地址和票价等文本，字符格式为“华文隶书、18点”，然后将其调整到合适位置，效果如图6-24所示。

STEP 6 选择“入场券”文本，设置字体为“汉仪白棋体简”，大小为“36点”，效果如图6-25所示。

图6-24 设置其他文本

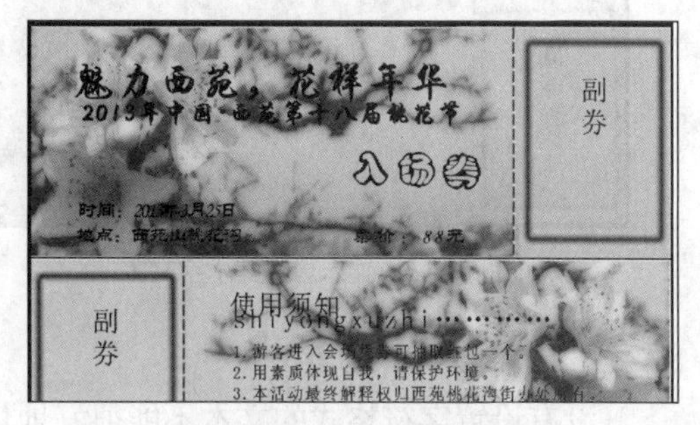

图6-25 设置入场券文本格式

STEP 7 按【Ctrl+T】组合键自由变换，旋转文字后按【Enter】键确认，效果如图6-26所示。

STEP 8 选择“副券”文本，展开“字符”面板，在其中设置字符格式为“方正超粗黑简体、36点”，将入场券背面的“副券”文本设置为相同的格式，并调整到合适位置，效果如图6-27所示。

图6-26 自由变换文字方向

图6-27 设置直排文本格式

STEP 9 选择“使用须知”文本，设置字符格式为“方正大标宋简体、18点”，效果如图6-28所示。

STEP 10 选择下方的拼音字符，打开“字符”面板，设置字符格式为“方正大标宋简体、10点”，字符间距为“130”，行距为“8点”，效果如图6-29所示。

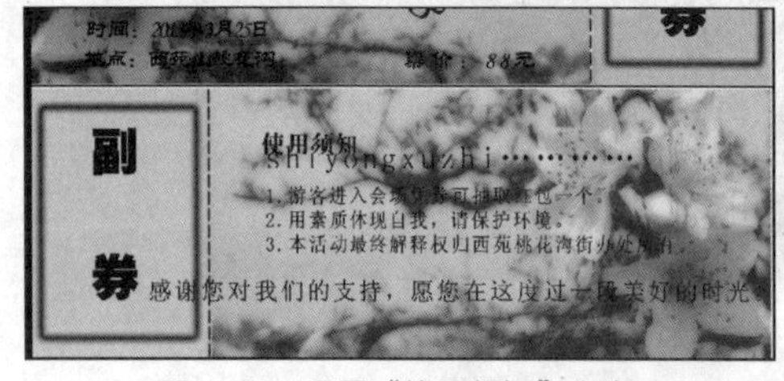

图6-28 设置“使用须知”文本

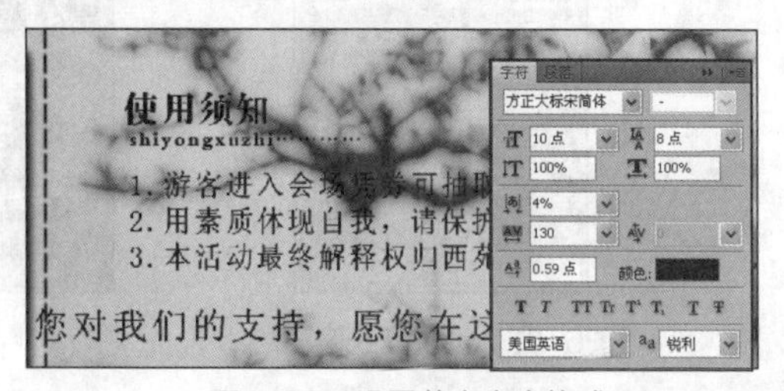

图6-29 设置英文文本格式

STEP 11 设置下方的3行文本的字符格式为“方正大标宋简体、10点”，字符间距为“130”，行距为“18点”，新建一个图层，使用多边形套索工具绘制一个箭头形状的选区，并填充为黑色，设置后效果如图6-30所示。

STEP 12 设置最后一行文本的字符格式为“方正大标宋简体、14点”，然后使用移动工具调整文本的位置，最后保存文件，完成入场券制作，效果如图6-31所示（最终效果参见：光盘：\效果文件\项目六\入场券.psd）。

图6-30 继续设置文本格式

图6-31 完成制作

任务二 制作折页宣传单

折页宣传单是卖场或商家促销和宣传商品的方法，常见的有对折页、三折页、多折页等几种类型，具体由商家确定内容，主要包含了商家需要传达给消费者的信息。下面讲解折页宣传单的相关制作方法。

一、任务目标

本任务通过学习使用Photoshop CS4的创建和编辑段落文字功能来制作折页宣传单，主要用到了创建段落文字、设置段落文本格式、编辑文字等功能。通过本任务的学习，可以掌握段落文字的创建和编辑的方法。本任务制作完成后的参考效果如图6-32所示。

图6-32 折页宣传单效果

二、相关知识

在设置段落文本前需要先认识“段落”面板中的相关参数，另外，在Photoshop CS4中输入的段落文本与美术字文本之间可以互相转换，且文字方向也能相互转换。

（一）认识“段落”面板

设置段落格式主要包括设置文字的对齐方式和缩进方式等。段落格式和字符格式一样，不仅可以通过文字工具属性栏进行设置，也可通过“段落”面板来设置，图6-33所示为“段落”面板。

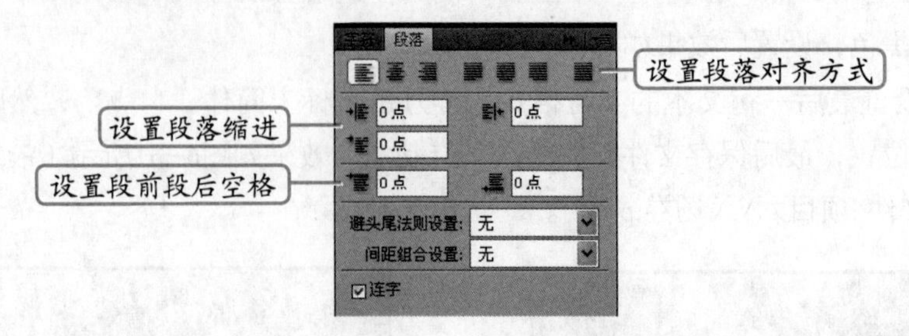

图6-33　认识“段落”面板

“段落”面板中的各选项含义如下。

- “左对齐文本”按钮：单击此按钮，段落中所有文字居左对齐。
- “居中对齐文本”按钮：单击此按钮，段落中所有文字居中对齐。
- “右对齐文本”按钮：单击此按钮，段落中所有文字居右对齐。
- “最后一行左对齐”按钮：单击此按钮，段落中最后一行左对齐。
- “最后一行居中对齐”按钮：单击此按钮，段落中最后一行中间对齐。
- “最后一行右对齐”按钮：单击此按钮，段落中最后一行右对齐。
- “全部对齐”按钮：单击此按钮，段落中所有行全部对齐。
- “左缩进”文本框：用于设置所选段落文本左边向内缩进的距离。
- “右缩进”文本框：用于设置所选段落文本右边向内缩进的距离。
- “首行缩进”文本框：用于设置所选段落文本首行缩进的距离。
- “段前添加空格”文本框：用于设置插入光标所在段落与前一段落间的距离。
- “段后添加空格”文本框：用于设置插入光标所在段落与后一段落间的距离。
- “连字”复选框：单击选中该复选框，表示可以将文字的最后一个外文单词拆开形成连字符号，使剩余的部分自动切换到下一行。

（二）转换美术字文本与段落文本

在Photoshop中，美术字文本与段落文本之间可以互相转换。将美术字文本转换为段落文本，可选择需要转换的文字图层，选择【图层】/【文字】/【转换为段落文字】菜单命令，如图6-34所示。若要将段落文字转换为美术字文本，则可选择【图层】/【文字】/【转换为美术字文本】菜单命令即可，如图6-35所示。

将段落文本转换为美术字文本时，溢出定界框的字符将被删除，因此，为避免文字丢失，应先调整定界框，在转换前将文字显示完整。

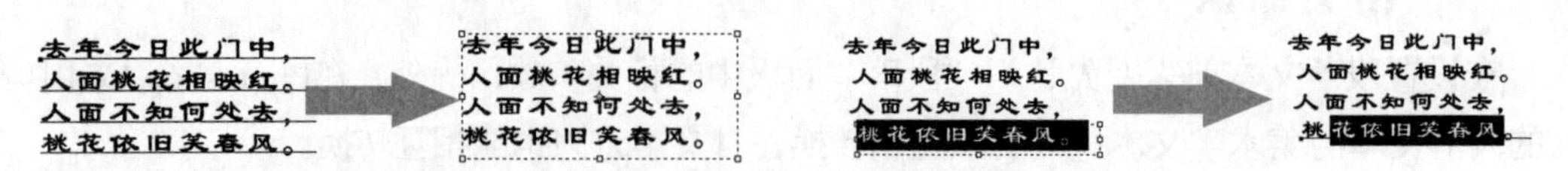

图6-34　转换为段落文字　　图6-35　转换为美术字文字

（三）改变文字方向

水平文字和垂直文字之间也可以互相转换，方法是选择【图层】/【文字】/【水平/垂直】菜单命令，或直接单击工具属性栏中的“更改文字方向”按钮，即可转换文字方向，如图6-36所示。

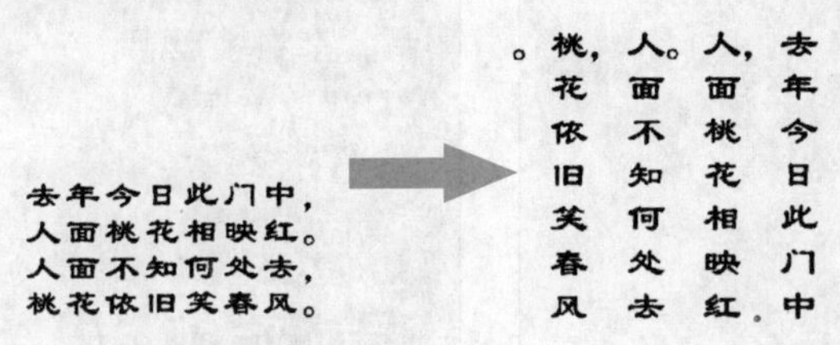

图6-36 改变文字方向

由于折页宣传单需要打印输出，因此在设计时应注意以下几方面：

①折页宣传单中应用的图像最好保存为TIFF格式，便于清晰地印刷输出。

②折页宣传单的大小尺寸应在客户提出要求的基础上，结合常见宣传单规格进行设计，然后再与客户反复沟通，确定开本大小。

③折页宣传单中图片的颜色模式最好为CMYK颜色模式，便于印刷输出时不至于色彩失真。

④在进行图文的创意设计排版时，最好在折页宣传单边缘预留3mm的印刷出血区域。

三、任务实施

（一）创建段落文字

由于宣传单文本内容较多，因此可利用横排文字工具绘制文本定界框，其具体操作如下。

STEP 1 打开“背景.psd”素材文件（素材参见：光盘：\素材文件\项目六\任务二\背景.psd），如图6-37所示。

STEP 2 在工具箱中选择横排文字工具，在图像左侧拖曳鼠标绘制文本定界框，如图6-38所示。

图6-37 打开素材图像

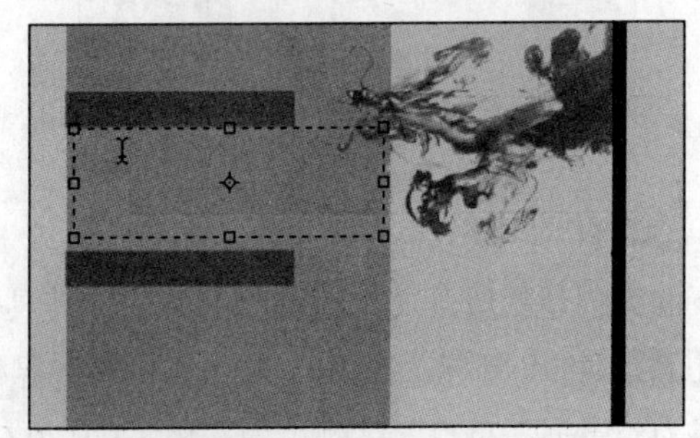

图6-38 绘制文本定界框

STEP 3 在绘制的文本定界框中输入如图6-39所示的文本。

STEP 4 利用相同的方法，在图像左侧绘制两个文本定界框，分别输入对应的文本，效果如图6-40所示。

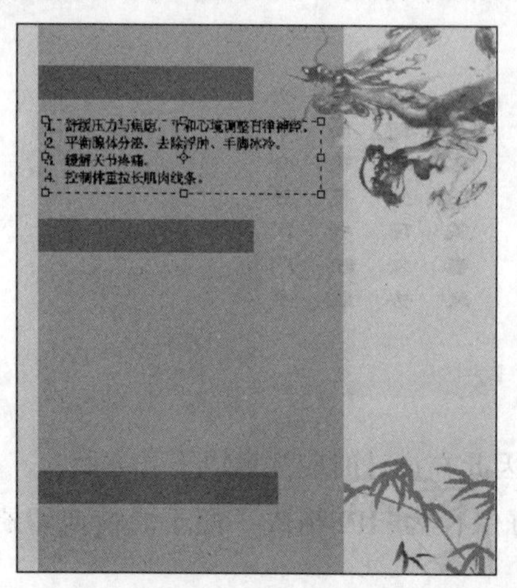

图6-39 输入段落文本

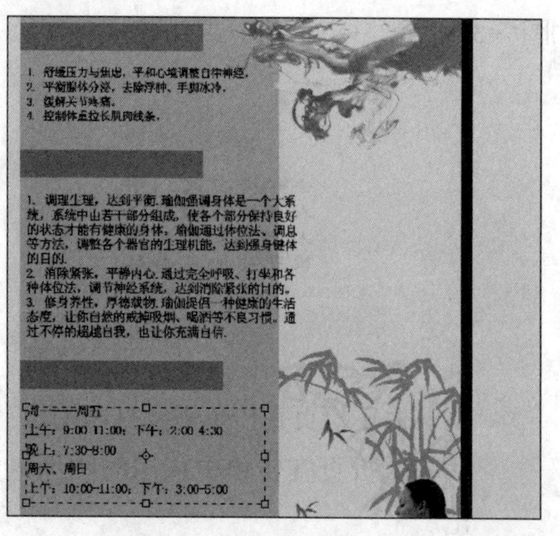

图6-40 输入其他段落文本

当输入的文本充满文本定界框后，文本定界框以外的文本将不能显示，此时，文本定界框右下角将出现⊞标记，将鼠标指针移动到文本定界框四周的控制点上，拖曳调整文本定界框的大小，文字即可全部显示。

STEP 5 在工具箱中选择直排文字工具[T]，在图像右侧拖曳鼠标绘制一个文本定界框，然后输入相应的文本，如图6-41所示。

STEP 6 利用相同的方法在图像中间绘制一个文本定界框，输入如图6-42所示的文本。

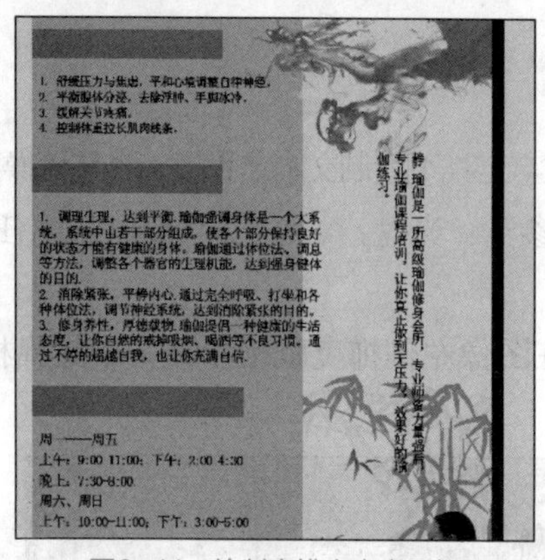

图6-41 绘制直排文本定界框

图6-42 再次绘制文本定界框并输入文本

（二）设置段落文本格式

下面为创建的段落文本设置段落格式，其具体操作如下。

STEP 1 拖曳鼠标选择最右侧直排文本定界框中的段落文字，在工具属性栏中设置其字符格式为“隶书、11点”，颜色为玄色（R:170,G:180,B:166），效果如图6-43所示。

STEP 2 利用相同的方法设置中间的直排文本定界框中文本的字符格式为“隶书，11点”，颜色为黑色，效果如图6-44所示。

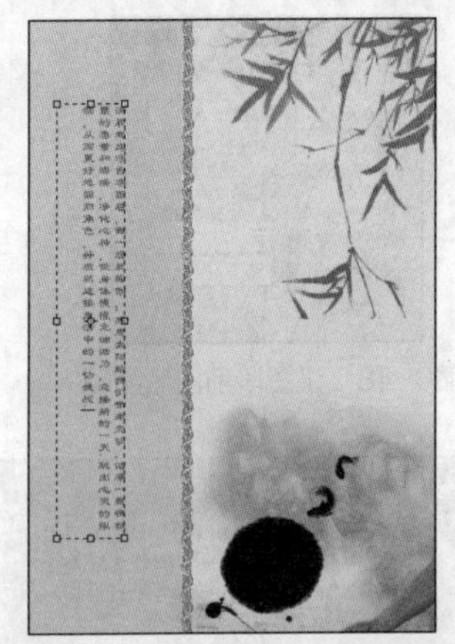

图6-43 设置右侧文本段落格式

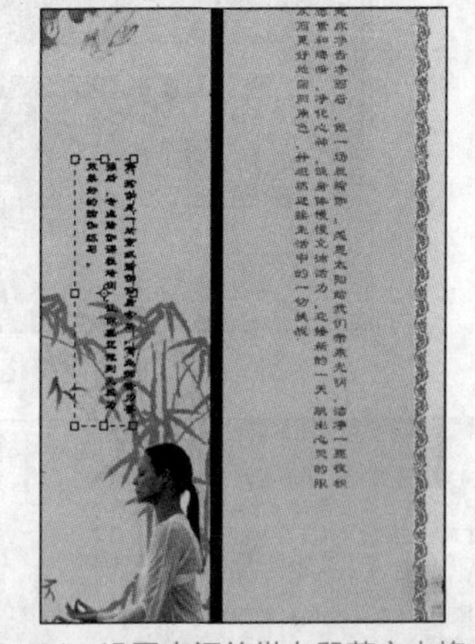

图6-44 设置中间的纵向段落文本格式

STEP 3 拖曳鼠标选择左侧第一个横排文本定界框中的文字，在工具属性栏中设置字符格式为“仿宋_GB2312、10点”，颜色为黑色，在面板组中单击 按钮，打开“段落”面板，在其中设置左缩进为“1.0点”，右缩进为“0.5点”，如图6-45所示。

STEP 4 设置完成后返回图像中即可查看效果，如图6-46所示。

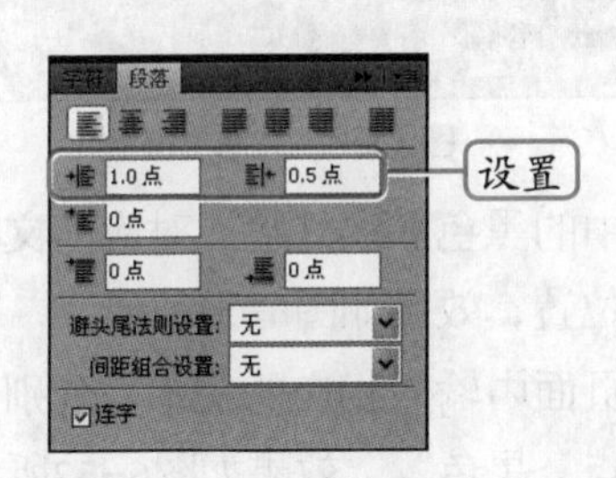

图6-45 设置“段落”面板

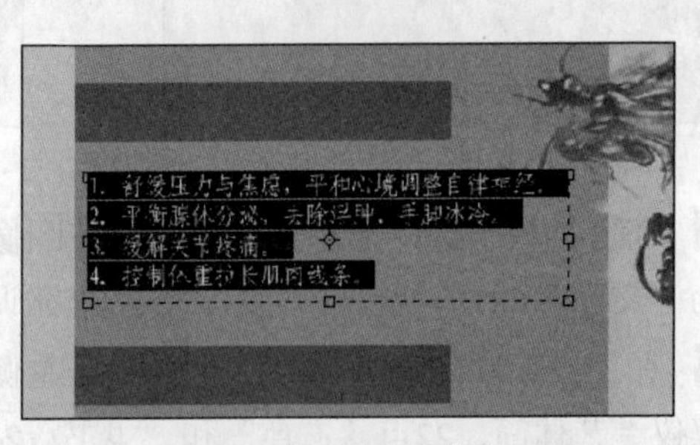

图6-46 设置段落格式后的效果

在文字输入状态下，单击3次鼠标可选择一行文字，单击4次鼠标可选择整段文字，按【Ctrl+A】组合键可选择全部文字。

STEP 5 选择文字工具，在左侧中间的文本定界框中单击定位文本插入点，按【Ctrl+A】组合键选择所有文本，设置字符格式为“仿宋_GB2312、10点”，颜色为黑色，效果如图6-47所示。

STEP 6 打开“段落”面板，在其中设置段前和段后添加空格都为“2点”，如图6-48所示。

STEP 7 利用相同的方法设置最后一个横排文本定界框中的文本的字符格式为“仿宋_GB2312、10点”，颜色为黑色，效果如图6-49所示。

STEP 8 再次绘制一个横排文本定界框，输入电话和地址等内容，然后设置字符格式为“仿宋_GB2312、10点”，颜色为黑色，并设置“加粗”效果，如图6-50所示。

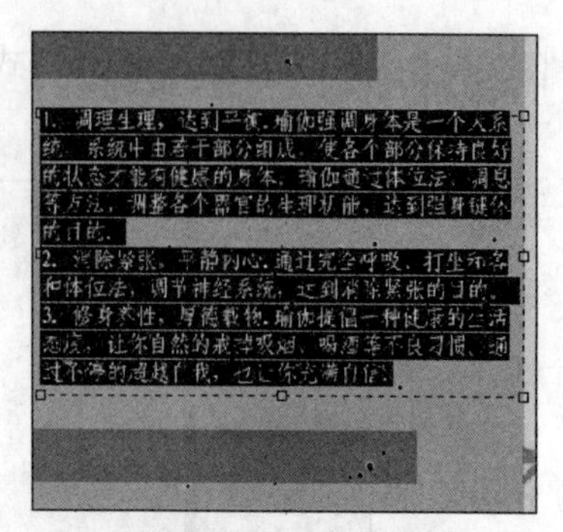

图6-47　设置字符格式

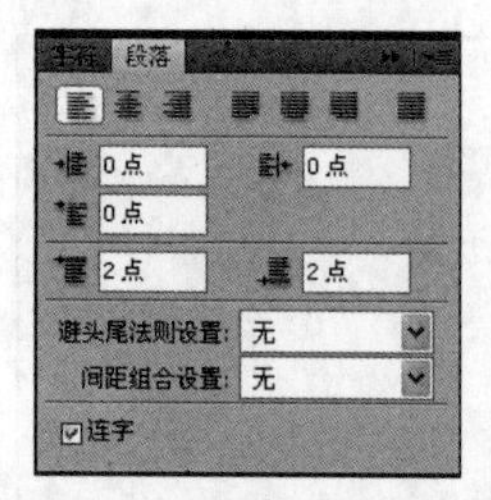

图6-48　设置段前段后间距

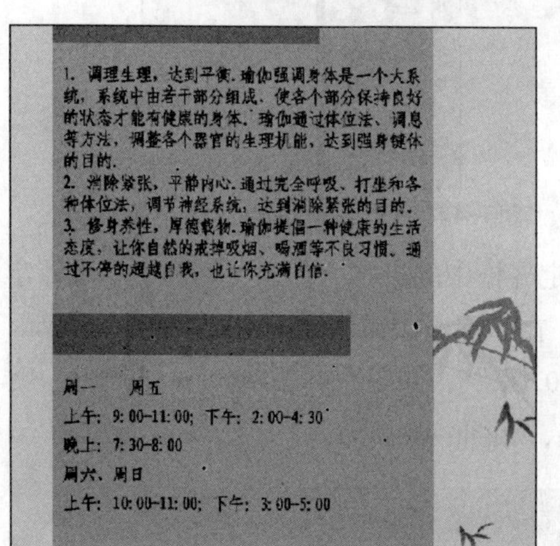

图6-49　设置字符格式

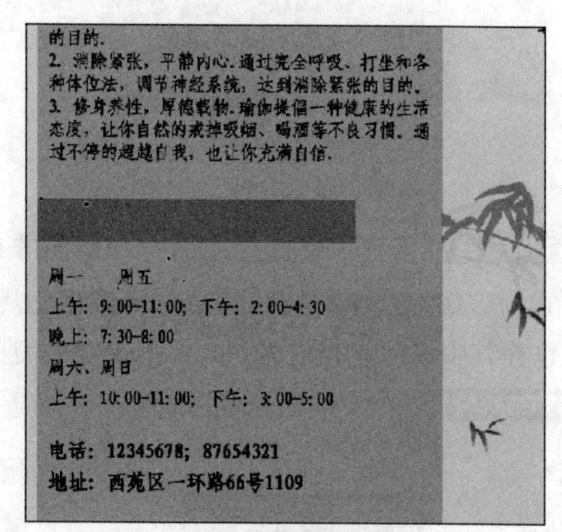

图6-50　其他字符格式

STEP 9　在工具箱中选择横排文字工具，在图像中的黑色底纹处输入对应的文字，设置字符格式为“文鼎ＰＯＰ－４、18点”，并适当微调位置，效果如图6-51所示。

STEP 10　在工具箱中选择直排文字工具，在左侧页面中输入相应的文本，分别设置字符格式为“汉仪综艺体简、22点、玄色”和“隶书、24点、黑色”，效果如图6-52所示。

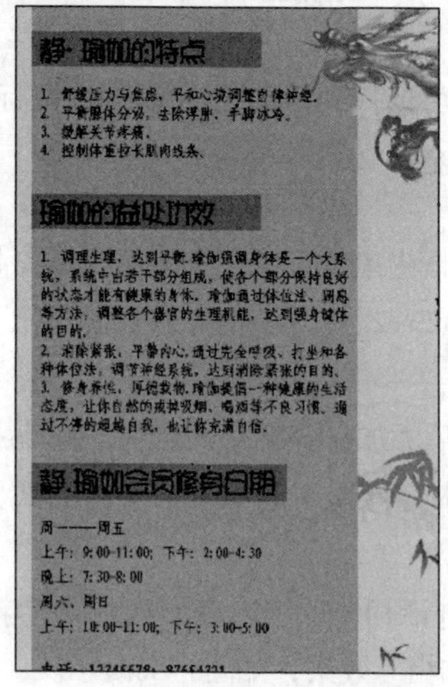

图6-51　设置美术字字符格式

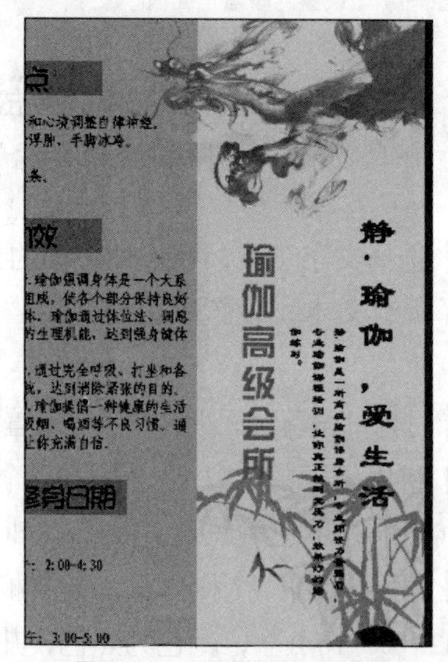

图6-52　设置纵向文字格式

（三）创建变形文字

在Photoshop中使用变形文字可对图像起到很好的修饰作用，下面在折页宣传单中创建变形文字，其具体操作如下。

STEP 1 使用横排文字工具 T 在右侧页面中输入“静.瑜伽”文本，设置字符格式为“方正超粗黑简体、30点、玄色”，如图6-53所示。

STEP 2 退出文字编辑状态，按【Ctrl+T】组合键进入自由变换状态，在文字上单击鼠标右键，在弹出的快捷菜单中选择“旋转90度（顺时针）”命令，旋转文字，完成后将其移到合适位置，效果如图6-54所示。

图6-53　设置字符格式

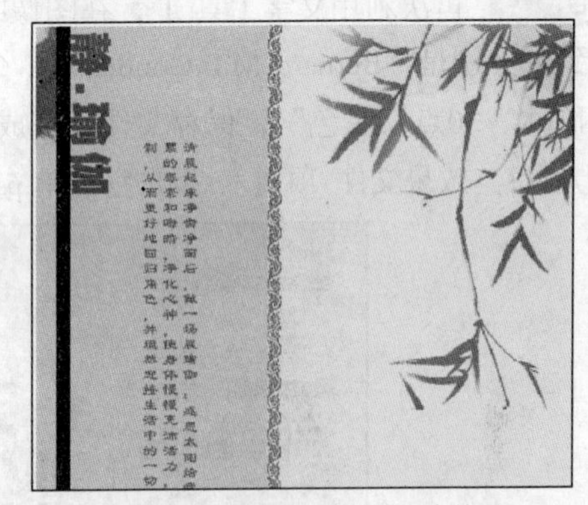

图6-54　变形文字并调整文本位置

STEP 3 再次输入“静.瑜伽”文本，在工具属性栏中单击“变形工具”按钮，打开“变形”对话框，在“样式”下拉列表框中选择“下弧”选项，然后在其下的文本框中设置相应的参数值，如图6-55所示。

STEP 4 设置完成后单击 确定 按钮应用设置，然后将其放置到合适的位置，效果如图6-56所示。

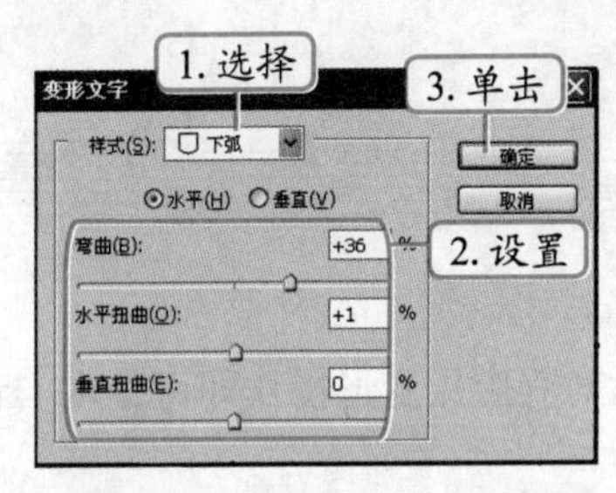

图6-55　“变形文字”对话框

图6-56　变形文字效果

（四）创建文字选区

下面通过创建文字选区来美化背景，其具体操作如下。

STEP 1 在工具箱中选择横排文字蒙版工具，在右侧页面中的墨点上单击定位光标插入点，此时，图像将自动添加一个快速蒙版，输入“生”文本，如图6-57所示。

STEP 2 选择输入的汉字，在工具属性栏中设置字符格式为“汉仪柏青体简、60点”，然后按【Enter】键确认设置，即可创建该文字选区，效果如图6-58所示。

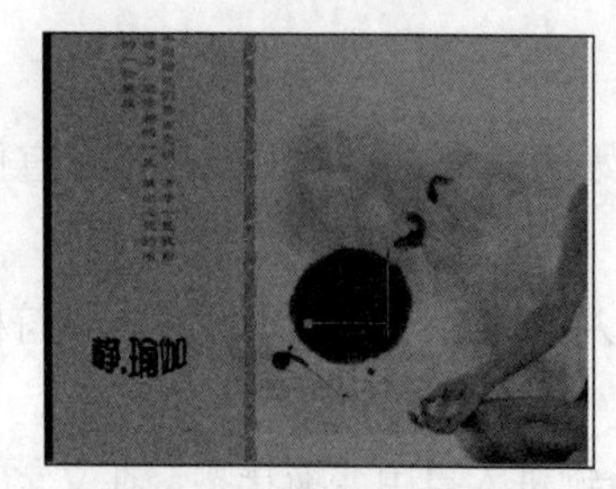
图6-57　创建文字快速蒙版

图6-58　生成文字选区

STEP 3 新建一个图层，然后设置前景色为玄色，填充选区，并取消选择选区。

STEP 4 再次利用文字工具[T]，在图像中输入折页宣传单右侧页面中的文字，字符格式由上到下分别是“Bernard MT Condensed、24点、黑色”，“隶书、12点、黑色”，“方正粗圆简体、30点、黑色”，保存文件，完成本任务制作，效果如图6-59所示（最终效果参见：光盘：\效果文件\项目六\折页宣传单.psd）。

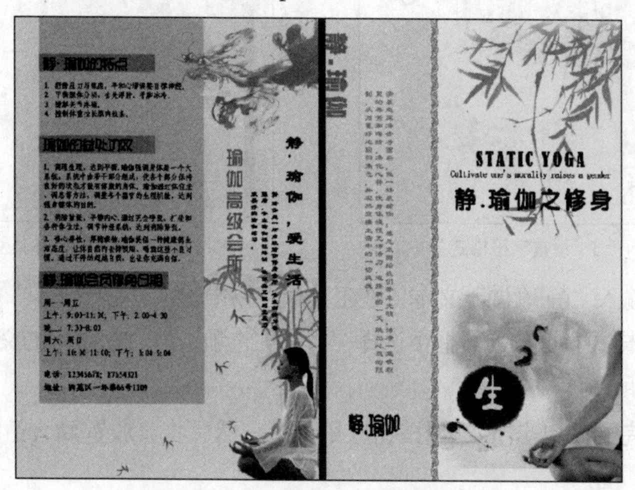

图6-59　折页宣传单效果

实训一　制作变形文字

【实训要求】

本实训将制作一个变形文字，先输入两段文字，然后对其应用变形操作即可，本实训完成后的参考效果如图6-60所示。

图6-60　“变形文字”效果

【实训思路】

在制作变形文字之前，首先要规划出文字变形后的大体形状，再根据所需要的形状找到适合的变形方式。

【步骤提示】

STEP 1 新建文件，使用渐变工具为画面做橘黄色到黄色的渐变填充。

STEP 2 新建一个图层，选择多边形套索工具在图像中绘制一个多边形选区，对选区应用从白色到透明的线性渐变填充。

STEP 3 设置该图层的图层混合模式为“叠加”，然后复制多个对象，调整图像的大小和位置，并且旋转一定的位置，得到光芒效果。

STEP 4 分别输入两段文字，设置字体为“黑体”，颜色为“黑色”。

STEP 5 将文字适当倾斜后，单击属性栏中的“创建文字变形”按钮，打开“变形文字”对话框，在“样式”下拉列表框中选择“鱼形”命令，然后设置其他参数。

STEP 6 分别对这两个文字图层选择【图层】/【栅格化】/【文字】菜单命令，栅格化文字图层，然后合并这两个图层，载入选区后，对其应用“橙,黄,橙”线性渐变填充。

STEP 7 选择【编辑】/【描边】命令，在打开的“描边”对话框中设置描边为白色，然后再打开“图层样式”对话框设置描边样式，选择第二次描边颜色为深红色（R132,G54,B9）。

STEP 8 完成后按【Ctrl+S】组合键保存图像文件，完成制作（最终效果参见：光盘：\效果文件\项目六\变形文字.psd）。

实训二 制作广告文字效果

【实训要求】

本实训要求将如图6-61所示（素材参见：光盘：\素材文件\项目六\实训二\秋天.jpg）的素材图片，利用文字工具在其中添加美术字文本和段落文本，本实训完成后的参考效果如图6-62所示。

图6-61 素材文件

图6-62 添加广告文字效果

【实训思路】

根据实训要求，需要在素材图像中添加合适的文本来体现图像要表达的意义，可通过添加段落文本和美术字文本完成。

【步骤提示】

STEP 1 打开“秋天.jpg”图像文件，然后使用横排文字工具T在图像中输入“天凉好个秋”文字。

STEP 2 拖动鼠标选择第1个文字，打开“字符”面板，设置字体为“汉仪超粗圆简”，字号为“12”，垂直缩放为“140”，水平缩放为“110”，基线偏移为“40”，颜色为粉红色（R:231,G:141,B:179）。

STEP 3 输入“tianlianghaogeqiu”文字，设置字体为“cooper black”，字号为“36”，行距为“12%”，字符间距为“20”，基线偏移为“0”，颜色为“白色”，单击“全部大写字母”按钮TT，使其呈按下状态。

STEP 4 完成后将其保存为“广告文字.psd”，完成制作（最终效果参见：光盘：\效果文件\项目六\广告文字.psd）。

常见疑难解析

问：怎样在Photoshop中添加新的字体?

答：Photoshop使用的是Windows系统的字体，所以在操作系统中安装新字体后，Photoshop会自动获取字体。

问：创建的横排文字与直排文字可以互相转换吗?

答：可以。选择需要转换的文字，选择【图层】/【文字】/【水平】菜单命令，即可将直排文字转换为横排文字，或选择需要转换所有文字的图层，在其上单击鼠标右键，在弹出的快捷菜单中选择“垂直”或“水平”菜单命令也可实现相互转换，还可以直接单击工具属性栏中的“切换文本取向”按钮。图6-36所示为转换文本的效果。

问：怎样为文字边缘填充颜色?

答：为文字边缘填充颜色，可以使用“描边”命令，也可以使用图层样式中的描边样式制作渐变描边效果。

拓展知识

除了通过“字符”面板和“段落”面板来编排文字外，还可以通过菜单命令对其进行操作。下面介绍文字编辑的其他功能。

- 查找和替换：Photoshop可以查找当前文本中需要修改的文字、单词、标点或字符，并将其替换为所需的内容。选择【编辑】/【查找和替换】菜单命令，打开“查找和替换”对话框，如图6-63所示。在“查找内容”文本框中输入需要替换的内容，在“更改为”文本框中输入修改后的内容，然后单击查找下一个(I)按钮，即可开始查找，单击更改全部(A)按钮即可全部替换为需要的内容。

- **将文字转换为形状**：选择【图层】/【文字】/【转换为形状】菜单命令，即可将输入的文字转换为具有矢量蒙版的形状图层，而原来的图层不会被保留，如图6-64所示。

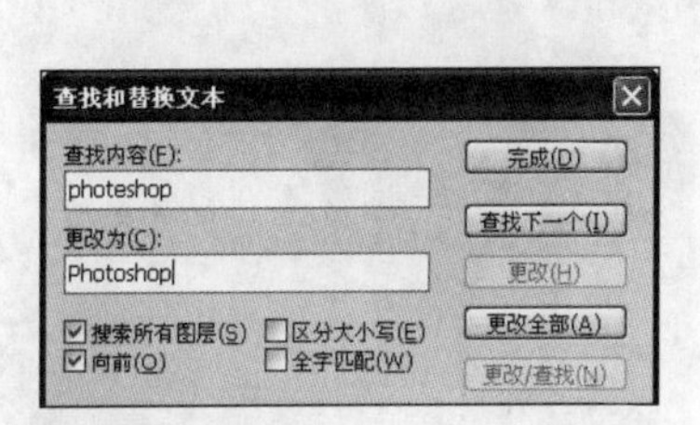

图 6-63 “查找和替换文本”对话框

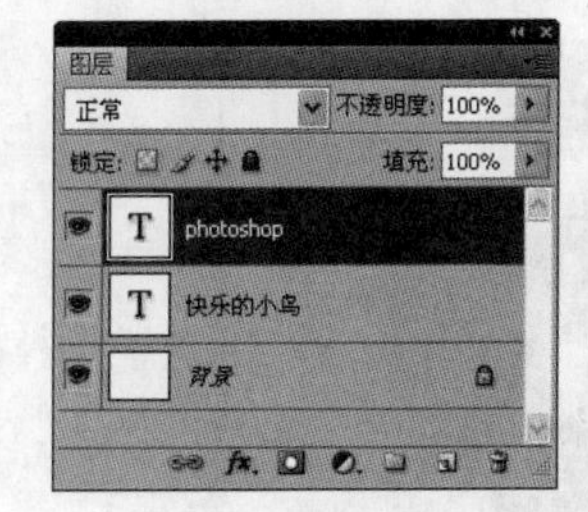

图 6-64 转换为形状

- **更新所有文字图层**：若打开的图像中带有其他矢量文字，可选择【图层】/【文字】/【更新所有文字图层】菜单命令，即可更新当前文件中所有文字图层的属性。
- **替换所有欠缺字体**：若打开的图像文件中使用了本地电脑中没有的字体，则会提示文件缺字体，此时，可选择【图层】/【文字】/【替换所有欠缺字体】菜单命令，即可将当前系统中安装的字体替换成文档中欠缺的字体。
- **将文字转换为工作路径**：选择【图层】/【文字】/【创建工作路径】菜单命令，即可将输入的文字转换为路径，用户可对其进行填充或描边操作，或通过改变锚点得到变形文字。

对文字进行栅格化操作后，即可将文字图层转换为普通图层，但需要注意，栅格化文字后，将不能对图层进行文字属性编辑，因此，在栅格化文字前需要将文字设置好。

课后练习

（1）为如图6-65所示（素材参见：光盘：\素材文件\项目六\课后练习\国画.jpg）的国画图像制作折扇扇面添加变形文字效果，完成后的参考效果如图6-66所示（最终效果参见：光盘：\效果文件\项目六\课后练习\折扇.psd）。

图6-65 素材图像

图6-66 折扇效果

（2）利用提供的如图6-67所示的“素材.jpg”文件（素材参见：光盘：\素材文件\项目

六\课后练习\素材.jpg），制作一张贺卡，要求贺卡画面温馨，文词清晰。完成后的参考效果如图6-68所示（最终效果参见：光盘：\效果文件\项目六\课后练习\贺卡.psd）。

图6-67　素材图像

图6-68　贺卡图像文件

（3）打开如图6-69所示的“花瓣.jpg”素材文件（素材参见：光盘：\素材文件\项目六\课后练习\花瓣.jpg），利用该图片制作一个唯美的诗歌卡片效果，完成后的参考效果如图6-70所示（最终效果参见：光盘：\效果文件\项目六\课后练习\诗歌卡片.psd）。

图6-69　素材图像

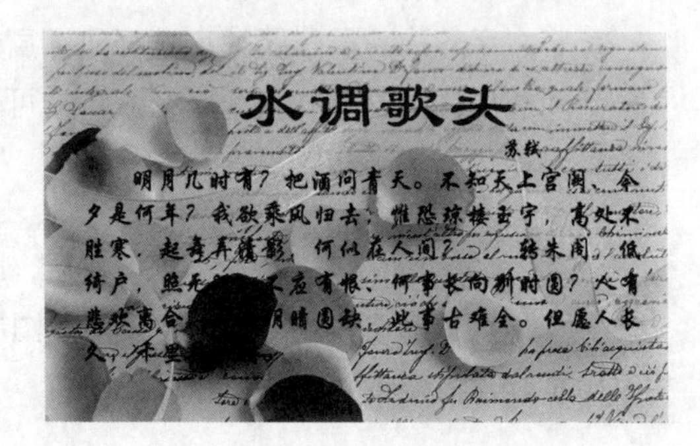

图6-70　诗歌卡片

PART 7

项目七 图层的高级应用

情景导入

小白：阿秀，我发现很多作品中的文字或图像都很有立体感，这种效果特别漂亮，但是制作一定也非常复杂。要制作这样的效果，应该设置哪些参数呢?

阿秀：可以为图像或文字添加图层样式，如投影、发光、浮雕、描边等图像效果。这些效果还能结合起来运用，如果运用得好，就可以制作出具有特色的画面效果。

小白：真的，那我一定要好好学习。

阿秀：对呀，图层样式在设计中是很常用的操作，而且，Photoshop CS4新增了3D功能，使图像由二维图像处理转为三维，增强了图像处理的功能。

学习目标

- 掌握图层样式的相关设置方法
- 掌握3D对象的创建和编辑方法

技能目标

- 掌握“特效文字”图像文件的制作方法
- 掌握“可乐广告”图像文件的制作方法
- 能够灵活运用图层样式完成各种图像设计

任务一　制作“特效文字”图像文件

带有特殊效果的文字能在图像中起到很好的修饰效果，也能给人带来非常强烈的视觉效果。因此，制作特效文字是设计师常用的增强图像效果的方法之一，下面将制作金属质感的文字效果。

一、任务目标

本任务将练习使用Photoshop CS4的图层样式来制作带有金属质感的特效文字效果。在制作时，需要先添加并编辑图层样式，对于相同的图层样式，可通过复制的方法添加。通过本任务的学习，可以掌握图层样式的创建和编辑方法。本任务制作完成后的最终效果如图7-1所示。

图7-1　“特效文字”图像文件效果

二、相关知识

在学习使用图层样式前，应先了解“样式”面板的操作方法，在Photoshop中有许多自带的预设样式，这些样式都保存在“样式”面板中，用户也可以根据需要，将其他常用样式载入到该面板中。下面主要介绍“样式”面板的相关操作。

（一）认识“样式”面板

Photoshop CS4的“样式”面板提供了各种预设样式，如图7-2所示。选择任意图层，在“样式”面板中单击选择一个样式，即可为该图层添加图层样式，如图7-3所示。

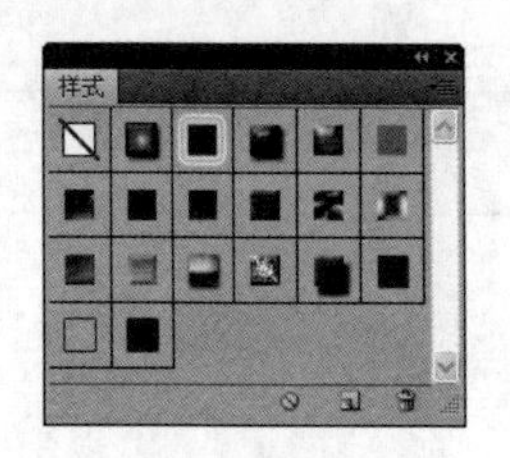

图7-2　“样式”面板

Photoshop　Photoshop

图7-3　应用自带样式前后的效果

（二）创建样式

当在“图层样式”对话框中为图像添加了图层样式后，还可以将其保存到“样式”面板中，以方便以后使用。方法是在“图层”面板中选择需要保存的图层样式所在的图层，单击“样式”面板中的“创建新样式”按钮，打开“新建样式”对话框，如图7-4所示，在其中设置相应的选项，然后单击确定按钮即可。

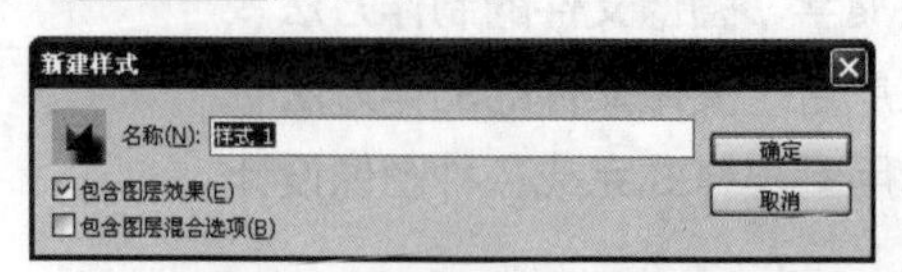

图7-4　“新建样式”对话框

- “名称”文本框：在该文本框中可设置图层样式的名称。
- “包含图层效果”复选框：单击选中该复选框，可将当前图层效果设置为样式。
- “包含图层混合选项”复选框：若当前图层设置了图层混合模式，单击选中该复选框后，新建的样式也将包括该混合模式效果。

使用“样式”面板中的样式时，若当前图层已添加了样式，则新的样式会替换原有的样式；若要保留原有样式，可在按住【Shift】键的同时单击需要的样式。

（三）删除图层样式

对于不需要的样式也可将其删除，方法是直接将需要删除的样式拖动到“删除”按钮上，也可按住【Alt】键再同时单击样式进行删除。

另外，若要将“样式”面板复位到默认效果，可在“样式”面板右上角单击按钮，在打开的菜单中选择“复位样式”命令即可。

（四）载入样式

除了Photoshop自带的样式外，还可以载入外部样式到Photoshop中使用，方法是在“样式”面板中单击按钮，在打开的菜单中选择对应的样式命令，打开提示对话框提示是否替换当前样式，单击 追加(A) 按钮表示添加在样式后面。

三、任务实施

（一）制作文字背景

下面先使用Photoshop CS4制作特殊文字的背景，并创建好需要的文字图层。其具体操作如下。

STEP 1 按【Ctrl+O】组合键打开“背景.jpg”和“荷花.jpg”素材文件（素材参见：光盘：\素材文件\项目七\任务一\背景.jpg、荷花.jpg），如图7-5所示。

STEP 2 将荷花图像拖曳到背景图像中，按【Ctrl+T】组合键调整图像大小，然后设置图层混合模式为“柔光”，效果如图7-6所示。

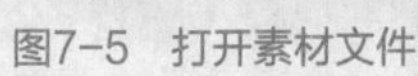

图7-5 打开素材文件

图7-6 调整混合模式

STEP 3 在工具箱中选择文字工具T，然后在图像上输入“历史”文本，如图7-7所示。

STEP 4 利用相同的方法输入其他文本，设置文本的字符格式，效果如图7-8所示。

图7-7　输入“历史”文本

图7-8　输入其他文本

（二）添加并编辑图层样式

下面在特效文字图像中为文本添加图层样式，并对样式进行编辑。其具体操作如下。

STEP 1　选择“历史”文字图层，通过变换将文字放大到合适大小，选择【图层】/【图层样式】/【投影】菜单命令，或双击图层，在打开的“图层样式”对话框中，设置距离和大小分别为“71”和“114”像素，如图7-9所示。

STEP 2　在左侧单击选中“内发光”复选框，在右侧图案栏的“大小”文本框中输入“38”，如图7-10所示。

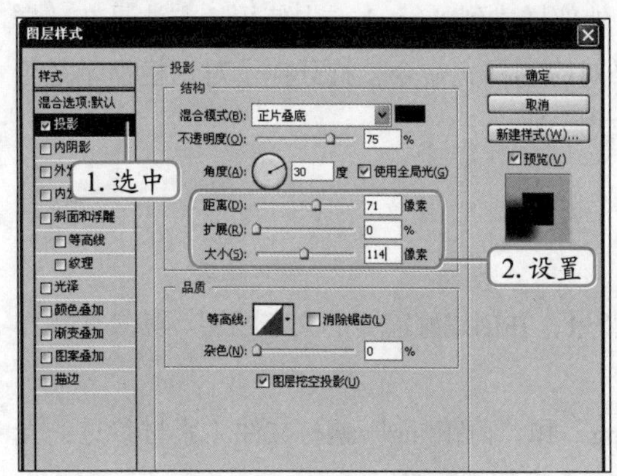

图7-9　设置“投影”效果

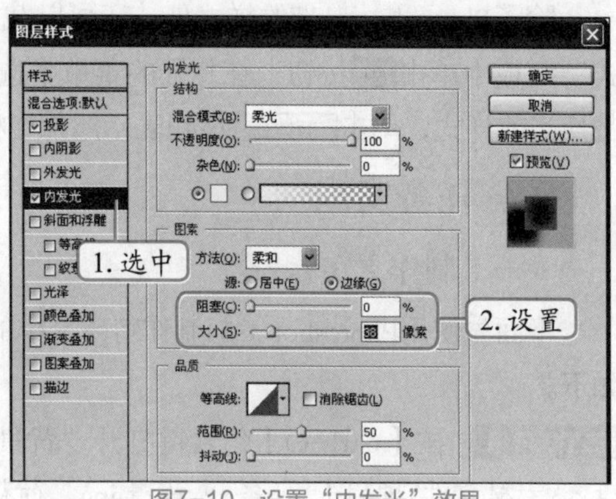

图7-10　设置“内发光”效果

STEP 3　单击选中“渐变叠加”复选框，设置渐变颜色为黑白线性渐变，不透明度为28%，角度为0度，如图7-11所示。

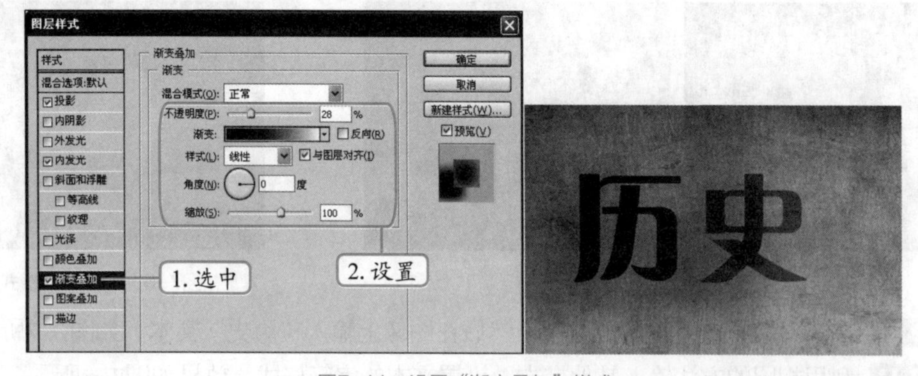

图7-11　设置“渐变叠加”样式

STEP 4 单击选中“斜面和浮雕”复选框，在其中的“结构”栏设置方法为“雕刻柔和”，深度为“660%”，大小为“166%”，像素为“2”，然后在“阴影”栏单击“光泽等高线”下拉按钮，在打开的对话框中按照如图7-12所示进行设置。

STEP 5 在高光模式下拉列表框中选择“叠加”选项，不透明度都为100%，如图7-13所示。

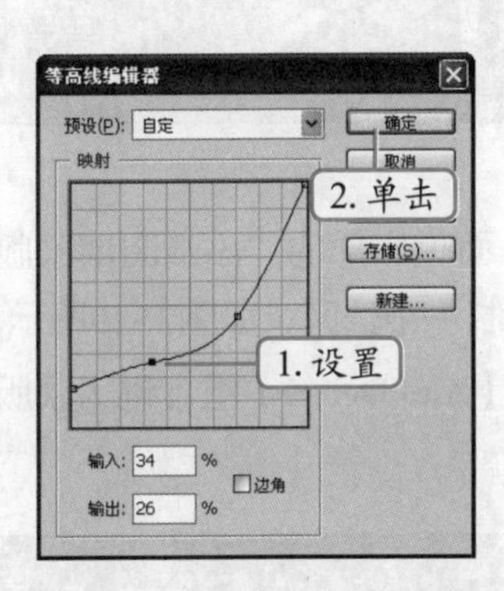

图7-12 设置高光等高线参数

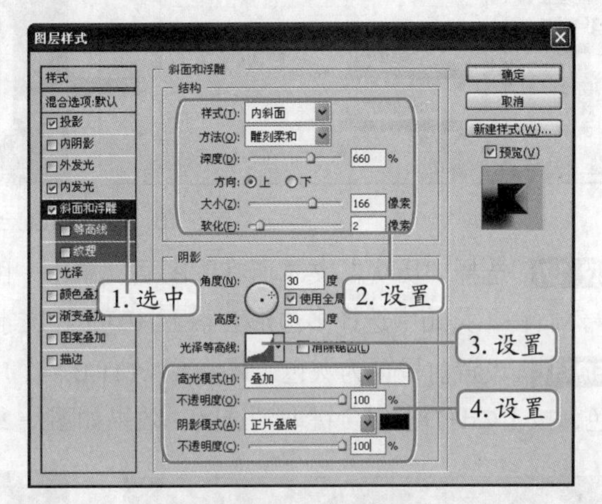

图7-13 设置“斜面和浮雕”样式

STEP 6 单击选中“等高线”复选框，单击“等高线”右侧的下拉按钮，并选择“高斯”样式，如图7-14所示，完成后单击 确定 按钮应用图层样式，效果如图7-15所示。

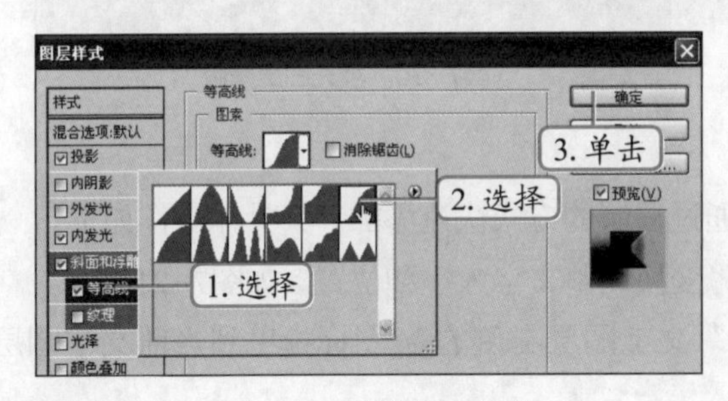

图7-14 设置等高线参数

图7-15 添加图层样式后的效果

STEP 7 打开“乱石.jpg”素材文件（素材参见：光盘：\素材文件\项目七\任务一\乱石.jpg），如图7-16所示。

STEP 8 使用移动工具将其拖曳至特效文字图像中，按【Ctrl+Alt+G】组合键创建剪贴蒙版，显示范围限定内的乱石图像，效果如图7-17所示。

图7-16 乱石素材图像

图7-17 创建剪贴蒙版

STEP 9 选择乱石图像所在的图层，在“图层”面板底部单击“添加图层样式”按钮fx，在打开的菜单中选择“混合选项”命令，打开“图层样式”对话框，按住【Alt】键的同时拖曳“本图层”选项中的白色滑块到如图7-18所示位置释放。

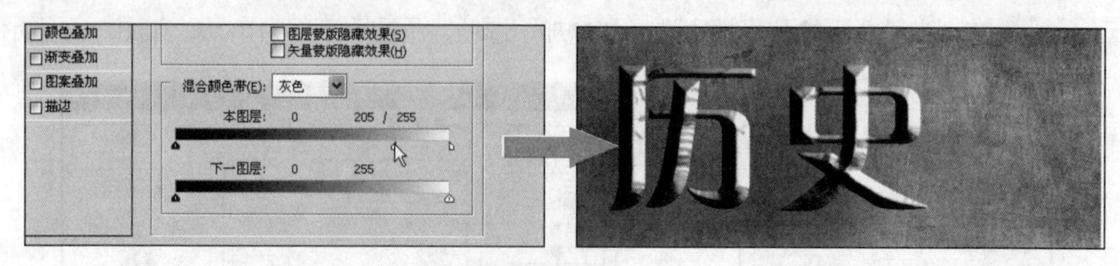

图7-18 设置图层混合选项

STEP 10 选择“历史”文本所在的图层，单击“图层”面板底部的“添加图层蒙版”按钮，然后在工具箱中选择多边形套索工具，在文字中绘制一个选区，如图7-19所示。

STEP 11 设置前景色为灰色（R:141,G:141,B:141），按【Alt+Delete】组合键为蒙版填充前景色，按【Crl+D】组合键取消选区，效果如图7-20所示。

图7-19 创建选区

图7-20 填充图层蒙版

（三）复制图层样式

对于需要应用相同图层样式的图层，可通过复制的方式快速添加，其具体操作如下。

STEP 1 选择“history”文本所在的图层，变换调整文字大小和位置，如图7-21所示。

STEP 2 按住【Alt】键，同时将“历史”文字图层右侧的fx图标拖曳到当前文字图层上，如图7-22所示。

图7-21 调整字体大小和位置

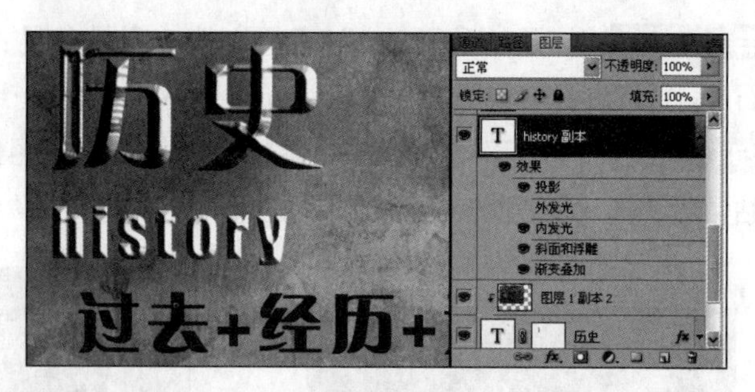

图7-22 复制图层样式

操作提示

选择【图层】/【图层样式】/【拷贝图层样式】菜单命令也可复制图层样式；若需移动图层样式，只需直接将图层样式图标拖曳到需要的图层即可。

STEP 3 选择【图层】/【图层样式】/【缩放效果】菜单命令，打开“缩放图层效果”对话框，在“缩放”文本框中输入“20”，单击 确定 按钮，如图7-23所示。

STEP 4 利用【Alt】键将乱石所在图层复制一层，将其调整到当前图层的上方，然后按【Ctrl+Alt+G】组合键创建剪贴蒙版，效果如图7-24所示。

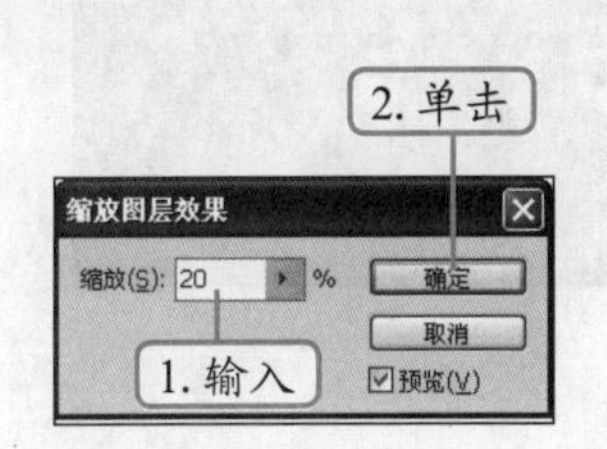

图7-23 设置缩放图层样式参数

图7-24 创建剪贴蒙版

知识补充

要删除图层的所有图层样式，有以下两种方法。

①将图层样式图标 fx 拖曳到“图层”面板底部的“删除”按钮上，然后释放鼠标即可。

②选择需要删除图层样式所在的图层，选择【图层】/【图层样式】/【清除图层样式】菜单命令也可清除图层样式效果。

STEP 5 使用直排文字工具 在图像中输入“history”文本，然后设置其字符格式为“Hobo Std、24点、白色”，如图7-25所示。

STEP 6 按住【Alt】键的同时，将“历史”图层效果图标 fx 拖曳到该图层上，效果如图7-26所示。

图7-25 设置文本格式

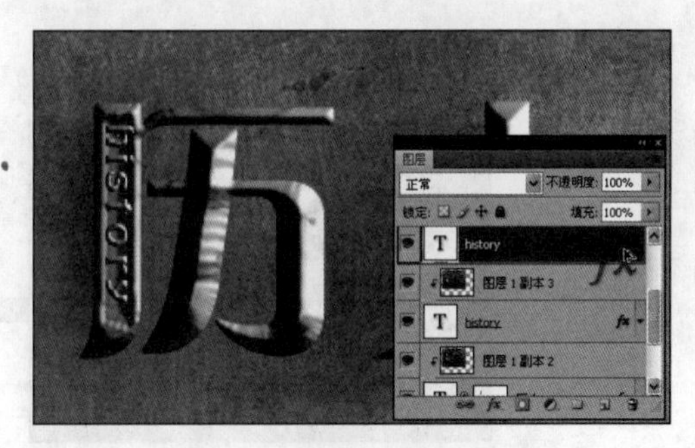

图7-26 复制图层样式效果

STEP 7 在“调整”面板中单击“色阶”按钮，创建“色阶”调整图层，拖曳黑色阴影滑块，增加对比度，如图7-27所示。

STEP 8 完成后返回图像文件，在其中设置剩下的文字，字符格式分别为“方正粗倩简体、44点、黑色”和“Century Gothic、24点、黑色”，然后利用移动工具调整文字位置，最后将文件保存为“特效文字.psd”，完成制作，效果如图7-28所示（最终效果参见：光盘:\效果文件\项目七\特效文字.psd）。

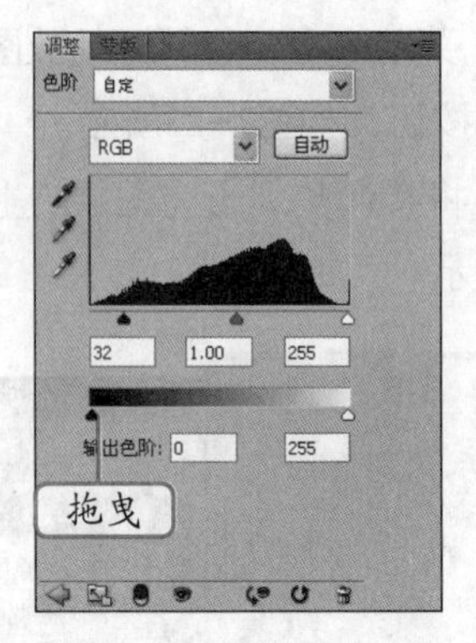

图7-27 设置“色阶”参数

图7-28 完成制作

任务二 制作“可乐广告”图像

广告是商家宣传和推销产品的常用方法，广告可分为平面广告和媒体广告。其中，平面广告通常会印刷海报，并通过张贴和刊登实现宣传目的。下面讲解制作可乐平面广告的方法。

一、任务目标

本任务将学习使用Photoshop CS4的3D功能制作可乐的模型，主要用到了3D工具、3D材质等操作。通过本任务的学习，可以掌握3D工具的相关使用方法。本任务制作完成后的参考效果如图7-29所示。

图7-29 “可乐广告”图像效果

二、相关知识

在使用3D技术处理图像前，需要先了解相关的3D工具的使用方法，Photoshop主要包括对象旋转工具组和相机旋转工具组，下面分别简单介绍。

（一）对象旋转工具组

对象旋转工具组位于工具箱中，使用鼠标右键单击“对象旋转工具”按钮，即可打开该工具中的其他工具，如图7-30所示。

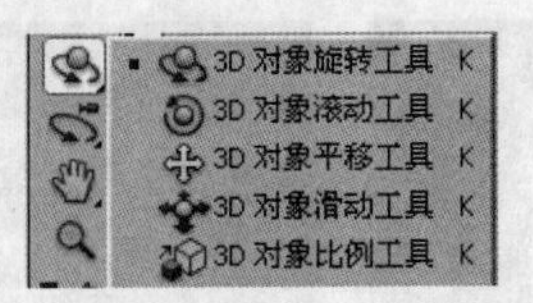

图7-30 对象旋转工具组

在工具属性栏中也可选择相应的工具，如图7-31所示，其中各选项含义如下。

图7-31 对象旋转工具属性栏

- “返回到初始对象位置”按钮：单击该按钮，可将移动或旋转后的3D对象返回到初始位置。
- “旋转3D对象”按钮：选择该工具后，在3D模型上利用鼠标，上下拖曳可使模型围绕x轴旋转；向两侧拖曳，可围绕y轴旋转；若按【Alt】键的同时拖曳则可滚动模型，如图7-32所示。

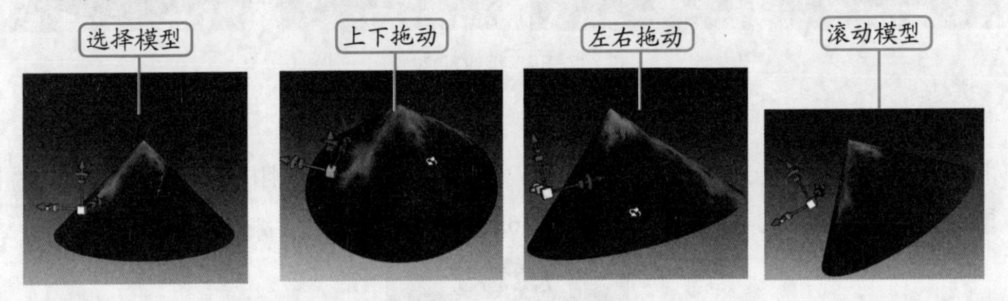

图7-32 旋转3D对象

- “滚动3D对象”按钮：单击该按钮后，可在3D对象两侧拖动，可使模型围绕z轴旋转，如图7-33所示。

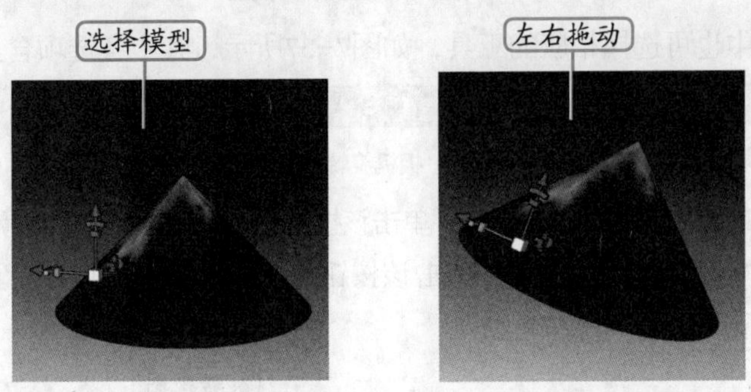

图7-33 滚动3D对象

- “拖动3D对象”按钮：单击该按钮后，通过拖曳可将3D模型移动到其他位置。
- “滑动3D对象”按钮：单击该按钮，在3D对象两侧拖曳可沿水平方向移动模型，上下拖曳可将模型移近或移远；按住【Alt】键拖曳可使其沿x/y方向移动，如图7-34所示。

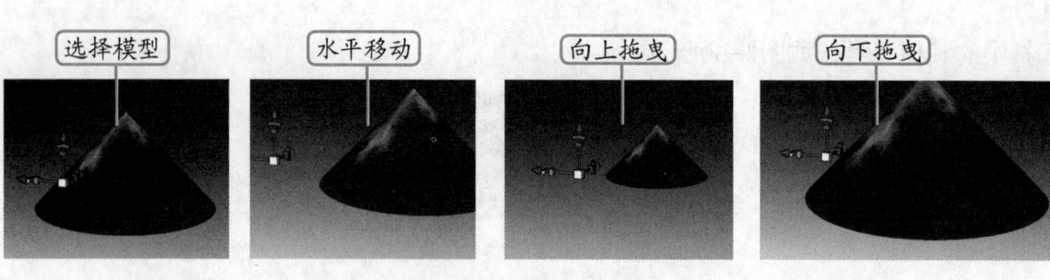

图7-34　滑动3D对象

- "缩放3D对象"按钮：单击该按钮，在3D对象上上下拖曳可放大或缩小模型；按住【Alt】键拖曳可沿z轴缩放，如图7-35所示。

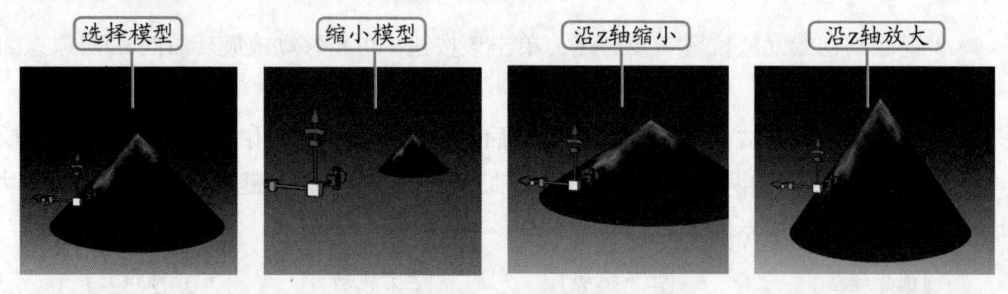

图7-35　缩放3D对象

（二）相机旋转工具组

相机旋转工具组位于对象旋转工具下方，使用鼠标右键在"相机旋转工具"按钮上单击，即可打开该工具组的其他工具，如图7-36所示。

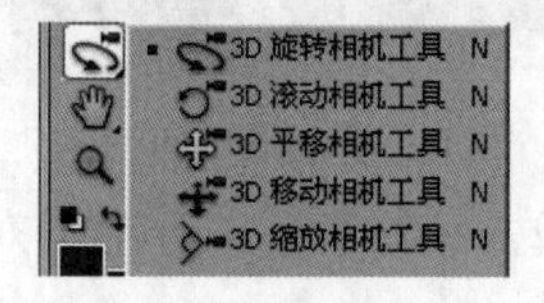

图7-36　相机旋转工具组

在工具属性栏中也可选择相应的工具，如图7-37所示，其中各选项含义如下。

视图: 默认视图 方向: X: -101.23 Y: 0 Z: -112.48

图7-37　相机旋转工具属性栏

- "返回到初始相机位置"按钮：单击该按钮后，可将调整后的对象恢复到最初位置。
- "环绕移动3D对象"按钮：单击该按钮后，上下左右拖曳鼠标可旋转相机视图，如图7-38所示。

图7-38　环绕移动3D对象

- “滚动3D对象”按钮：单击该按钮，可利用鼠标滚动相机视图，如图7-39所示。

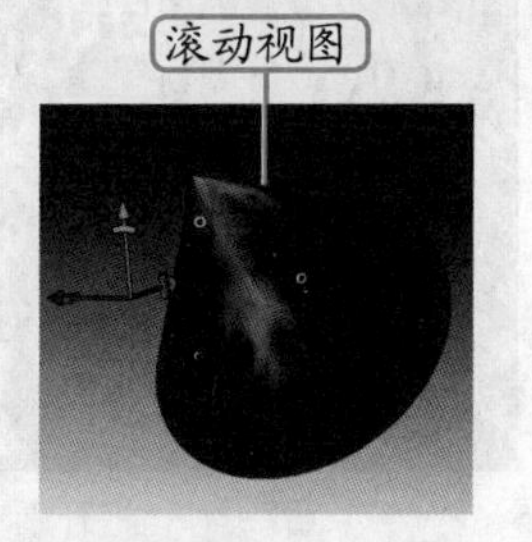

图7-39 滚动3D对象视图

- “用3D相机拍摄全景”按钮：单击该按钮，可利用鼠标让相机沿不同方向平移。
- “与3D相机一起移动”按钮：单击该按钮，可利用鼠标调整相机视图大小。
- “变焦3D相机”按钮：单击该按钮，可利用鼠标缩放3D相机的视角。

广告具有独特性、提示性、简洁性、计划性和合理的图形与文案设计等特点，具体如下。

①独特性：灯箱广告的对象是动态的行人，因此设计要根据距离、视角和环境等因素来确定广告的位置、大小，如在空旷的广场和人行道上，受众在10米以外的距离时，高于头部5米的物体比较容易被接受。

②提示性：设计要注重图文并茂，以图像为主、文字为辅进行设计，使用的文字更要简明扼要，不能冗长。

③简洁性：设计时要坚持在少而精的原则下思考，力图给受众留有充分的想象空间。

④计划性：在进行广告创意前，必须对其进行市场调查、分析和预测，然后在此基础上制定出广告的图形、语言、色彩、对象、宣传层面和营销战略。

三、任务实施

（一）创建智能对象图层

智能对象是指嵌入当前文件中的对象，它可以是图像，也可以是矢量图形。智能对象图层能够保留对象的源内容和所有的原始特征，这是一种非破坏性的编辑功能。下面将普通图像转换为智能对象，其具体操作如下。

STEP 1 新建一个名称为“可乐广告.psd”，大小为“21mm×29mm”，分辨率为“150”的图像文件，在其中进行渐变填充，渐变样式为由红（R:253,G:4,B:33）到暗红（R:250,G:9,B:9）的径向渐变，如图7-40所示。

STEP 2 打开“可乐背景.psd”素材文件（素材参见：光盘：\素材文件\项目七\任务二\可乐背景.psd），如图7-41所示。

STEP 3 选择【图层】/【智能对象】/【转换为智能对象】菜单命令，将图层转换为智能对象图层，效果如图7-42所示。

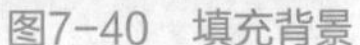

图7-40 填充背景

图7-41 打开素材文件

图7-42 转换为智能对象图层

STEP 4 将转换后的智能对象图层保存并关闭。

创建或转换的智能对象还可以进行其他操作，如通过自由变换操作制作出旋转的效果，选择【图层】/【智能对象】/【替换内容】菜单命令替换智能对象内容，选择【图层】/【智能对象】/【编辑内容】菜单命令编辑智能对象内容，选择【图层】/【智能对象】/【栅格化】菜单命令可将智能对象转换为普通图层，选择【图层】/【智能对象】/【导出内容】菜单命令还可将智能对象导出。

（二）创建3D图层

Photoshop中创建3D图层的方法有很多，可通过3D文件新建图层、从图层新建3D明信片、从图层新建形状、从灰度新建网格、从图层新建体积和凸纹方法创建，选择不同的创建方式，可实现不同的效果，下面直接从图层新建形状，其具体操作如下。

STEP 1 新建一个透明图层，选择【3D】/【从图层新建形状】/【易拉罐】菜单命令，在画布中创建一个3D易拉罐模型，如图7-43所示。

STEP 2 在面板组中单击"3D工具"按钮，打开"3D{材质}"面板，在其中选择"标签材质"选项，打开属性设置面板，在其中设置"闪亮"参数为"56%"，如图7-44所示。

STEP 3 设置参数后的模型效果如图7-45所示。

图7-43 创建模型

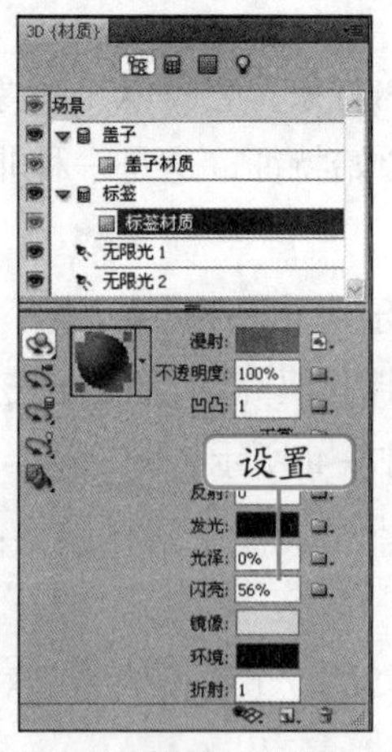

图7-44 设置标签材质参数

图7-45 设置标签材质效果

（三）编辑3D图层

对创建的3D图层可进行编辑，如替换材质和调整光源等，下面对模型添加材质，其具体操作如下。

STEP 1 在“3D{材质}”面板中的“漫射”颜色块后单击“漫射”按钮，在打开的菜单中选择“载入纹理”命令，打开“打开”对话框，在其中选择保存的“可乐背景.psd”文件，如图7-46所示。

STEP 2 单击“打开”按钮，载入纹理，效果如图7-47所示。

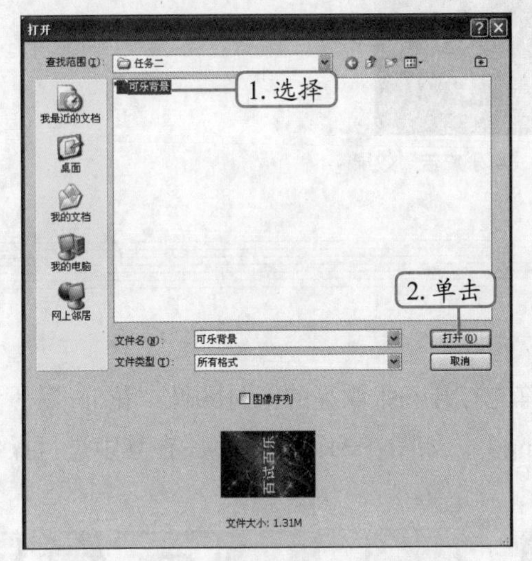

图7-46 选择材质

图7-47 载入材质后的效果

STEP 3 在工具箱中选择缩放3D对象工具，然后在图像中上下拖曳鼠标，缩小易拉罐模型，再使用旋转3D对象工具，旋转模型，使文字显示在前方，最后使用拖动3D工具，将其移动到左侧，效果如图7-48所示。

STEP 4 打开“花纹.psd”和“装饰.psd”素材文件（素材参见：光盘：\素材文件\项目七\任务二\花纹.psd、装饰.psd），将花纹图像直接拖到可乐广告图像中，并将该图层顺序调整到3D图层下方，如图7-49所示。

图7-48 调整模型

图7-49 添加花纹背景

STEP 5 将装饰图像拖曳到可乐广告图像中，并将其置于图层最顶端，调整图像的大小和位置，然后保存文件完成制作，效果如图7-50所示（最终效果参见：光盘：\效果文件\项目七\可乐广告.psd）。

图7-50 “可乐广告”效果

实训一 制作拼贴效果

【实训要求】

本实训要求制作一个拼贴图像效果，首先打开一张漂亮的素材图像“花.jpg”（素材参见：光盘：\素材文件\项目七\实训一\花.jpg），如图7-51所示，然后在其中进行操作。本实训完成后的参考效果如图7-52所示。

图7-51 素材文件

图7-52 拼贴效果

【实训思路】

制作本实例注意要使画面有层次感与立体感，主次要分明，因此，应结合图层样式和选区来完成操作。

【步骤提示】

STEP 1 打开素材图像“花.jpg”，按两次【Ctrl+J】组合键，复制图层得到图层1和图层1副本，选择背景图层，填充为白色。

STEP 2 新建图层2，打开“图层样式”对话框，为其添加网格图案样式的图案叠加。

STEP 3 使用魔棒工具获取深色对象选区，分别对选区应用【扩展】和【平滑】命令。

STEP 4 将图层2隐藏，选择图层1副本，按【Delete】键，删除选区中的图像。

STEP 5 打开“图层样式”对话框，在其中单击选中“投影”复选框，设置投影颜色为黑色，得到图像的投影效果。

STEP 6 选择图层1，将其不透明度设置为“25%”，选择图层1副本，在画布中使用魔棒工具随意地选择一些方块，然后按【Delete】键删除。

STEP 7 继续选择方块，然后选择工具箱中的移动工具移动方块，完成实例的制作（最终效果参见：光盘：\效果文件\项目七\拼贴效果.psd）。

实训二 制作撕裂效果

【实训要求】

本实训要求将如图7-53所示的素材图片（素材参见：光盘：\素材文件\项目七\实训二\半脸.jpg、骏马.jpg），利用图层样式和调整图层的方法为图像制作撕裂的效果，本实训完成后的参考效果如图7-54所示。

图7-53 素材文件

图7-54 撕裂效果

【实训思路】

根据实训要求，需要在素材图像中绘制撕裂裂口，填充颜色后，通过图层样式制作出撕裂的立体效果，同时利用调整图层的方法来控制整体画面的颜色。

【步骤提示】

STEP 1 打开“半脸.jpg”图像文件，创建“色相/饱和度”调整图层，然后在其中调整图像的色相和饱和度参数。

STEP 2 使用画笔工具绘制撕裂裂口的大致形状，然后新建一个图层，使用多边形套索工具创建选区，并为其填充与皮肤相似的颜色。

STEP 3 为该图层添加“投影”、“内发光”、“渐变叠加”图层样式。

STEP 4 打开“骏马.jpg”图像文件，为骏马创建选区，然后将其移动到撕裂图像窗口，自由变换大小、位置后，使用橡皮擦工具去除不需要的部分。

STEP 5 创建一个“色阶”调整图层，调整图像色阶，按【Ctrl+Shift+G】组合键创建剪贴蒙版，然后新建图层，填充为棕色（R:54,G:30,B:3），用橡皮擦工具去除不需要的部分。

STEP 6 再次新建一个图层，设置画笔颜色为灰色，然后在图像左上和右下角涂抹，增加暗调部分，完成后将其保存为“撕裂效果.psd”文件（最终效果参见：光盘：\效果文件\项目七\撕裂效果.psd）。

常见疑难解析

问：如果要在暗调的图像中输入深色文字，应该怎样让文字在画面中变得更加明显？

答：可以为文字添加各种图层样式来突出文字效果，如添加浅色的“投影”、“外发光”或“斜面和浮雕”图层样式等。另外，可以单击图层面板中的▸按钮，再拖曳弹出的滑块设置图像内部填充的不透明度。

问：在图像中创建选区后，使用“图层样式”对话框为其添加外发光效果，但添加的图层样式效果无明显变化，这是怎么回事呢？

答：这是因为“图层样式”对话框只对图层中的图像起作用，并不对图层中的图像选区起作用，可以将图像选区复制到新的图层中，再添加图层样式。

问：给图像中的文字添加图层样式，需要先将文字进行栅格化处理吗？

答：不需要，图层样式可以直接对文字进行操作。只有在使用滤镜和色调调整时才需要将文字做栅格化处理。

问：可以利用3D工具结合文字制作效果吗？

答：可以，利用文字工具T在平面图像中输入文字后，可结合3D工具，将平面文字创建为3D对象。

拓展知识

在使用图层时还可以新建填充图层，Photoshop CS4中可创建纯色填充图层、渐变填充图层和图案填充图层。下面分别进行介绍。

- 纯色填充图层：选择【图层】/【新建填充图层】/【纯色】菜单命令，打开“新建图层”对话框，如图7-55所示。在“名称”文本框中设置图层名称，在“颜色”下拉列表框中设置图层颜色，在“模式”下拉列表框中可设置图层的混合模式，完成后单击确定按钮，打开“拾色器”对话框，在其中设置填充颜色即可，如图7-56所示。

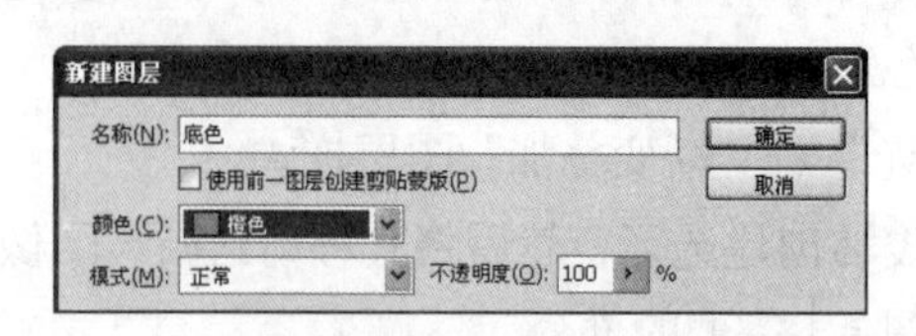

图 7-55 设置“新建图层”对话框

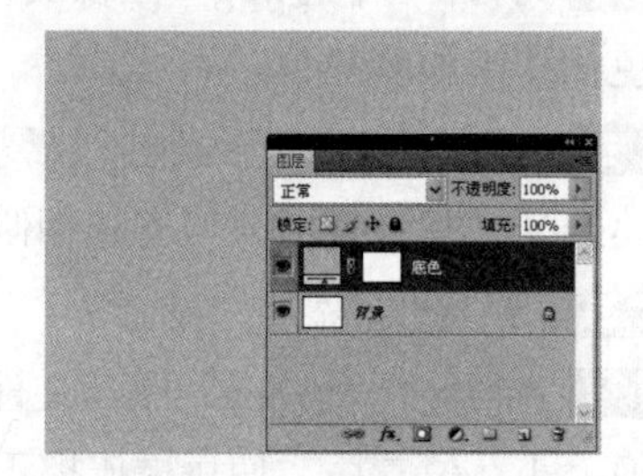

图7-56 填充图层效果

- 渐变填充图层：选择【图层】/【新建填充图层】/【渐变】菜单命令，打开“新建图层”对话框，在其中设置名称和图层颜色，单击确定按钮打开“渐变填充”对话框，在其中可设置渐变颜色、样式、角度等参数，如图7-57所示，单击确定按钮即可创建渐变填充图层，效果如图7-58所示。

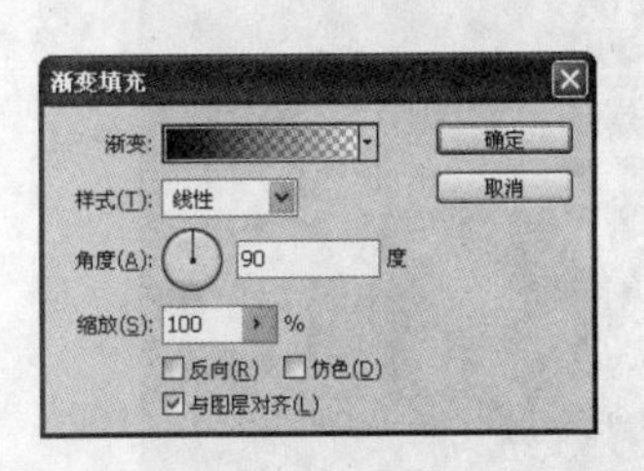

图 7-57 设置“渐变填充”对话框

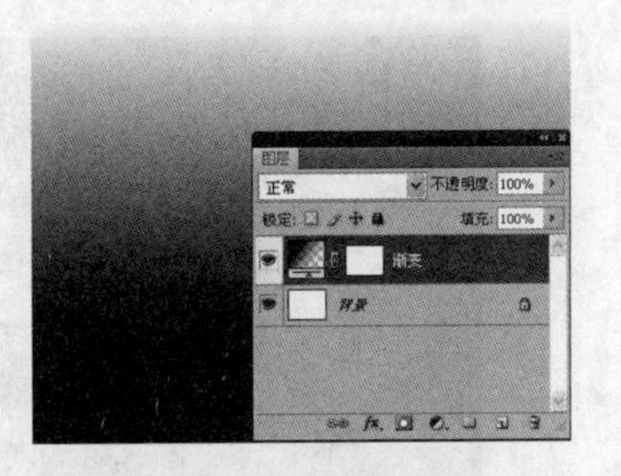

图7-58 渐变填充图层

● 图案填充图层：选择【图层】/【新建填充图层】/【图案】菜单命令，打开“新建图层”对话框，在其中设置名称和图层颜色，单击确定按钮将打开“图案填充”对话框，在其中可设置图案样式和缩放等参数，如图7-59所示，单击确定按钮即可创建图案填充图层，如图7-60所示。

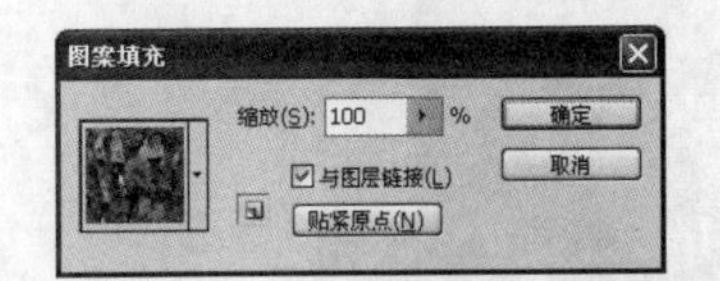

图 7-59 设置“图案填充”对话框

图7-60 图案填充图层

课后练习

（1）在画面中输入文字，进行栅格化处理，对文字应用“外发光”效果，然后再绘制圆环图像，同样应用“外发光”效果，制作特殊文字图像，如图7-61所示（最终效果参见：光盘：\效果文件\项目七\课后练习\特殊文字.psd）。

图7-61 特殊文字效果

（2）制作商场情人节促销宣传广告。先进行渐变填充，使用钢笔工具在画面中绘制主要图像，然后填充颜色，对其应用“斜面和浮雕”和“描边”等图层样式，然后输入文字，对文字应用“渐变叠加”、“描边”、“内投影”等图层样式，最后使用画笔工具添加星光效果，效果如图7-62所示（最终效果参见：光盘：\效果文件\项目七\课后练习\促销广告.psd）。

图7-62　促销广告

（3）根据提供的图像素材制作茶的宣传单（素材参见：光盘：\素材文件\项目七\课后练习\背景.jpg、茶壶.jpg、茶杯.psd），要求突出茶的韵味，让人能在视觉上享受味觉，最后可以茶杯等相关图像作为修饰。参考效果如图7-63所示（最终效果参见：光盘：\效果文件\项目七\课后练习\茶宣传单.psd）。

图7-63　茶宣传单效果

PART 8

项目八 使用路径和形状

情景导入

小白：阿秀，为图像更换背景时需要抠图，但是前面的知识点似乎还不能对复杂的图像进行抠取。

阿秀：是的，在Photoshop中，使用钢笔工具可以帮助我们绘制较复杂的图像，将路径转换为选区后，就能抠取图像了，并且使用钢笔工具还能绘制一些线条流畅、复杂的图像。

小白：钢笔工具？使用这个工具真的能制作出许多复制的图像效果吗，你快给我讲讲吧。

阿秀：别急。在Photoshop中，钢笔工具组有多个工具，必须要结合起来使用才能达到想要的效果。

学习目标

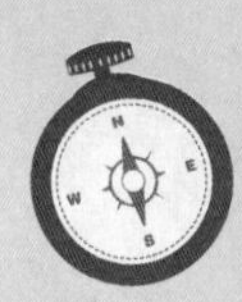

- 掌握路径工具的相关操作方法
- 掌握形状工具的相关使用方法

技能目标

- 掌握“手绘荷花”图像文件的制作方法
- 掌握“网页标志”图像文件的制作方法
- 能够灵活运用钢笔工具和形状工具完成各种图像的设计和制作

任务一 制作“鼠绘荷花”图像文件

在Photoshop中可以利用相关工具鼠绘出逼真的图像效果，这种绘制方法绘制出的图像也具有很好的视觉效果，但是，鼠绘图像需要有一定的美术基础，另外需要熟练运用钢笔工具，下面鼠绘一幅荷花图像。

一、 任务目标

本任务将练习使用Photoshop CS4的钢笔工具来鼠绘一幅荷花图像，在制作时应先使用钢笔工具绘制路径，然后对路径进行编辑，调整出图像的大致效果，最后通过填充路径和描边路径的方法完成鼠绘荷花图像的制作。通过本任务的学习，可以掌握使用钢笔工具进行绘画和路径的编辑方法。本任务制作完成后的最终效果如图8-1所示。

图8-1 “鼠绘荷花”图像文件效果

二、相关知识

在学习使用钢笔工具绘制前，需要先了解路径和“路径”面板的相关知识，下面进行简单介绍。

（一）认识路径

路径是由贝塞尔曲线构成的图像，即由多个节点的矢量线条构成。Photoshop中的路径用于创建复杂的对象，与Adobe Illustrator等软件不同的是，Photoshop的路径主要是用于勾画图像区域（对象）的轮廓。路径在图像显示效果中表现为不可打印的矢量形状，用户可以沿着产生的线段或曲线对路径进行填充和描边，还可以将其转换成选区。

路径主要由线段、锚点以及控制句柄等构成，如图8-2所示。

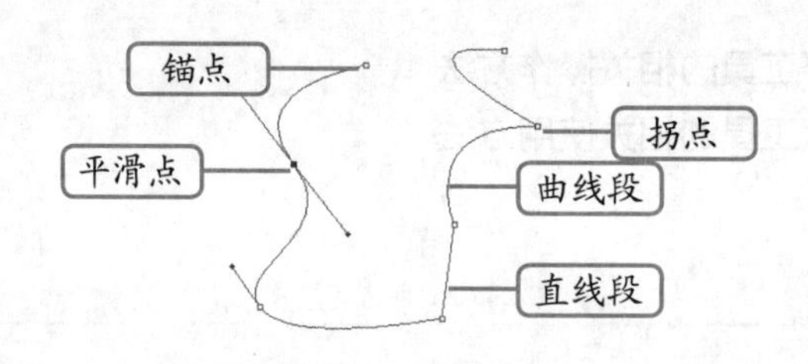

图8-2 路径的组成

路径上的各元素解释如下。

- 线段：一条路径是由多个线段依次连接而成的，线段分为直线段和曲线段两种。
- 锚点：路径中每条线段两端的点是锚点，由小正方形表示，黑色实心的小正方形表示该锚点为当前选择的定位点。定位点有平滑点和拐点两种，平滑点是平滑连接两个线段的定位点，拐点是非平滑连接两个线段的定位点。

- 控制句柄：选择任意锚点，该锚点上将显示0～2条控制句柄，拖曳控制句柄一端的小圆点可以修改与之关联的线段的形状和曲率。

（二）认识“路径”面板

“路径”面板默认情况下与“图层”面板在同一面板组中，由于路径不是图层，因此路径创建后不会显示在“图层”面板中，而是显示在“路径”面板中。“路径”面板主要用来储存和编辑路径，如图8-3所示。

图8-3 “路径”面板

- 当前路径：面板中以蓝色条显示的路径为当前活动路径，用户所做的操作都是针对当前路径的。
- 路径缩略图：用于显示该路径的缩略图，可以在这里查看路径的大致样式。
- 路径名称：显示该路径的名称，用户可以对其进行修改。
- “填充路径”按钮：单击该按钮，将使用前景色在选择的图层上填充该路径。
- “描边路径”按钮：单击该按钮，将使用前景色在选择的图层上为该路径描边。
- “将路径转为选区”按钮：单击该按钮，可以将当前路径转换成选区。
- “将选区转为路径”按钮：单击该按钮，可以将当前选区转换成路径。
- “新建路径”按钮：单击该按钮，将建立一个新路径。
- “删除路径”按钮：单击该按钮，将删除当前路径。

三、任务实施

（一）绘制路径

下面先使用钢笔工具绘制荷花和荷叶的大致形状。其具体操作如下。

STEP 1 新建一个名称为“鼠绘荷花.psd”，大小为“10mm×6mm”，分辨率为“150”的图像文件。

STEP 2 在工具箱中单击“钢笔工具”按钮，切换到“路径”面板，在“路径”面板底部单击“新建路径”按钮，新建一个路径层。

STEP 3 在图像中单击新建锚点，然后在下一点处单击并拖曳鼠标，调整两个锚点之间路径的曲度（弧度），如图8-4所示。

STEP 4 继续单击鼠标创建锚点，按住【Ctrl】键不放的同时拖曳控制柄调整曲度到合适位置，如图8-5所示。

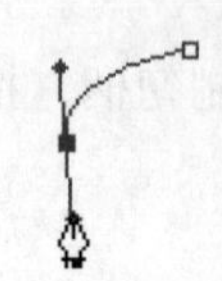

图8-4 创建锚点

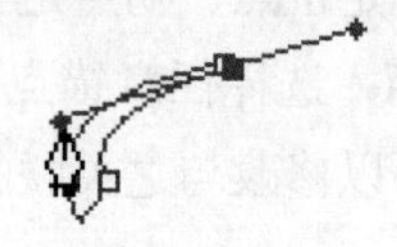

图8-5 调整路径

STEP 5 继续在图像中单击鼠标添加锚点，在创建锚点的同时调整出荷花花瓣的大致形状，如图8-6所示。

STEP 6 在工具箱中选择添加锚点工具，然后在路径上单击添加锚点，通过锚点调整荷花花瓣的细节，效果如图8-7所示。

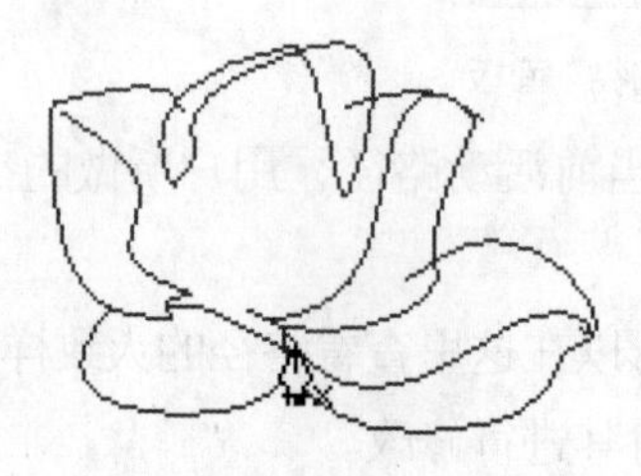

图8-6 绘制花瓣的大致形状

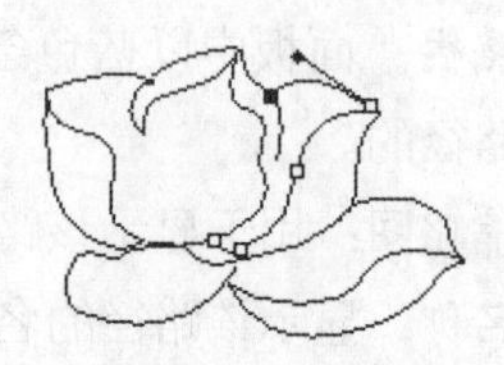

图8-7 调整花瓣的细节

STEP 7 在“路径”面板新建一个路径层，然后使用相同的方法绘制荷花的外层花瓣，完成后调整花瓣细节，如图8-8所示。

STEP 8 继续利用相同的方法新建路径层，绘制荷花的花苞、荷叶、荷茎等部分，如图8-9所示。

图8-8 绘制外层花瓣

图8-9 绘制荷花的其他部分

（二）填充和描边路径

下面将对绘制的路径进行填充和描边，以绘制出荷花的效果。其具体操作如下。

STEP 1 在“路径”面板中选择绘制的荷花外层花瓣路径，设置前景色为灰色（R:205,G:205,B:205），在面板底部单击“用前景色填充路径”按钮，填充路径，效果如图8-10所示。

STEP 2 创建图层，然后利用相同的方法，填充相应的路径，效果如图8-11所示。

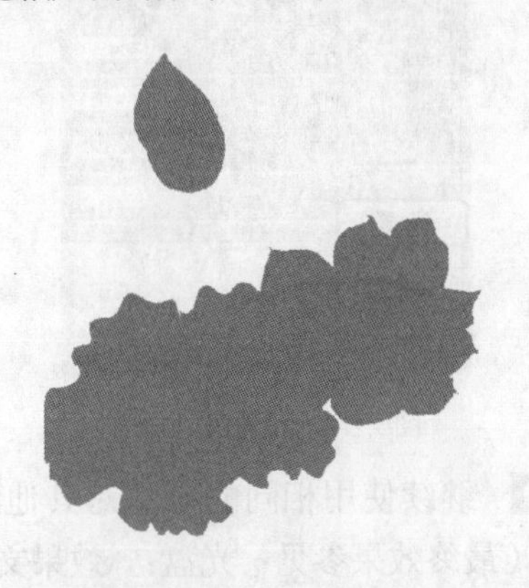

图8-10 填充路径

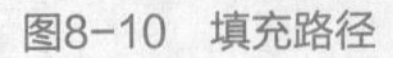

图8-11 填充其他路径效果

STEP 3 在该图层下方新建一个图层，在“路径”面板中选择花茎路径，然后在其上单击鼠标右键，在弹出的快捷菜单中选择“填充路径”命令，打开“填充路径”对话框。

STEP 4 在“内容”栏的“使用”下拉列表框中选择“颜色”选项，打开“选取一种颜色”对话框，在其中选择黑色，单击 确定 按钮，返回“填充路径”对话框，如图8-12所示。

STEP 5 单击 确定 按钮，应用设置，效果如图8-13所示。

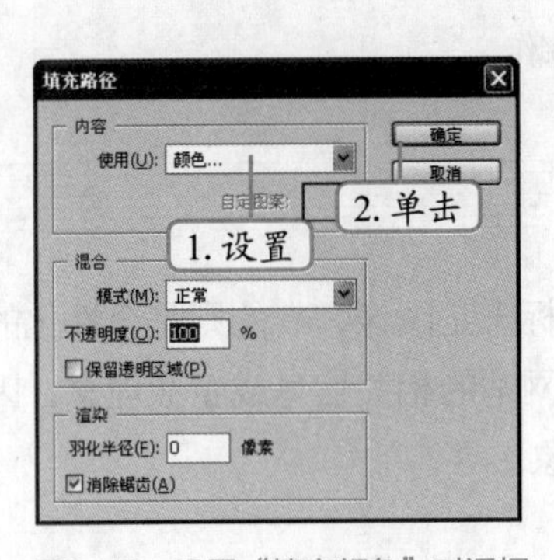

图8-12 设置“填充颜色”对话框

图8-13 填充颜色后的效果

STEP 6 在工具箱中选择画笔工具，在面板组中单击“画笔”面板按钮，在打开的“画笔”画板中选择“柔角25”画笔，在左侧列表框中按照如图8-14所示进行设置。

STEP 7 隐藏荷叶所在的图层，在“路径”面板中选择荷花花苞路径，然后在面板底部单击“用画笔描边路径”按钮，用画笔进行描边，效果如图8-15所示。

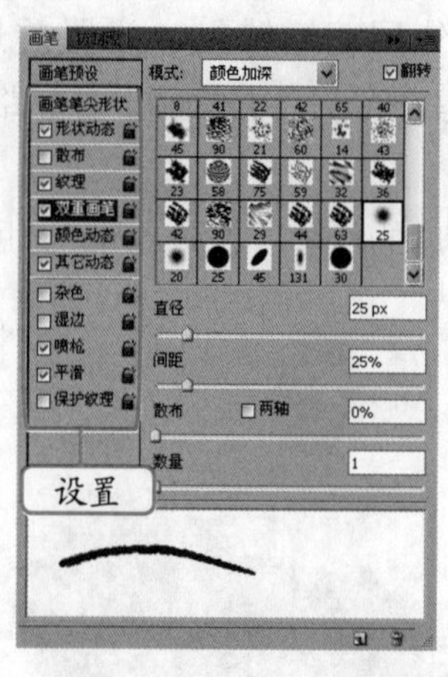

图8-14 设置画笔样式

图8-15 使用画笔描边路径

STEP 8 继续使用相同的方法对其他路径描边，然后将其保存，完成制作，效果如图8-16所示（最终效果参见：光盘：\效果文件\项目八\鼠绘荷花.psd）。

图8-16 完成制作

任务二 制作“网页标志”图像

不同的网站都有自己的形象标志，有的网站的标志是图像，有的则是个性化的文字，这些网站标志与企业标志作用一样，都是为了体现该网站的相关信息或企业理念，因此，在设计时一定要注意实用性，尽量能给浏览者深刻的印象。

一、 任务目标

本任务将学习使用Photoshop CS4的各种形状工具，主要用到了圆角矩形工具和矩形工具制作标志背景，然后使用自定形状工具来为文字路径添加相关自定形状，以制作出个性化的文字。通过本任务的学习，可以掌握形状工具的相关使用方法以及自定义形状的操作。本任务制作完成后的参考效果如图8-17所示。

图8-17 “网页标志”图像效果

二、相关知识

在使用形状工具组制作网页标志前，应先了解形状工具组的相关内容。Photoshop CS4的形状工具组主要有矩形工具、圆角矩形工具、椭圆工具、多边形工具、直线工具和自定形状工具，如图8-18所示。

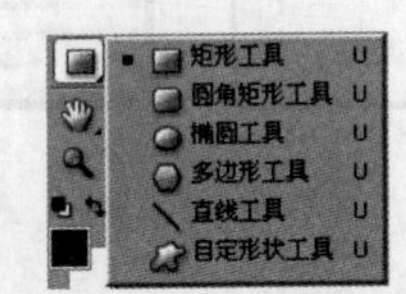

图8-18 形状工具组

形状工具组中各工具的工具属性栏大致相同，这里选择自定形状工具，其对应的工具属性栏如图8-19所示，其中各选项含义如下。

图8-19 自定形状工具的工具属性栏

- “形状”按钮：使用形状工具可创建形状图层。单击该按钮后，在“图层”面板中将自动添加一个新的形状图层。形状图层可以理解为带形状剪贴路径的填充图层，图层中间的填充色默认为前景色。点击缩略图可改变填充颜色。
- “路径”按钮：按下该按钮后，使用形状工具或钢笔工具绘制的图形只产生工作路径，不产生形状图层和填充色。
- “填充像素”按钮：按下该按钮后，绘制图形时既不产生工作路径，也不产生形状图层，但会使用前景色填充图像。这样，绘制的图像将不能作为矢量对象编辑。

三、任务实施

（一）使用矩形和圆角矩形工具制作背景

下面使用矩形工具和圆角矩形工具制作网页标志的背景，其具体操作如下。

STEP 1 新建一个名称为“网页标志.psd”，大小为“20mm×4mm”，背景为“黑色”，分辨率为“150”的图像文件。

STEP 2 在工具箱中选择矩形工具，在工具属性栏中单击“填充像素”按钮，在图像中拖曳鼠标绘制一个矩形，如图8-20所示。

STEP 3 新建一个图层，在工具箱中选择圆角矩形工具，设置前景色为粉色（R:247,G:217,B:217），然后在图像中拖曳鼠标绘制形状，效果如图8-21所示。

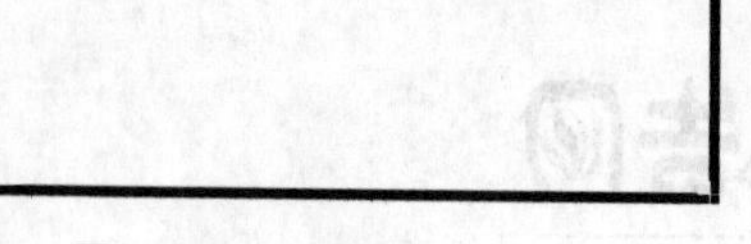
图8-20 绘制矩形

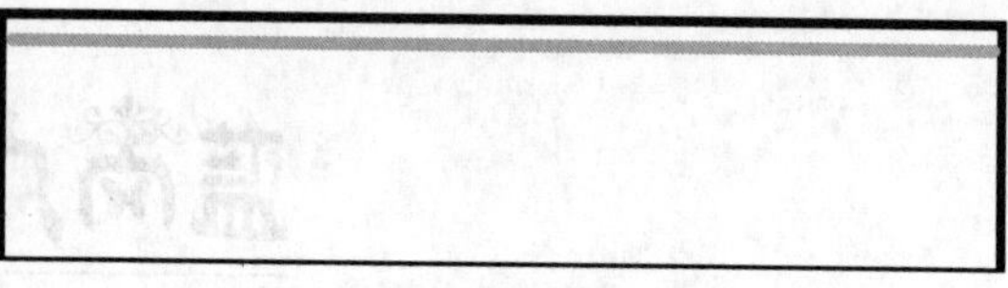
图8-21 绘制圆角矩形形状

STEP 4 将圆角矩形图层拖曳到“新建图层”按钮上，复制该图层，按【Ctrl+T】组合键变换图像位置，效果如图8-22所示。

STEP 5 按【Ctrl+Shift+Alt+T】组合键多次，复制图层并自由变换图像位置，效果如图8-23所示。

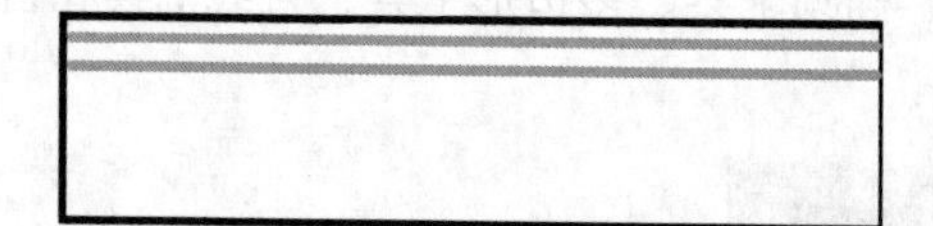
图8-22 复制圆角矩形

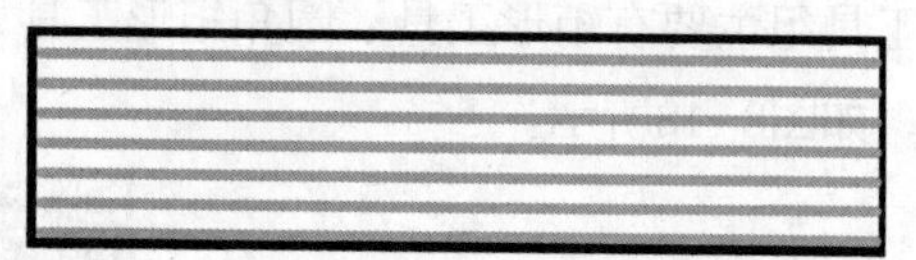
图8-23 多次复制并变换图像

（二）使用自定形状工具

Photoshop中自带了多种形状，下面利用自定形状来制作个性文字，其具体操作如下。

STEP 1 在工具箱中选择文字工具，在工具属性栏中设置字符格式为“方正祥隶简体、72点、黑色”，然后在图像中输入“蓝雨广告网”文本，如图8-24所示。

STEP 2 栅格化文字图层，按【Ctrl】键的同时单击图层面板中的缩略图，将文字载入选区，切换到“路径”面板，在面板底部单击“从选区创建路径”按钮，创建路径，如图8-25所示。

图8-24 输入文字

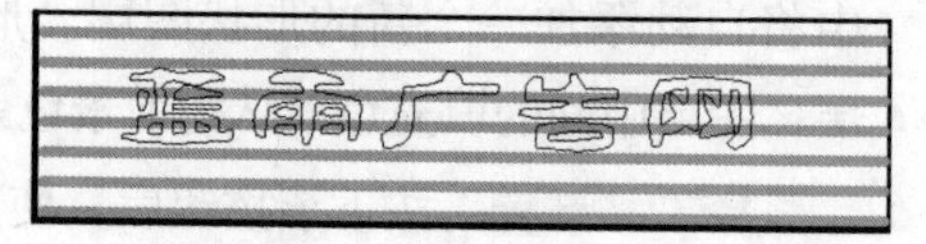

图8-25 创建工作路径

STEP 3 按【Ctrl+T】组合键进入自由变换状态，将路径放大，如图8-26所示。

STEP 4 选择路径选择工具，然后选择“蓝”文本中的一笔，注意不要选到其他笔画，如图8-27所示。

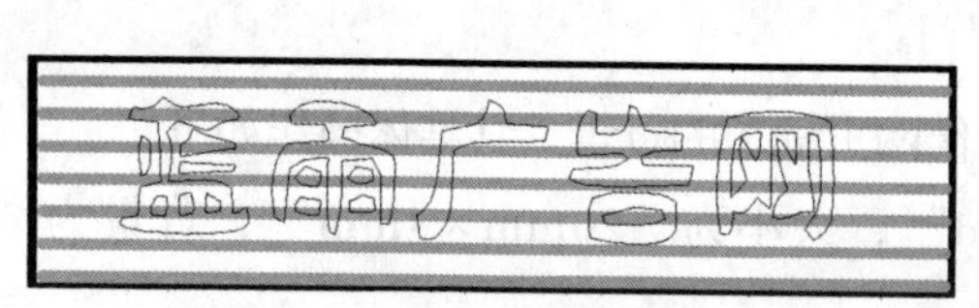

图8-26 放大路径

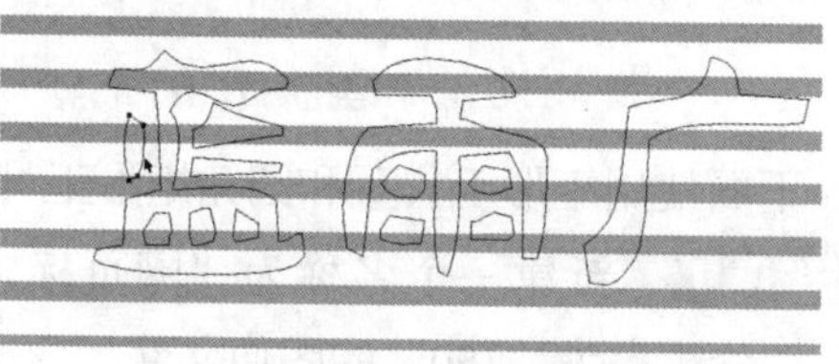

图8-27 选择路径

操作提示

使用直接选择工具可以选取或移动某个路径中的部分路径，将路径变形。方法是选择工具箱中的直接选择工具，在图像中拖曳鼠标框选所要选择的锚点即可选择路径，被选中的部分锚点为黑色实心点，未被选中的路径锚点为空心。

STEP 5 按【Delete】键删除路径，在工具箱中选择自定形状工具，在工具属性栏中单击形状按钮右侧的下拉按钮，在打开的面板中单击按钮，在其中选择“全部”选项，打开提示对话框，提示是否用全部形状替换当前，如图8-28所示。

STEP 6 单击确定按钮，替换形状，在工具属性栏中单击按钮，再单击“形状”按钮，在打开的面板中选择“脚印”形状，拖曳鼠标绘制形状，并使用路径选择工具将其移动到合适位置，效果如图8-29所示。

图8-28 替换形状

图8-29 绘制形状路径

选择形状样式后，若要绘制出与原形状等比例大小的图形，可按住【Shift】键拖曳鼠标绘制；在工具属性栏中单击“自定形状工具”按钮右侧的下拉按钮，在打开的面板中单击选中对应的单选项，可使形状按照设置的对应方法创建。

STEP 7 使用路径选择工具选择“雨”文本下面的四点，按【Delete】键将其删除，使用删除锚点工具，将中间的路径上的锚点删除，如图8-30所示。

STEP 8 继续删除几个锚点，然后拖曳控制柄调整路径形状到合适位置，如图8-31所示。

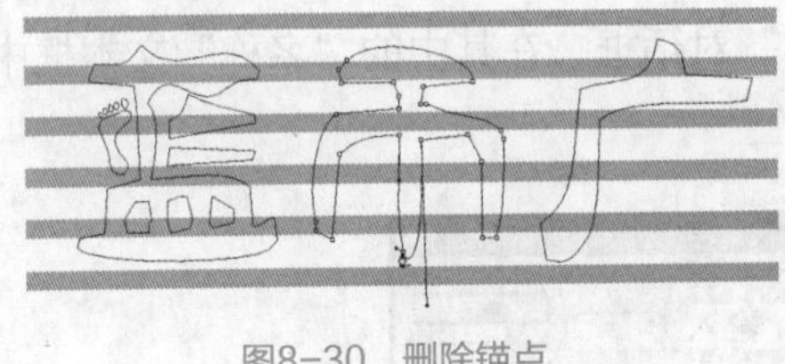

图8-30 删除锚点

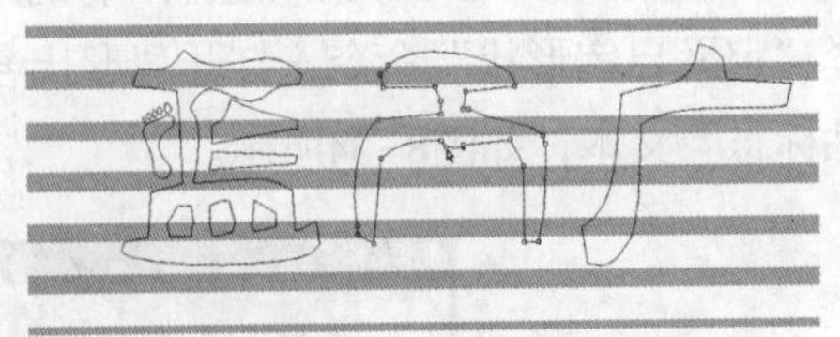

图8-31 编辑路径

若要将多余的锚点删除，可使用删除锚点工具来实现。方法是选择删除锚点工具，将鼠标移到锚点上，当鼠标指针变为形状时，单击即可删除该锚点。也可以使用直接选择工具选择锚点，然后按【Delete】键删除，这种方法删除锚点后，两侧的路径也将被删除。

STEP 9 选择自定形状工具，在工具属性栏中选择“蝴蝶”形状，在图像中拖曳鼠标绘制形状，并将其移到合适位置，效果如图8-32所示。

图8-32 绘制蝴蝶形状

STEP 10 利用相同的方法删除其他不需要的路径，调整路径的形状，然后在图形中绘制相应的路径，如图8-33所示。

操作提示

注意，有些路径只需要删除其中的一段，可使用直接选择工具选择路径，然后将其删除，另外在使用直接选择工具时，按【Ctrl+Alt】组合键可切换到转换点工具；单击并拖曳锚点，可将其转换为平滑点，再次单击平滑点，则可将其转换为角点；使用钢笔工具时，按住【Ctrl】键也可切换到转换点工具。

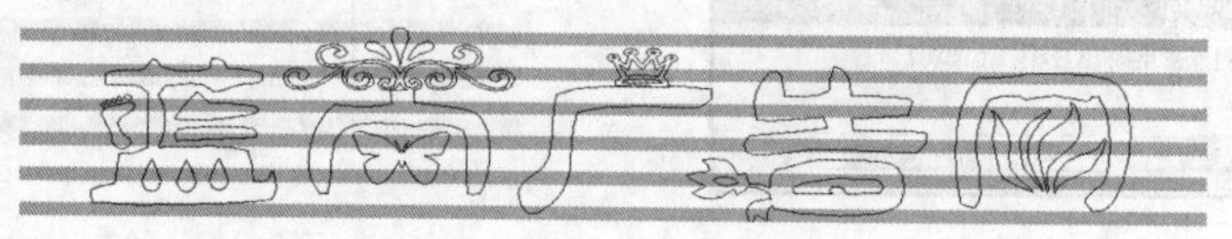

图8-33 绘制其他形状

操作提示

在“路径”面板中将需要复制的路径拖曳到“新建”按钮上，释放鼠标后可复制路径，若要将路径复制到其他文件中，可先选择路径，然后将其直接拖曳到其他文件中即可。

（三）自定义形状

对于创建好的形状，可将其保存，以便于下次使用。下面将保存创建的文字形状，并将其添加到形状面板中，其具体操作如下。

STEP 1 使用路径选择工具选择所有的路径，在其上单击鼠标右键，在弹出的快捷菜单中选择“定义自定形状”命令，打开“形状名称”对话框，在其中的“名称”文本框中输入“网站标志”文本，如图8-34所示。

图8-34 “形状名称”对话框

STEP 2 单击 确定 按钮，应用设置，隐藏路径，按【D】键复位前景色和背景色，返回“图层”面板。

STEP 3 选择自定形状工具，在工具属性栏中选择保存的形状，然后单击“形状图层”按钮，按住【Shift】键的同时拖曳鼠标绘制形状，效果如图8-35所示（最终效果参见：光盘：\效果文件\项目八\网站标志.psd）。

图8-35 绘制标志形状

实训一 抠取复杂的素材图像

【实训要求】

本实训要求使用钢笔工具抠图（素材参见：光盘：\素材文件\项目八\实训一\婚纱照.jpg、竹海.jpg），如图8-36所示，将照片中的婚纱人物抠取到其他图像中。本实训完成后的参考效果如图8-37所示。

图8-36 素材文件

图8-37 扣取的图像

【实训思路】

制作本实例需要在抠取复杂的婚纱时不断地调整钢笔工具，以及反复调整绘制的路径等，这一过程需要耐心仔细。

【步骤提示】

STEP 1 打开素材图像“婚纱照.jpg”，使用钢笔工具，在图像中绘制大致的人物形状。

STEP 2 使用添加锚点工具在路径上添加锚点，并调整路径的弧度等，完成后将不需要的锚点删除。

STEP 3 绘制完成后在“路径”面板底部单击“将路径作为选区载入”按钮，然后设置选区羽化值为5像素。

STEP 4 打开“竹海.jpg”素材文件，将选区中的图像移动到竹海图像中，调整图片大小和位置，完成实例的制作（最终效果参见：光盘：\效果文件\项目八\抠取复杂图像.psd）。

实训二 制作人物照片转手绘效果

【实训要求】

本实训要求将如图8-38所示的素材图片（素材参见：光盘：\素材文件\项目八\实训二\人

物照4.jpg）处理出手绘的效果，主要利用钢笔工具绘制路径，然后对路径进行编辑得到最终效果，本实训完成后的参考效果如图8-39所示。

图8-38 素材文件

图8-39 手绘效果

【实训思路】

根据实训要求，需要先调整图像的色调，然后使用提供的“睫毛”笔刷绘制睫毛，使用提供的“Portraiture”滤镜磨皮等，最后使用钢笔工具绘制路径，并进行编辑处理即可。

【步骤提示】

STEP 1 打开“人物照片4.jpg”图像文件，使用色彩命令调整图像颜色，然后创建白色填充图层，设置图层混合模式为“柔光”，调整图像的整体亮度。

STEP 2 使用提供的滤镜对图像进行磨皮操作，然后调整图像色彩，最后使用钢笔工具绘制人物嘴唇部分，并填充相关颜色。

STEP 3 继续使用钢笔工具处理人物鼻子、眼睛部分。

STEP 4 使用提供的睫毛笔刷绘制人物的睫毛，然后使用钢笔工具绘制头发部分，并使用画笔描边路径。

STEP 5 选择人物背景部分，进行虚化处理，完成后将其保存为“手绘效果.psd”文件（最终效果参见：光盘：\效果文件\项目八\手绘效果.psd）。

常见疑难解析

问：用直线工具画一条直线后，怎样设置直线由浅到深的渐变？

答：用直线工具画出直线后，有两种方法可以设置由浅到深的渐变。一种是将其变成选区，填充渐变色，选前景色到渐变透明。另一种则是在直线上添加蒙版，用羽化喷枪把尾部喷淡，也可达到由浅到深的渐变。

问：打开绘制了路径的图像文件后，应如何查看绘制的路径呢？

答：创建的路径文件，在打开该文件之后，要在“路径”面板中选择绘制的路径，此时图像窗口即可显示路径。

问：如何快速地获取更多的形状？

答：除了用户自己绘制并定义形状外，用户还可以访问一些提供形状下载的网站，下载形状后再将其载入Photoshop中即可，载入方法与载入画笔的方法相同。

问：使用钢笔工具创建路径时，怎样快速在各种路径创建工具间切换？

答：使用钢笔工具绘制路径后，按住【Ctrl】键可切换为直接选择工具，按住【Alt】键可切换为转换点工具，按住【Ctrl+Alt】组合键可切换为路径选择工具，以方便对路径进行调整，按【Shift+U】组合键可以在形状工具组中的各工具之间进行切换。

问：为什么一些好的设计作品中，文字的排列有一定的走向，这是怎么实现的呢？

答：这是因为在创建文字时应用了路径创建文字功能，其制作方法为：使用钢笔工具创建一个路径，将路径调整到需要的效果，然后选择文字工具T，设置字体、大小和颜色，将鼠标指针移到路径上，当其变为形状时，单击定位光标插入点，在其中输入需要的文本即可。

问：在绘制一些规则且有序排列的路径时，有什么快捷方法吗？

答：绘制路径后，用路径选择工具选择多个子路径后，在工具属性栏中单击对应的对齐按钮即可进行相应的操作。

拓展知识

在Photoshop中创建的路径可以转换为选区，同样，创建的选区也可以转换为路径。下面分别进行介绍。

- 切换到“路径”面板，选择需要转换为选区的路径，在“路径”面板底部单击“将路径转换为选区”按钮，即可将选取的路径转换为选区。
- 创建选区后，在“路径”面板中单击“从选区生成工作路径”按钮即可。

操作提示

在Photoshop CS4中不仅可以将路径转换为选区，还可以将选区转换为路径，选区转化为路径通常用于抠取一些复杂的图像。

课后练习

（1）使用钢笔工具绘制一个信封图像，在制作过程中需要使用锚点的转换、添加、删除等操作，完成后将路径转换为选区即可，效果如图8-40所示（最终效果参见：光盘:\效果文件\项目八\课后练习\信封图标.psd）。

图8-40 “信封图标”图像文件效果

（2）使用钢笔工具绘制一个交通标识图像。在制作过程中应先使用钢笔工具绘制出标识的基本外形，然后通过锚点的转换，对曲线进行编辑修改，效果如图8-41所示（最终效果参见：光盘：\效果文件\项目八\课后练习\标识.psd）。

图8-41 绘制交通标识

（3）使用自定形状工具绘制一个花纹边框图形，绘制本实例需要熟练应用“形状”面板中的各种图形，以快速查找到所需的图案。完成后将如图8-42所示的素材（素材参见：光盘：\素材文件\项目八\课后练习\动物.psd）添加到绘制的花纹边框中即可，最终效果如图8-43所示（最终效果参见：光盘：\效果文件\项目八\课后练习\花纹边框.psd）。

图8-42 动物素材

图8-43 花纹边框

PART 9

项目九 使用通道和蒙版

情景导入

小白：阿秀，我经常听到一些Photoshop的专用名词，像通道、蒙版等，它们在Photoshop中代表什么呢?

阿秀：通道和蒙版是Photoshop中非常重要的功能。在通道中，可以对图像进行各种操作，得到很多特殊效果，甚至抠取出一些复杂图像。而使用蒙版则可以隐藏部分图像，这部分图像并不会消失，今后同样能重新使用。

小白：通道和蒙版功能真强大。

阿秀：在Photoshop中，任何一种功能都是重要的，熟练掌握了通道和蒙版的操作，就能为今后的工作带来极大的帮助。

小白：那我一定认真学习这些知识。

学习目标

- 掌握通道的相关操作方法
- 掌握蒙版的相关操作方法
- 掌握蒙版与通道结合使用的方法

技能目标

- 掌握“通道调色”图像文件的制作方法
- 掌握“另类艺术照”图像文件的制作方法
- 掌握通道和蒙版在设计中的应用

任务一 制作“通道调色”图像文件

使用通道调整图片颜色也是Photoshop中常用的图像色调调整方法，通常用于处理特殊的色调，除此之外，通道还能对人物进行磨皮处理。下面将为照片调出非主流色调，并进行人物磨皮。

一、任务目标

本任务将练习使用Photoshop CS4的通道功能调整图像颜色和效果，在制作时主要使用了分离通道和合并通道的方法调整图像色调，然后通过“计算”命令对人物进行磨皮处理，使画面光滑。通过本任务的学习，可以掌握通道及其相关功能的使用方法。本任务制作完成后的最终效果如图9-1所示。

图9-1 图像调色效果

在调整非主流色彩效果的照片时，通常单一色调都比较凸出，因此，在选择色调时，可以大胆尝试，多次调整并组合。

二、相关知识

通道是存储不同类型信息的灰度图像，这些信息通常都与选区有直接的关系，因此对通道的应用实质就是对选区的应用。利用通道可以将图像调整出多种不同风格的效果，所以认识通道的作用和类型、“通道”面板、颜色通道与色彩的关系等知识点非常必要，下面将进行简单介绍。

（一）通道的性质和作用

在Photoshop CS4中打开或创建一个新的图层文件，“通道”面板将自动创建颜色信息通道。通道的功能根据其所属类型不同而不同，在“通道”面板中列出了图像的所有通道。RGB图像有4个默认的颜色通道：红色通道用于保存红色信息，绿色通道用于保存绿色信息，蓝色通道用于保存蓝色信息，而RGB通道是一个复合通道，用于显示所有的颜色信息，如图9-2所示。CMYK模式的图像包含有4个通道，分别是青色（C）、洋红（M）、黄色（Y）、黑色（K），如图9-3所示。

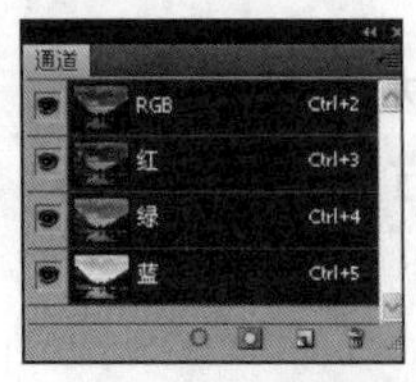

图9-2 RGB通道

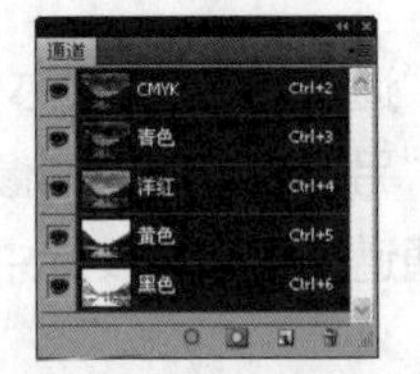

图9-3 CMYK通道

通道主要有两种作用：一种是保存和调整图像的颜色信息，另一种是保存选定的范围。

（二）通道的类型

Photoshop的通道主要有默认的Alpha通道和专色通道两种，下面分别讲解。

1. Alpha通道

在“通道”面板中创建一个新的通道，称为“Alpha”通道。用户可以通过创建“Alpha”通道来保存和编辑图像选区，创建“Alpha”通道后还可根据需要使用工具或命令对其进行编辑，然后再载入通道中的选区。创建Alpha通道主要有以下3种方法。

- 单击“通道”面板中的“创建新通道”按钮。
- 单击“通道”面板右上角的按钮，在打开的菜单中选择“新建通道”命令，打开如图9-4所示的对话框，单击确定按钮即可创建一个Alpha通道。
- 创建一个选区，选择【选择】/【存储选区】菜单命令，打开“存储选区”对话框，如图9-5所示，设置名称后确认设置，即可创建以该名称命名的Alpha通道。

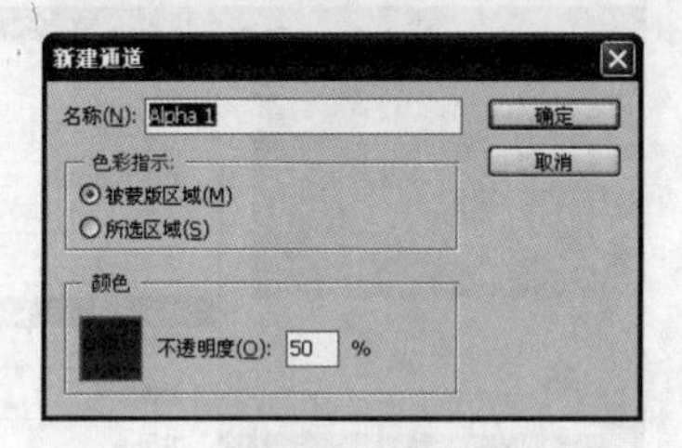

图9-4 “新建通道”对话框

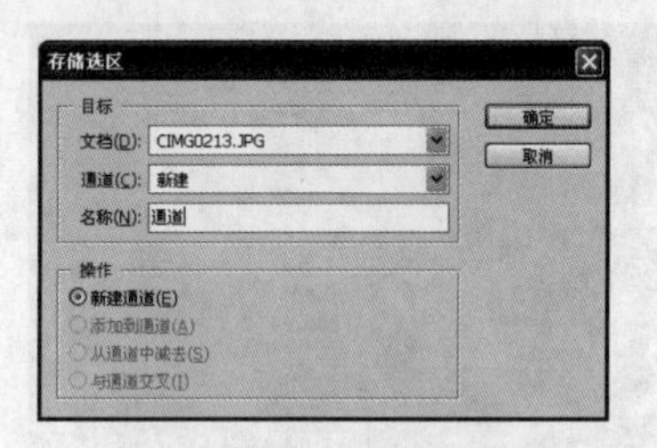

图9-5 “存储选区”对话框

2. 专色通道

专色指除CMYK以外的颜色。如果要印刷带有专色的图像，需在图像中创建一个存储这种颜色的专色通道。

单击“通道”面板右上角的按钮，在打开的菜单中选择“新建专色通道”命令。在打开的对话框中输入新通道名称后，单击确定按钮，即可得到新建的专色通道。

（三）认识“通道”面板

在默认情况下，“通道”面板、“图层”面板和“路径”面板在同一组面板中，可以直接单击“通道”标签，打开“通道”面板，如图9-6所示。其中各选项的含义如下。

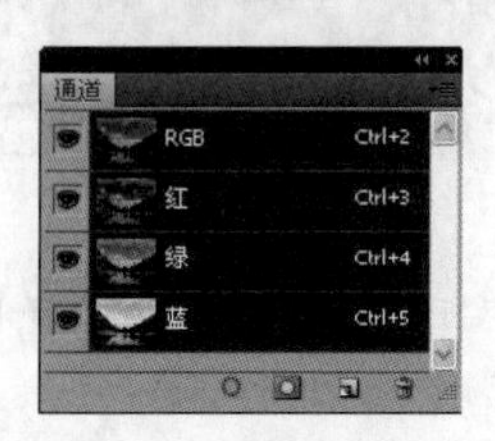

图9-6 “通道”面板

- **将通道作为选区载入按钮**：单击该按钮可以将当前通道中的图像内容转换为选区。它与选择【选择】/【载入选区】菜单命令的效果一样。
- **将选区存储为通道按钮**：单击该按钮可以自动创建Alpha通道，并自动保存图像中的选区。它与选择【选择】/【存储选区】菜单命令的效果一样。

- 创建新通道按钮：单击该按钮可以创建新的Alpha通道。
- 删除通道按钮：单击该按钮可以删除选择的通道。
- 面板选项按钮：单击该按钮可打开菜单，其中包含对当前通道的部分命令。

三、任务实施

（一）分离通道

下面先将素材图像的通道分离，然后再调整图像色彩。其具体操作如下。

STEP 1 打开“照片.jpg”素材文件（素材参见：光盘：\素材文件\项目九\任务一\照片.jpg），如图9-7所示。

STEP 2 在“通道”面板右上角单击按钮，在打开的菜单中选择“分离通道”命令，如图9-8所示。

图9-7 打开素材文件

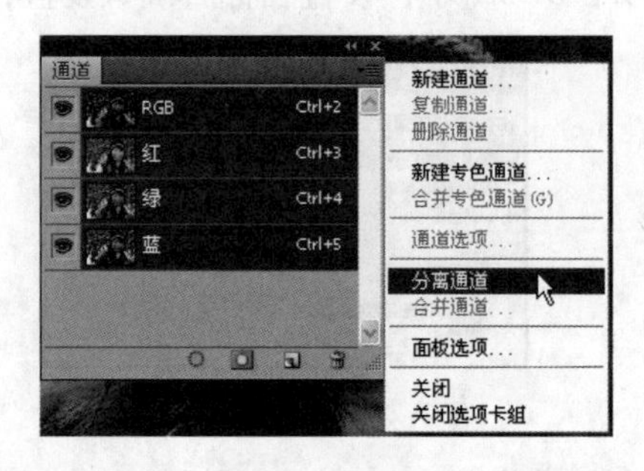

图9-8 选择命令

STEP 3 此时图像将按每个颜色通道进行分离，且每个通道分别以单独的图像窗口显示，如图9-9所示。

图9-9 分离通道

STEP 4 切换到“照片.JPG_R”图像窗口，选择【图像】/【调整】/【曲线】菜单命令，打开“曲线”对话框。

STEP 5 在曲线上单击插入控制点，然后拖曳曲线弧度调整曲线，如图9-10所示。

STEP 6 单击确定按钮，将当前图像窗口切换到“照片.JPG_G”图像窗口，选择【图像】/【调整】/【色阶】菜单命令，打开“色阶”对话框，在其中拖曳滑块调整颜色，如图9-11所示。

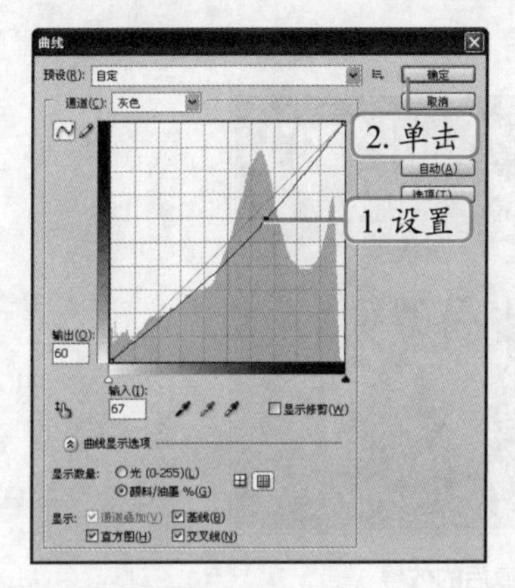

图9-10 调整曲线

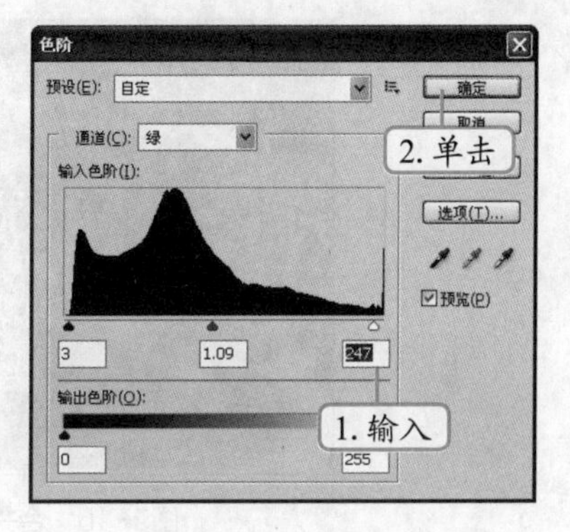

图9-11 调整色阶

STEP 7 单击按钮，将当前图像窗口切换到“照片.JPG_B”图像窗口，选择【图像】/【调整】/【曲线】菜单命令，打开“曲线”对话框，在其中拖曳曲线调整颜色，如图9-12所示。

STEP 8 单击 确定 按钮，返回“照片.JPG_B”图像窗口，效果如图9-13所示。

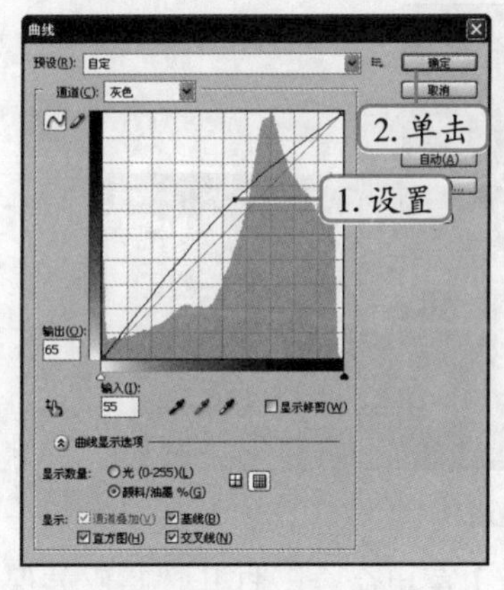

图9-12 调整曲线

图9-13 调整曲线后的效果

（二）合并通道

对分离的每个通道调色后，还需将分离出来的通道进行合并。其具体操作如下。

STEP 1 在“通道”面板右上角单击 按钮，在打开的菜单中选择“合并通道”命令，此时将打开“合并通道”对话框，在“模式”下拉列表框中选择“RGB颜色”选项，如图9-14所示。

STEP 2 单击 确定 按钮，打开“合并RGB通道”对话框，保持默认设置单击 确定 按钮，如图9-15所示。

图9-14 选择合并通道模式

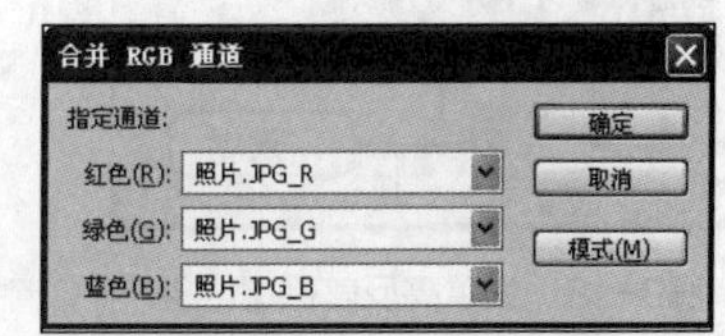

图9-15 设置合并通道

STEP 3 合并通道后的效果如图9-16所示。

图9-16　合并通道后的效果

（三）复制通道

图像颜色调整好后，即可通过复制通道的方法创建人物磨皮选区，其具体操作如下。

STEP 1 切换到“通道”面板，在其中选择“绿”通道，将其拖曳到面板底部的“新建通道”按钮上，复制通道，如图9-17所示。

图9-17　复制通道

STEP 2 选择【滤镜】/【其他】/【高反差保留】菜单命令，打开“高反差保留”对话框，在其中设置“半径”为20，如图9-18所示。

STEP 3 单击 确定 按钮，应用设置，效果如图9-19所示。

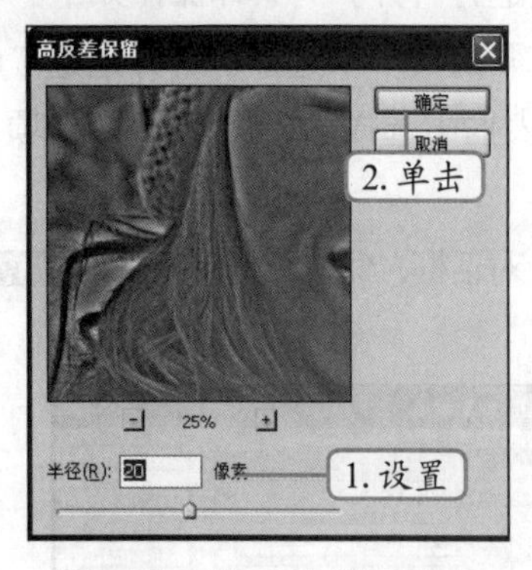

图9-18　设置高反差保留半径

图9-19　使用滤镜后的效果

（四）计算通道

下面使用"计算"菜单命令强化图像中的色点，以达到美化人物皮肤的目的，其具体操作如下。

STEP 1 选择【图像】/【计算】菜单命令，打开"计算"对话框，在其中设置"混合模式"为强光，结果为"新建通道"，如图9-20所示。

STEP 2 单击 确定 按钮，应用设置，新建的通道将自动命名为"Alpha1"通道，如图9-21所示。

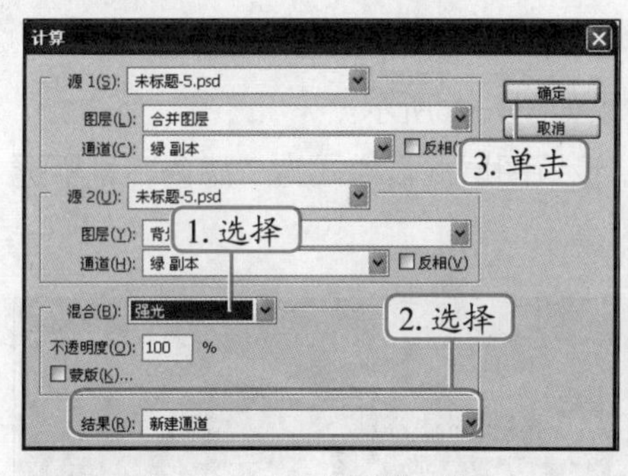

图9-20 设置"计算"对话框

图9-21 计算后的效果

STEP 3 利用相同的方法执行两次"计算"菜单命令，强化色点，得到Alpha3通道，如图9-22所示。

STEP 4 单击"通道"面板底部的"将通道作为选区载入"按钮，载入选区，如图9-23所示。

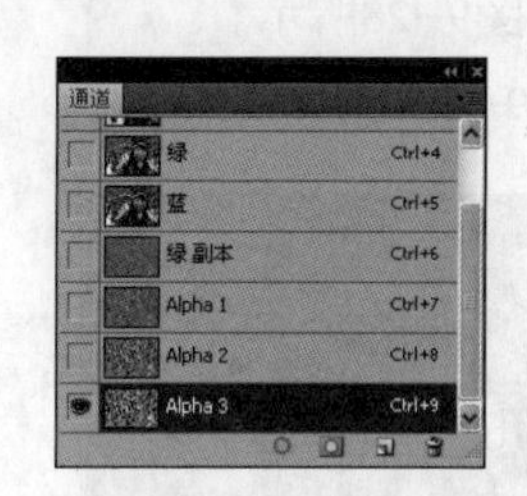

图9-22 多次应用"计算"菜单命令

图9-23 将通道载入选区

STEP 5 按【Ctrl+2】组合键返回彩色图像编辑状态，按【Ctrl+Shift+I】组合键反选选区，然后按【Ctrl+H】组合键快速隐藏选区，以便于更好地观察图像变化，效果如图9-24所示。

STEP 6 在"调整"面板上单击"曲线"按钮，创建曲线调整图层，并按图9-25所示的参数调整曲线。

操作提示

在"通道"面板中单击"RGB"通道，可返回彩色图像编辑状态，若只单击"RGB"通道前的按钮，将显示彩色图像，但图像仍然处于单通道编辑状态。

图9-24 隐藏选区

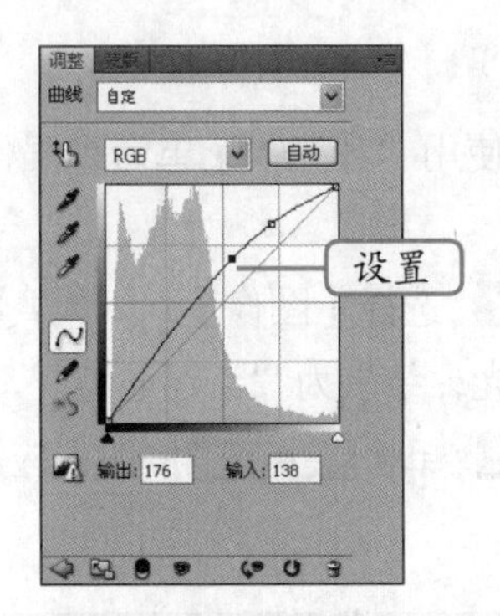

图9-25 调整曲线

STEP 7 曲线调整后，人物的皮肤将变得光滑，效果如图9-26所示。

STEP 8 按【Ctrl+Shift+Alt+E】组合键盖印图层，设置图层混合模式为“滤色”，不透明度为“33%”，效果如图9-27所示。

图9-26 调整曲线后的效果

图9-27 设置图层混合模式后的效果

STEP 9 在“图层”面板底部单击“添加蒙版”按钮，为图层添加一个图层蒙版，使用渐变工具对蒙版进行由白色到黑色的线性渐变填充，如图9-28所示。

STEP 10 使用污点修复画笔修复面部的瑕疵，效果如图9-29所示。

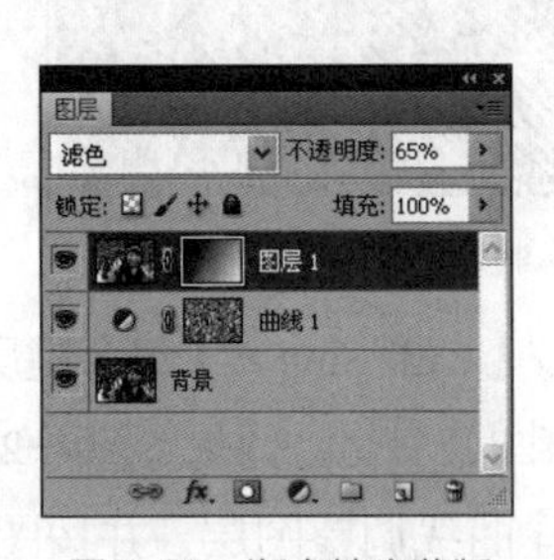

图9-28 渐变填充蒙版

图9-29 修复瑕疵后的效果

STEP 11 通过“调整”面板创建一个“色阶”调整图层，并按图9-30所示设置色价参数。

STEP 12 双击该图层，打开“图层样式”对话框，在“混合颜色带”栏中按住【Alt】键，同时拖曳滑块设置底层图像的黑色像素，如图9-31所示。

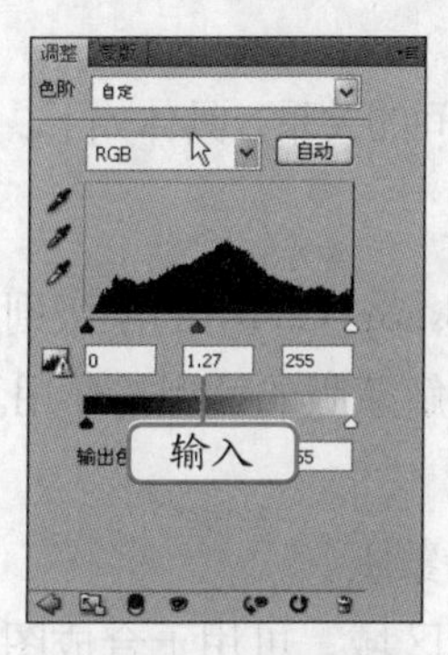

图9-30 设置色阶

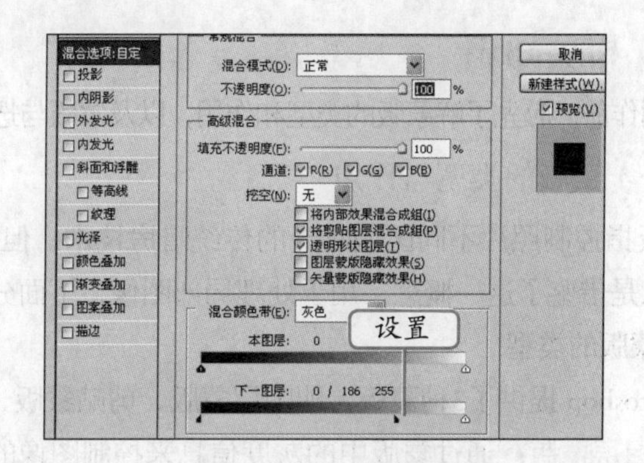

图9-31 设置混合颜色带

STEP 13 单击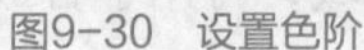按钮应用设置，将文件保存为“通道调色.psd”文件后，完成制作，最终效果如图9-32所示（最终效果参见：光盘：\效果文件\项目九\任务一\通道调色.psd）。

图9-32 完成制作

任务二 制作另类艺术照

艺术照拍摄后，通常还需要经过后期处理才能最终出片。如果用户精通Photoshop，也可以自己进行处理，制作出另类的艺术照片，下面讲解制作另类艺术照的相关制作方法。

图9-33 另类艺术照效果

一、任务目标

本任务将练习使用Photoshop CS4的图层蒙版功能制作另类的艺术照，主要将用到通道抠图、剪贴蒙版和图层蒙版的相关知识。通过本任务的学习，可以掌握通道抠图技巧和蒙版在图像处理中的使用方法。本任务制作完成后的参考效果如图9-33所示。

二、相关知识

在制作前，应先了解蒙版的类型和作用，以及蒙版与选区之间的关系，具体如下。

（一）蒙版的类型与作用

蒙版指控制照片不同区域曝光的传统暗房技术，但Photoshop CS4中的蒙版则与曝光无关，它只是借鉴了这一概念，用于处理局部图像，下面分别讲解蒙版的类型与作用。

1. 蒙版的类型

Photoshop 提供了3种蒙版，即图层蒙版、剪贴蒙版、矢量蒙版。

- 图层蒙版：通过蒙版中的灰度信息来控制图像的显示区域，可用于合成图像，也可控制填充图层、调整图层、只能滤镜的有效范围。
- 剪贴蒙版：通过一个对象的形状来控制其他图层的显示区域。
- 矢量蒙版：通过路径和矢量形状来控制图像的显示区域。

2. 蒙版的作用

蒙版会对图像产生遮罩，因此，蒙版是图像合成不可缺少的技术。

创建不同的蒙版会有不同的作用和效果，分别如下。

- 剪贴蒙版一般是通过图层与图层之间的关系，控制图像的区域与效果，可进行一对一或一对多的遮罩。
- 图层蒙版是通过蒙版中的黑白灰显示控制图像的显示范围。
- 矢量蒙版则是通过矢量图形控制图像显示，可与图层蒙版同时应用于图像。

（二）认识“蒙版”面板

“蒙版”面板用于调整所选图层中图层蒙版和矢量蒙版的不透明度和羽化范围，如图9-34所示。

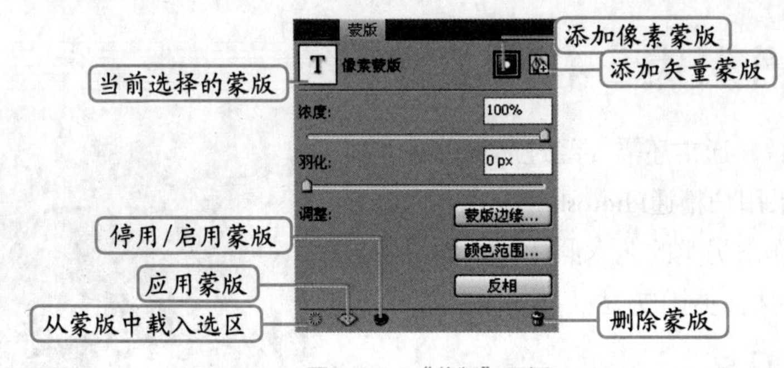

图9-34 “蒙版”面板

“蒙版”面板中的相关选项含义如下。

- 当前选中的蒙版：显示了在“图层”面板中选择蒙版的类型，当选择蒙版后，可在“蒙版”面板中对其进行编辑。
- 添加像素蒙版按钮：单击该按钮可以为当前图层添加一个图层蒙版。
- 添加矢量蒙版按钮：单击该按钮则可以添加矢量蒙版。
- 浓度：拖曳滑块可调整蒙版的不透明度，即蒙版的遮盖强度。

- "蒙版边缘"按钮：单击该按钮，将打开"调整蒙版"对话框，在其中可修改蒙版边缘参数，并对不同的背景查看蒙版。
- "颜色范围"按钮：单击该按钮，将打开"色彩范围"对话框，此时可在图像中取样并调整颜色容差来修改蒙版范围。
- "反向"按钮：单击此按钮，可以翻转蒙版的遮盖区域。
- "从蒙版中载入选区"按钮：单击该按钮可以载入蒙版中包含的选区。
- "应用蒙版"按钮：单击该按钮，可以将蒙版应用到图像中，同时删除被蒙版遮盖的图像部分。
- 停用/启用蒙版按钮：单击该按钮，或按住【Shift】键单击蒙版的缩略图，可停用或重新启用蒙版，停用蒙版时，蒙版缩略图上会出现一个红色的"×"按钮。
- "删除蒙版"按钮：单击该按钮，可删除当前蒙版，将蒙版缩略图拖曳到"图层"面板底部的"删除"按钮上，也可将其删除。

三、任务实施

（一）使用通道抠取透明图像

下面使用通道的相关操作抠取透明的玻璃瓶图像，其具体操作如下。

STEP 1 打开"瓶子jpg"素材文件（素材参见：光盘：\素材文件\项目九\任务二\瓶子.jpg），如图9-35所示。

STEP 2 切换到"通道"面板，单击"面板选项"按钮，在弹出的下拉菜单中选择"新建通道"命令，打开的"新建通道"对话框，设置新通道的名称为"填充色"，如图9-36所示。

STEP 3 单击确定按钮，新建一个名为"填充色"的Alpha通道，效果如图9-37所示。

图9-35 打开素材图像

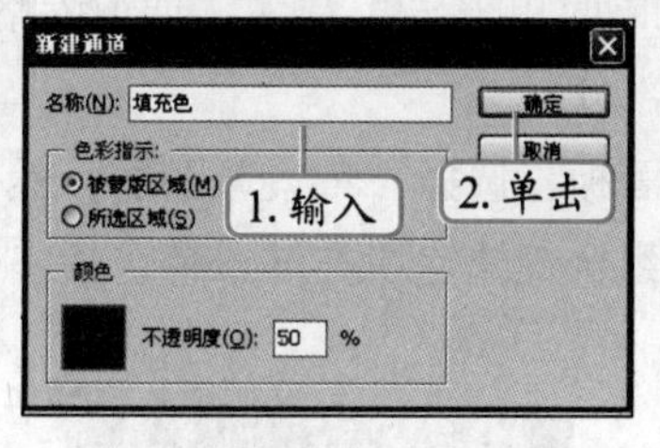

图9-36 新建通道

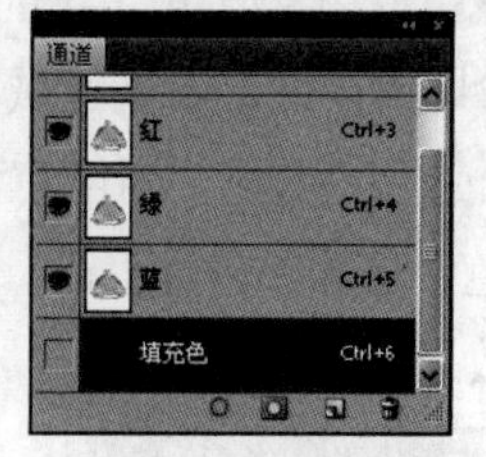

图9-37 新建的通道效果

STEP 4 选择"红"通道，然后将其拖曳到面板底部的"新建通道"按钮上，复制通道，如图9-38所示。

STEP 5 选择【图像】/【调整】/【色阶】菜单命令，打开"色阶"对话框，按图9-39所示进行参数设置。

STEP 6 设置完成后单击确定按钮，效果如图9-40所示。

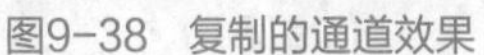

图9-38 复制的通道效果

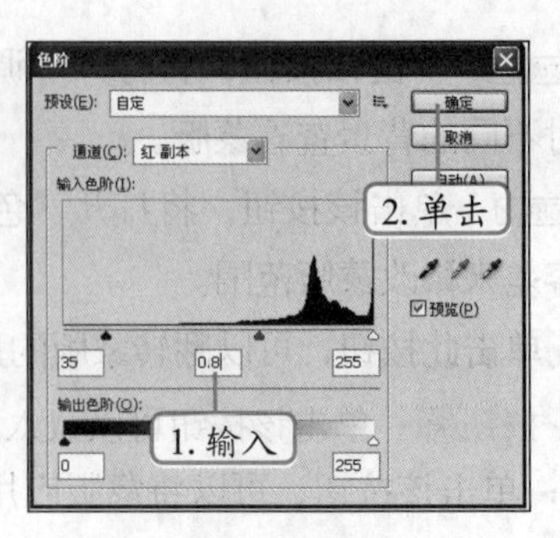

图9-39 “色阶”对话框

图9-40 调整色阶后的效果

STEP 7 按【Ctrl】键的同时单击“红 副本”通道缩略图，载入选区，如图9-41所示，选中部分即为图像的高光部分。

STEP 8 利用快速选择工具减去图像中不需要的高光图像部分，效果如图9-42所示。

STEP 9 切换到“图层”面板，选择“背景”图层，然后新建一个透明图层，设置前景色为白色，按【Alt+Delete】组合键快速填充前景色，按【Ctrl+D】组合键取消选区，得到的图像效果如图9-43所示。

图9-41 载入选区

图9-42 减去不需要的高光部分

图9-43 填充选区效果

STEP 10 切换到通道面板，选择“红 副本”通道，选择【图像】/【调整】/【反相】菜单命令，得到如图9-44所示效果。

STEP 11 按住【Ctrl】键的同时单击“红 副本”通道缩略图，载入选区，如图9-45所示，选中部分即为图像的暗调区域部分。

STEP 12 切换到“图层”面板，选择“背景”图层，然后新建一个透明图层，设置前景色为黑色，按【Alt+Delete】组合键快速填充前景色，按【Ctrl+D】组合键取消选区，得到的图像效果如图9-46所示。

图9-44 反向图像

图9-45 载入选区

图9-46 填充选区效果

STEP 13 隐藏背景图层，得到图像效果如图9-47所示。

STEP 14 将“图层2”的填充值设置为“70%”，得到如图9-48所示效果。

STEP 15 按住【Ctrl】键不放的同时，在“图层”面板上同时单击“图层1”和“图层2”，选择这两个图层，按【Ctrl+Alt+Shift+E】组合键盖印选中的图层，得到“图层3”，如图9-49所示。

图9-47 隐藏背景图层效果

图9-48 设置图层填充后的效果

图9-49 盖印图层

知识补充

盖印指将处理后的效果复制到新的图层上，其功能和合并图层差不多。但盖印图层将新生成一个新的图层，对之前所处理的图层不会产生任何影响，这样做的好处是，如果处理后的效果不太满意，可以删除盖印图层，之前做的效果图层依然还存在。

（二）创建剪贴蒙版

下面为图像创建剪贴蒙版，制作瓶子中的图像效果，其具体操作如下。

STEP 1 新建一个名称为“另类艺术照.psd”，大小为“22cm×32cm”的图像文件，使用渐变工具对图像进行由白到黑的线性渐变填充，效果如图9-50所示。

STEP 2 切换到“瓶子.jpg”图像窗口，将选取的图像复制到渐变背景中，效果如图9-51所示。

STEP 3 打开“照片.jpg”素材文件（素材参见：光盘：\素材文件\项目九\任务二\照片.jpg），如图9-52所示。

图9-50 设置渐变填充

图9-51 复制瓶子图像

图9-52 打开素材文件

STEP 4 使用移动工具将图像移动到另类艺术照图像文件中，并将其自由变换到合适大小，如图9-53所示。

STEP 5 选择【图层】/【创建剪贴蒙版】菜单命令或按【Ctrl+Alt+G】组合键，将照片与瓶子图像创建为一个剪贴蒙版，如图9-54所示。

图9-53 移动并变换图像

图9-54 剪贴蒙版效果

（三）创建图层蒙版

通过观察发现，图像与瓶子之间没有很好的过渡效果，下面通过创建图层蒙版的方法修饰图像，其具体操作如下。

STEP 1 在“图层”面板中单击“创建图层蒙版”按钮添加一个图层蒙版，如图9-55所示。

STEP 2 设置前景色为黑色，使用柔角、不透明度为30%的画笔在瓶子的四周涂抹，隐藏部分图像，如图9-56所示。

图9-55 创建图层蒙版

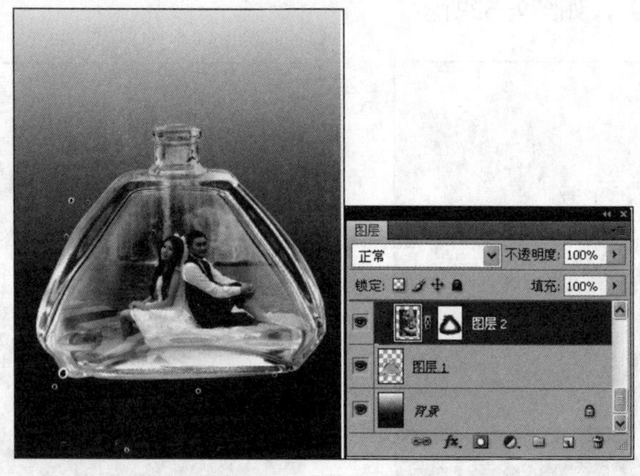

图9-56 编辑图层蒙版

STEP 3 利用【Ctrl】键选择瓶子和照片所在的图层，按【Ctrl+Alt+E】组合键盖印图层，然后按【Ctrl+T】组合键进入自由变换状态，在定界框中单击鼠标右键，在弹出的快捷菜单中选择“垂直翻转”命令，如图9-57所示。

STEP 4 设置该图层的不透明度为30%，单击面板底部的■按钮添加一个图层蒙版，然后使用渐变工具■为蒙版填充由白到黑的线性渐变填充，使图像倒影出来的效果更加真实。完成后保存图像文件，效果如图9-58所示（最终效果参见：光盘：\效果文件\项目九\任务二\另类艺术照.psd）。

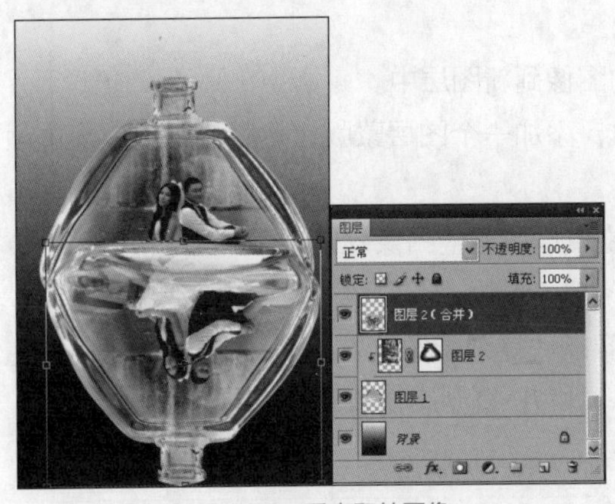

图9-57 垂直翻转图像

图9-58 制作倒影效果

实训一 合成复杂影像效果

【实训要求】

本实训将制作一个合成影像效果图像，要求将两张素材图片融合，并且使用调整图层调整色彩，使画面的整体效果更加美观。本实训完成后的参考效果如图9-59所示。

图9-59 合成复杂影像效果

【实训思路】

通过图层与通道的关系合成多张图像，然后使用图层蒙版隐藏不需要的部分，最后使用调整图层调整整体的图像效果。

【步骤提示】

STEP 1 打开“城墙.jpg”、“白云.jpg”、“古风.jpg”素材文件（素材参见：光盘：\素材文件\项目九\实训一\城墙.jpg、白云.jpg、古风.jpg）。

STEP 2 选择城墙图像文件，在通道面板中新建两个Alpha通道，切换到白云素材图像中，按【Ctrl+A】组合键创建选区，按【Ctrl+C】组合键复制选区，返回城墙图像，选择新建的Alpha1通道，按【Ctrl+V】组合键粘贴。

STEP 3 选择【图像】/【计算】菜单命令，打开“计算”对话框，在其中设置合并图层通道为Alpha3，结果为“选区”，应用设置后，单击“通道”面板中的“RGB”通道，返回“图层”面板。

STEP 4 按【Ctrl+J】组合键，复制选区内的图像到新图层中。

STEP 5 将古风素材文件拖入到城墙文件中，添加一个图层蒙版，然后使用黑色柔边画笔涂抹隐藏图像边缘。

STEP 6 创建一个“色阶”调整图层，通过拖曳滑块调整图像效果。

STEP 7 创建一个“曲线”调整图层，并设置相关参数。

STEP 8 完成后按【Ctrl+S】组合键，将图像以“复杂影像效果.psd”为名进行保存，完成图像制作（最终效果参见：光盘：\效果文件\项目九\复杂影像效果.psd）。

实训二 制作反转负冲效果

【实训要求】

本实训要求将如图9-60所示的素材图片（素材参见：光盘：\素材文件\项目九\实训二\照片.jpg），利用“应用图像”命令调整颜色，本实训完成后的参考效果如图9-61所示。

图9-60 素材文件

图9-61 反转负冲效果

【实训思路】

反转负冲效果指在Photoshop中使原来的反转片转换成为负片型的底片。完成本实训需要在素材图像中调整相关通道的颜色，然后使用“应用图像”菜单命令调整颜色，最后再整体调整图像颜色即可。

【步骤提示】

STEP 1 打开“照片.jpg”图像文件，然后选择蓝通道，选择【图像】/【应用图像】菜单命令，打开“应用图像”对话框，在其中设置混合模式为“正片叠底”，不透明度为“50%”，单击选中“反向”复选框。

STEP 2 对“绿”通道应用“应用图像”菜单命令，调整混合模式为“正片叠底”，不透明度为“50%”，单击选中“反向”复选框。

STEP 3 选择“红”通道，应用“应用图像”菜单命令，设置混合模式为“颜色加深”，不透明度为“100%”。

STEP 4 返回RGB复合通道，按【Ctrl+L】组合键打开“色阶”对话框，在其中分别调整每个通道的图像颜色，完成后保存为“反转负冲效果.psd”，完成制作（最终效果参见：光盘：\效果文件\项目九\反转负冲效果.psd）。

实训三　制作艺术拼贴效果

【实训要求】

本实训要求将如图9-62所示的素材图片（素材参见：光盘：\素材文件\项目九\实训三\艺术照.jpg），通过蒙版、通道、图层样式等相关操作制作拼贴艺术效果，本实训完成后的参考效果如图9-63所示。

图9-62　素材文件

图9-63　艺术拼贴效果

【实训思路】

根据实训要求，应先在素材图像中对背景图像创建蒙版，然后绘制矩形，对绘制的矩形添加图层样式，并且通过“曲线”对话框调整每个通道的色彩参数。

【步骤提示】

STEP 1 打开“艺术照.jpg”图像文件，将背景图层复制一层，按住【Alt】键的同时单击“添加图层蒙版”按钮添加图层蒙版，然后使用矩形工具绘制白色的矩形。

STEP 2 双击打开“图层样式”对话框，在其中分别设置“投影”、“内发光”、“描边”效果。

STEP 3 添加一个“照片滤镜”调整图层，设置滤镜为“深褐色”，设置图层混合模式为“滤色”，不透明度为“80%”。

STEP 4 将该调整图层创建为剪贴蒙版，再次复制背景图层，并移动到最顶层，然后添加图层蒙版，并绘制矩形，将之前创建的图层样式复制到该图层中。

STEP 5 按【Ctrl+J】组合键复制图层，使用矩形工具 绘制一个矩形，将其自由变换，形成掀起一角的效果。

STEP 6 创建“色阶”调整图层，并创建图层蒙版，使用黑色画笔涂抹人物部分，然后调整图像颜色。

STEP 7 创建“曲线”调整图层，分别调整“RGB”、“红”、“绿”、“蓝”通道的图像颜色。

STEP 8 在图像中输入相关文字，并设置字符格式，完成后将其保存为“艺术拼贴.psd”文件（最终效果参见：光盘：\效果文件\项目九\艺术拼贴.psd）。

常见疑难解析

问：存储包含Alpha通道的图像会占用较多的磁盘空间，有没有什么解决办法？

答：完成图像制作后，用户可以删除不需要的Alpha通道，以此来节约空间。

问：为什么添加了图层蒙版，并对蒙版进行编辑后，图像效果未发生变化？

答：可能是没有选中蒙版。添加蒙版后，蒙版缩略图外侧有一个白色的边框，它将处于编辑状态，此时所有的操作都将应用于蒙版，若要应用于图像，则需要单击图像缩略图。

问：如何快速选择通道？

答：在设计过程中，为了提高工作效率，常常使用快捷键来选择通道，如按【Ctrl+3】组合键可选择红通道，按【Ctrl+4】组合键可选择绿通道，按【Ctrl+5】组合键可选择蓝通道，按【Ctrl+6】组合键可选择蓝通道下面的通道，按【Ctrl+2】组合键又可快速返回RGB复合通道。

问：“应用图像”菜单命令与“计算”菜单命令有什么区别？

答：“应用图像”菜单命令需要先选择要被混合的目标通道，之后再打开“应用图像”对话框指定参数与混合通道，而“计算”菜单命令则不会受到这种限制，打开“计算”对话框后，可以指定任意目标通道。所以，“计算”菜单命令相对于“应用图像”菜单命令而言，更加灵活，但对同一个通道进行多次混合时，使用“应用图像”菜单命令操作会更加方便。

拓展知识

将多余的通道删除，可以减少系统资源的使用，提高运行速度。删除通道有以下3种方法。

- 选择需要删除的通道，在其上单击鼠标右键，在弹出的快捷菜单中选择“删除通道”菜单命令。
- 选择需要删除的通道，单击“通道”面板右上角的“面板选项”按钮，在打开的菜单中选择“删除通道”菜单命令。

- 选择需要删除的通道，按住鼠标左键将其拖动到面板底部的“删除通道”按钮上即可。

如果将某一颜色通道删除，那么混合通道和该颜色通道将消失，并且图像将自动转为多通道图像模式，该模式不支持图层。图9-64所示为原图像的“通道”面板与图像效果，图9-65所示为删除“绿”通道后的“通道”面板和图像效果。

图9-64 删除通道前

图9-65 删除通道后

课后练习

（1）为如图9-66所示的图像（素材参见：光盘：\素材文件\项目九\课后练习\照片1.jpg）制作下雪效果，完成后的参考效果如图9-67所示（最终效果参见：光盘：\效果文件\项目九\课后练习\下雪效果.psd）。

图9-66 素材图像

图9-67 下雪效果

（2）利用提供的“照片2.jpg”和“玻璃瓶.jpg”素材文件（素材参见：光盘：\素材文件\项目九\课后练习\照片2.jpg、瓶子.jpg），合成一张另类图像。完成后的参考效果如图9-68所示（最终效果参见：光盘：\效果文件\项目九\课后练习\合成瓶中图像.psd）。

图9-68　制作瓶中图像效果

（3）打开如图9-69所示的“照片3.jpg”素材文件（素材参见：光盘：\素材文件\项目九\课后练习\照片3.jpg），利用通道与选区的关系创建选区，然后使用调整图层调整选区色调，制作出另类色调的效果，完成后的参考效果如图9-70所示（最终效果参见：光盘：\效果文件\项目九\课后练习\另类色调照片.psd）。

图9-69　素材图像

图9-70　另类色调图像效果

PART 10

项目十 使用滤镜

情景导入

阿秀：小白，经过前段时间对Photoshop CS4的学习，现在感觉怎样?

小白：我觉得基本上可以使用Photoshop来完成一些相关的作品制作了，相信再过不久，我一定可以成为一名出色的设计师。

阿秀：进步挺快嘛，不过你还应该掌握使用Photoshop制作特殊效果的方法，前面讲了通过图层样式得到特殊效果，但往往不能满足设计中的需要，所以你需要好好学习滤镜的相关使用方法以及相关效果。

小白：滤镜？我看Photoshop专门用一个菜单项来列出了滤镜，看来真的很重要。

阿秀：对，这些滤镜也是体现Photoshop功能强大的表现，认真学习吧。

学习目标

- 掌握滤镜库的使用方法和得到的相关效果
- 掌握各种滤镜的使用方法和得到的相关效果
- 掌握各种滤镜结合使用的相关方法

技能目标

- 掌握“燃烧的星球”图像文件的制作方法
- 掌握“炭笔写真”图像文件的制作方法
- 掌握“炫酷冰球”图像文件的制作方法
- 能够结合多种滤镜完成特殊效果的制作

任务一 制作“燃烧的星球”图像

火焰燃烧的效果能在视觉上给人强烈的冲击感，有时，设计师会采用为图像添加火焰效果的方法来增强图像的感染力和震撼力，这些效果都可以在Photoshop中通过滤镜来实现。下面具体介绍制作方法。

一、任务目标

本任务将练习使用Photoshop CS4的风格化滤镜组、扭曲滤镜组、模糊滤镜组中的相关滤镜制作燃烧的星球效果。制作时可以先抠取图像，然后为图像添加滤镜，并调整图像颜色来完成。通过本任务的学习，可以掌握相关滤镜的使用方法，同时对使用滤镜组中其他滤镜的使用方法和效果有一定的了解。本任务制作完成后的最终效果如图10−1所示。

图10−1 “燃烧的星球”图像效果

二、相关知识

在使用Photoshop CS4滤镜制作图像前，需要先了解如何使用滤镜，使用滤镜应该注意的相关事项，以及相关滤镜组中的滤镜的实现效果，下面分别进行讲解。

（一）滤镜的使用方法

Photoshop CS4中的滤镜菜单命令都位于“滤镜”菜单中，当用户要使用滤镜菜单命令时，只需选择“滤镜”菜单命令，在打开的子菜单中选择相应的滤镜菜单命令即可，如选择【滤镜】/【模糊】/【形状模糊】菜单命令，打开“形状模糊”对话框，在其中设置相应的参数，并在上方显示图像应用设置后的效果，然后单击 确定 按钮即可。

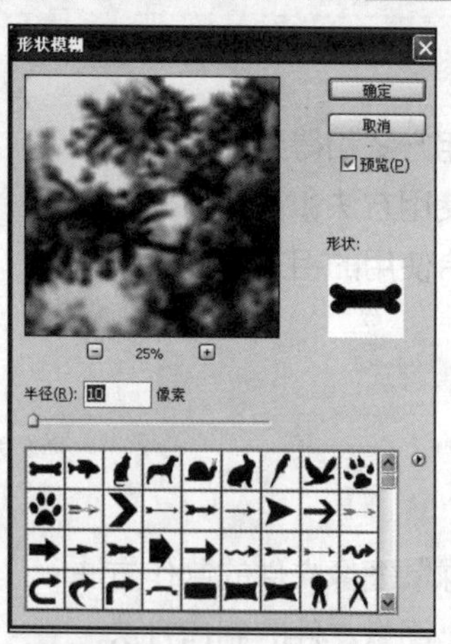

图10−2 “形状模糊”对话框

- ⊟和⊞按钮：主要用于控制预览区中图像的显示比例。单击⊟按钮可缩小图像的显示比例，单击⊞按钮可放大图像的显示比例。

- “预览”复选框：单击选中该复选框，可在原图像中观察应用滤镜命令后的效果；取消该复选框的选中状态后，则只能通过对话区中的预览框来观察滤镜的效果。

（二）滤镜的设置与应用

Photoshop CS4提供了几个简单滤镜，通过对它们的学习，可以为以后熟练运用滤镜打下牢固的基础。下面将对其进行具体讲解。

1. 滤镜库的设置与应用

Photoshop CS4中的滤镜库整合了“扭曲”、“画笔描边”、“素描”、“纹理”、“艺术效果”、“风格化”6种滤镜功能，通过该滤镜库，可对图像应用这6种滤镜功能的效果。

打开任意图片，选择【滤镜】/【滤镜库】菜单命令，可打开“滤镜库”对话框，在其中可选择需要的滤镜，如图10-3所示。

图10-3 “滤镜库”对话框

- 在中间列表框中，选择任意滤镜选项，可在左边的预览框中查看应用该滤镜后的效果。
- 单击对话框右下角的“新建效果图层”按钮，可新建一个效果图层。单击“删除效果图层”按钮，可删除效果图层。
- 在对话框中单击 按钮，可隐藏效果选项，从而增加预览框中的视图范围。

2. 液化滤镜的设置与应用

液化滤镜用来使图像产生扭曲，用户不但可以自定义扭曲的范围和强度，还可以将调整好的变形效果存储起来或载入以前存储的变形效果。选择【滤镜】/【液化】菜单命令，打开如图10-4所示的“液化”对话框，其左侧列表中各工具含义如下。

- 向前变形工具：使用此工具可将被涂抹区域中的图像产生向前位移效果。
- 重建工具：用于在液化变形后的图像上涂抹，可以将图像中的变形效果还原为原图像。
- 顺时针旋转扭曲工具：使用此工具可以使被涂抹的图像产生旋转效果。
- 褶皱工具：使用此工具可以使图像产生向内压缩变形的效果。

- 膨胀工具：使用此工具可以使图像产生向外膨胀放大的效果。
- 左推工具：使用此工具可以使图像中的像素发生位移变形效果。
- 镜像工具：使用此工具可以复制图像并使图像产生与原图像对称的效果。
- 湍流工具：使用此工具可以使图像产生水波纹类似的变形效果。
- 冻结蒙版工具：使用此工具在图中进行涂抹，可以将图像中不需要变形的部分图像保护起来。
- 解冻蒙版工具：使用此工具可以解除图像中的冻结图像。

图10-4 “液化”对话框

3. 消失点滤镜的设置与应用

使用消失点滤镜，可以在极短时间内达到令人称奇的效果，它可以让用户仿制、绘制和粘贴与任何图像区域的透视自动匹配的元素。方法是选择【滤镜】/【消失点】菜单命令，打开如图10-5所示的“消失点”对话框，各工具含义如下。

- 创建平面工具：打开“消失点”对话框后，系统默认选择该工具，这时可在预览框中不同的地方单击4次，以创建一个透视平面。在对话框顶部的“网格大小”下拉列表框中可设置显示的密度。
- 编辑平面工具：用来调整透视平面，其调整方法与图像变换操作一样，拖动平面边缘的控制点即可。
- 图章工具：该工具与工具箱中仿制图章的使用方法完全一样，即在透视平面内按住【Alt】键并单击，对图像取样，然后在透视平面其他地方单击，将取样图像复制到单击处，复制后的图像保持与透视平面一样的透视关系。

图10-5 “消失点”对话框

（三）应用滤镜的注意事项

Photoshop滤镜的种类繁多，应用不同的滤镜功能，可产生不同的图像效果。但滤镜功能也存在以下几点局限性，在使用时应特别注意。

- 不能应用于位图模式、索引颜色、16位/通道图像。某些滤镜功能只能用于RGB图像模式，而不能用于CMYK图像模式，用户可通过“模式”菜单将其他模式转换为RGB模式。
- 滤镜是以像素为单位对图像进行处理的，因此，在对不同像素的图像应用相同参数的滤镜时，所产生的效果也会不同。
- 在对分辨率较高的图像文件应用某些滤镜功能时，会占用较多的内存空间，这时会造成电脑的运行速度减慢。
- 在对图像的某一部分应用滤镜效果时，可先羽化选取区域的图像边缘，使其过渡平滑。
- 在对滤镜进行学习时，不能孤立地看待某一种滤镜效果，应针对滤镜的功能特征进行剖析，以达到真正认识滤镜的目的。

（四）认识风格化滤镜组

风格化滤镜组主要通过移动和置换图像的像素并增加图像像素的对比度，生成绘画或印象派的图像效果。选择【滤镜】/【风格化】菜单命令，在打开的子菜单中提供9种菜单命令。下面具体介绍。

1. 查找边缘

“查找边缘”滤镜可以突出图像边缘，该滤镜无参数设置对话框。打开如图10-6所示的素材图像，选择【滤镜】/【风格化】/【查找边缘】菜单命令，得到如图10-7所示的效果。

2. 等高线

使用“等高线”滤镜可以沿图像的亮区和暗区的边界绘出线条比较细、颜色比较浅的线条效果。选择【滤镜】/【风格化】/【等高线】菜单命令，打开“等高线”对话框，在其中可设置滤镜参数并预览图像效果，如图10-8所示。

图10-6　素材图像

图10-7　查找边缘效果

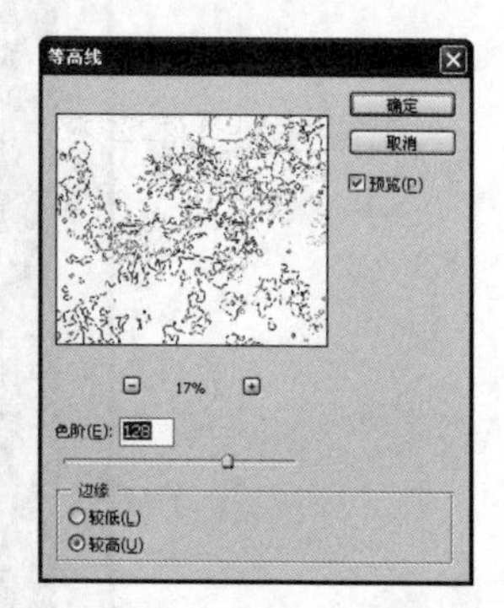

图10-8　“等高线”对话框

3. 风

使用“风”滤镜可在图像中添加短而细的水平线来模拟风吹效果。选择【滤镜】/【风格化】/【风】菜单命令，打开“风”对话框，在其中可设置滤镜参数并预览图像效果，如图10-9所示。

4. 浮雕效果

“浮雕效果”滤镜可以通过勾画选区的边界并降低周围的颜色值，使选区显得凸起或压低，生成浮雕效果。选择【滤镜】/【风格化】/【浮雕效果】菜单命令，打开“浮雕效果”对话框，在其中可设置滤镜参数并预览图像效果，如图10-10所示。

5. 扩散

“扩散”滤镜可以根据设置的扩散模式搅乱图像中的像素，使图像产生模糊的效果。选择【滤镜】/【风格化】/【扩散】菜单命令，打开“扩散”对话框，在其中可设置滤镜参数并预览图像效果，如图10-11所示。

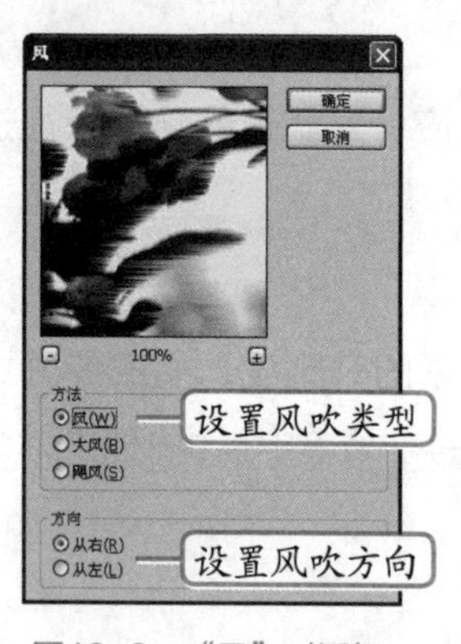

图10-9　“风”对话框

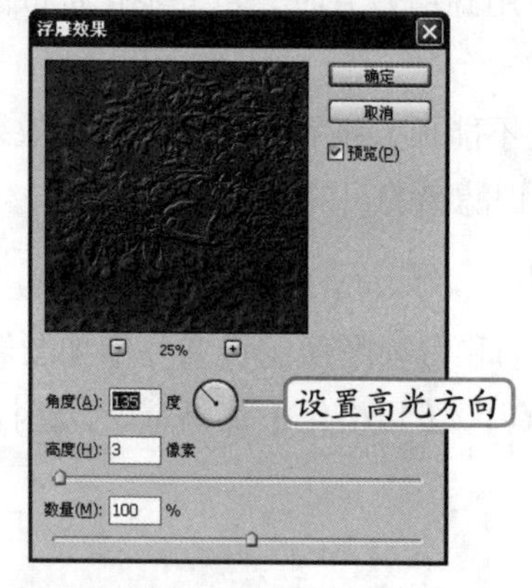

图10-10　“浮雕效果”对话框

图10-11　“扩散”对话框

6. 拼贴

“拼贴”滤镜可以将图像分解成许多小方块，并使每个方块内的图像都偏移原来的位置，从而出现整幅图像画在方块瓷砖上的效果。选择【滤镜】/【风格化】/【拼贴】菜单命令，打开“拼贴”对话框，设置参数后单击 确定 按钮，效果如图10-12所示。

7. 曝光过度

“曝光过度”滤镜可以产生图像正片和负片混合的效果，类似于显影过程中将摄影照片短暂曝光，该滤镜无参数设置对话框。应用“曝光过度”滤镜后的效果如图10-13所示。

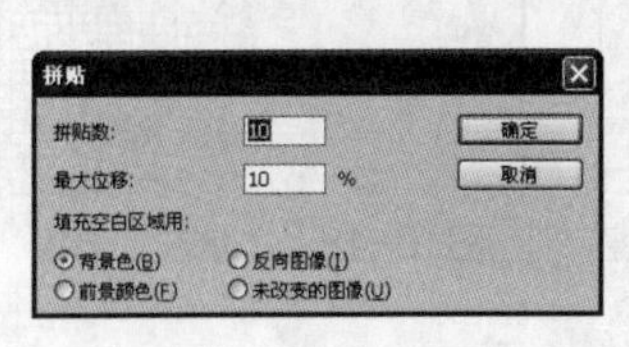

图10-12 拼贴效果

图10-13 曝光过度效果

8. 凸出

“凸出”滤镜可以将图像分成大小相同但有机叠放的三维块或立方体，从而生成3D纹理效果。选择【滤镜】/【风格化】/【凸出】菜单命令，打开“凸出”对话框，在其中设置参数并确认设置，可得到如图10-14所示的效果。

9. 照亮边缘

“照亮边缘”滤镜向图像边缘添加类似霓虹灯的光亮效果。选择【滤镜】/【风格化】/【照亮边缘】菜单命令，在打开的对话框中设置参数，确认以后即可得到如图10-15所示的效果。

图10-14 凸出效果

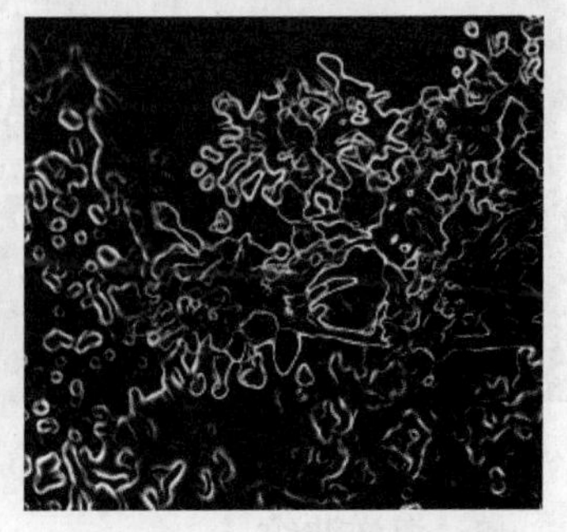

图10-15 照亮边缘效果

（五）扭曲滤镜组

扭曲滤镜组用于对当前图层或选区内的图像进行各种扭曲变形处理。该组滤镜提供了13种滤镜效果。

1. 波纹

波纹滤镜可以产生水波荡漾的涟漪效果。打开任意图像文件，如图10-16所示，选择【滤镜】/【扭曲】/【波纹】菜单命令，打开“波纹”对话框，设置参数并在预览框中可以预览图像效果，如图10-17所示。

2. 水波

“水波” 滤镜可以沿径向扭曲选定范围或图像，产生类似水面涟漪的效果。选择【滤镜】/【扭曲】/【水波】菜单命令，即可打开“水波”对话框，如图10-18所示。

图10-16　素材图像

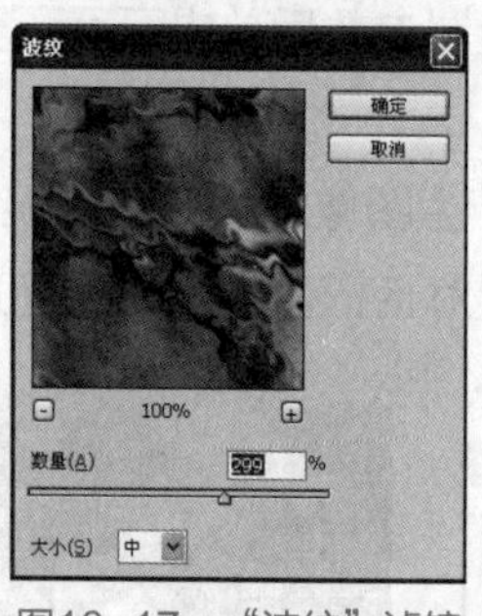
图10-17　“波纹”滤镜

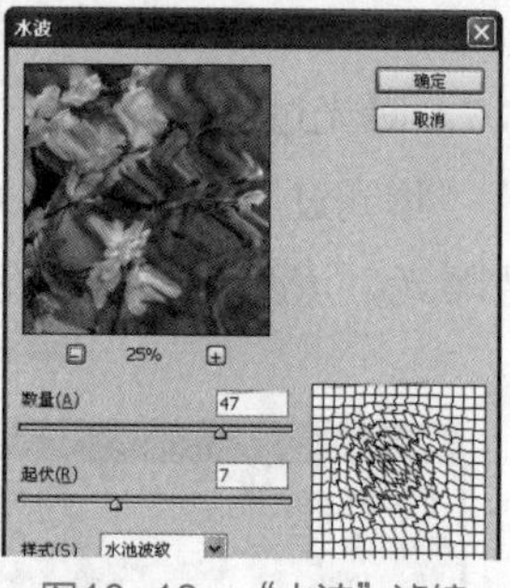
图10-18　“水波”滤镜

3. 玻璃

“玻璃”滤镜可以制造出不同的纹理，让图像产生隔着玻璃观看的效果。选择【滤镜】/【扭曲】/【玻璃】菜单命令，即可打开“玻璃”对话框，如图10-19所示。

4. 波浪

“波浪”滤镜用于在选定的范围或图像上创建波浪起伏的图像效果。选择【滤镜】/【扭曲】/【波浪】菜单命令，即可打开“波纹”对话框，其中提供了多种设置波长的选项，如图10-20所示。

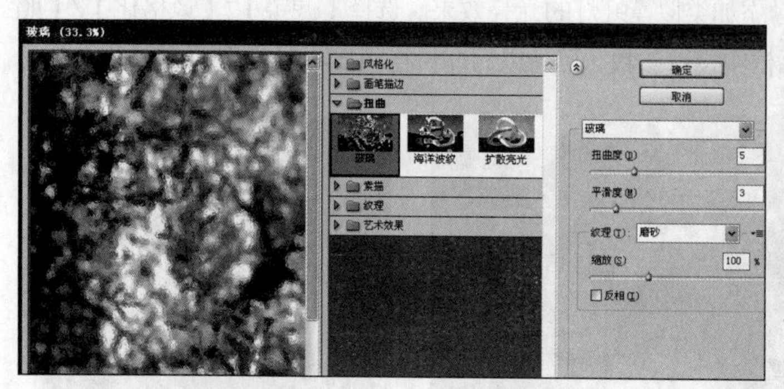
图10-19　“玻璃”对话框

图10-20　“波浪”对话框

5. 海洋波纹

使用“海洋波纹”滤镜可以扭曲图像表面，使图像存在在水面下方的效果。在滤镜库中选择海洋滤镜，其滤镜效果如图10-21所示。

6. 旋转扭曲

使用“旋转扭曲”滤镜可以对图像产生顺时针或逆时针旋转效果。选择【滤镜】/【扭曲】/【旋转扭曲】菜单命令，打开“旋转扭曲”对话框，在其中可设置参数并预览效果，如图10-22所示。

7. 极坐标

“极坐标”滤镜可将图像的坐标从直角坐标系转换为极坐标系。选择【滤镜】/【扭曲】/【极坐标】菜单命令，可打开“极坐标”对话框进行设置并预览效果，如图10-23所示。

8. 挤压

“挤压”滤镜可以使全部图像或选定区域内的图像产生一个向外或向内挤压的变形效

果。选择【滤镜】/【扭曲】/【挤压】菜单命令，打开“挤压”对话框，如图10-24所示。

图10-21 海洋波纹效果

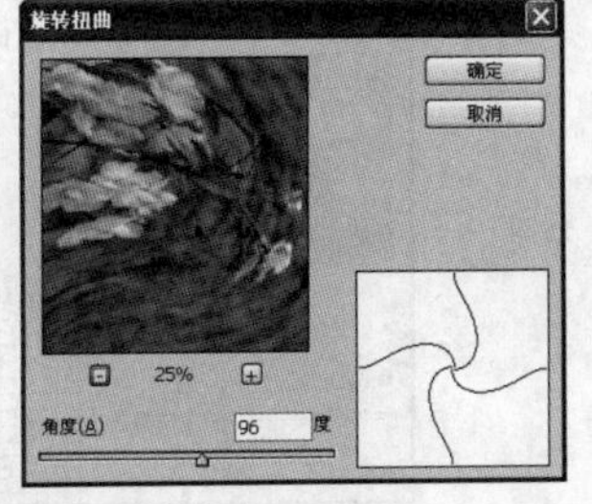

图10-22 “旋转扭曲”对话框

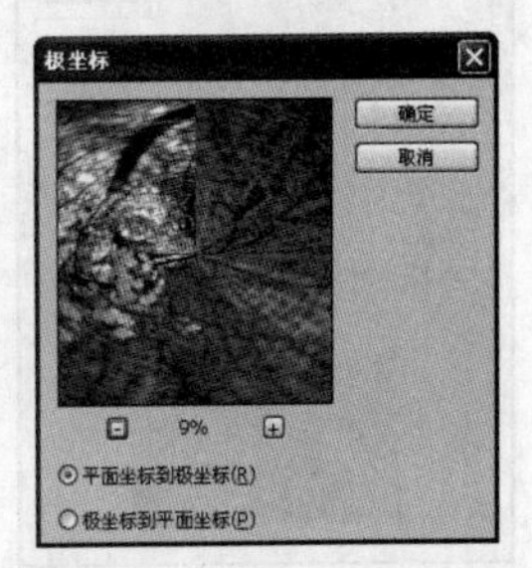

图10-23 “极坐标”对话框

9. 镜头矫正

“镜头校正”滤镜可修复常见的镜头缺陷，如桶形和枕形失真、晕影、色差。选择【滤镜】/【扭曲】/【校正】菜单命令，打开参数设置对话框，如图10-25所示。

10. 扩散光亮

“扩散光亮”是以工具箱中背景色为基色对图像进行渲染，使其出现透过柔和漫射滤镜观看的效果，亮光从图像的中心位置逐渐隐没。在滤镜库中选择该命令，图像效果如图10-26所示。

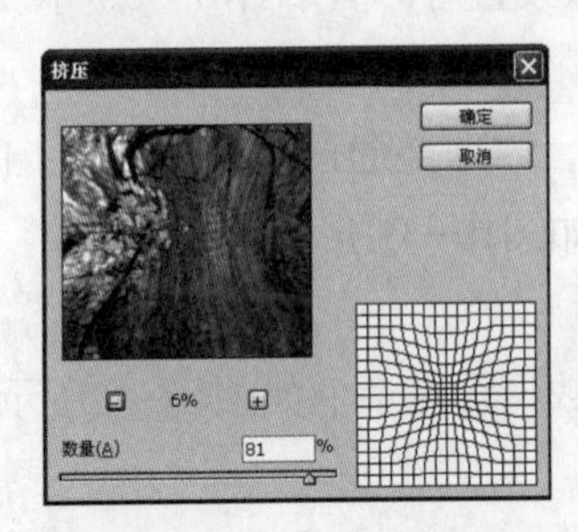

图10-24 “挤压”对话框

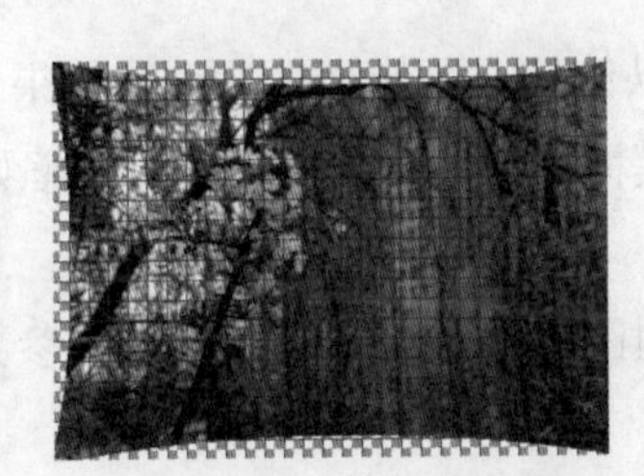

图10-25 镜头校正滤镜

图10-26 扩散光亮滤镜

11. 切变

通过“切变”滤镜可以使图像在水平方向产生弯曲效果。选择【滤镜】/【扭曲】/【切变】命令，打开“切变”对话框，在对话框左上侧的垂直线上单击可创建切变点，拖动切变点可实现图像的切变，如图10-26所示。

12. 球面化

“球面化”滤镜模拟将图像包在球上并扭曲、伸展来适合球面，从而产生球面化效果。选择【滤镜】/【扭曲】/【球面化】菜单命令，打开其参数设置对话框，如图10-28所示。

13. 置换

“置换”滤镜的使用方法较特殊。使用该滤镜后，图像的像素可以向不同的方向移位，其效果不仅依赖于对话框，而且还依赖于置换的置换图。选择【滤镜】/【扭曲】/【置换】菜单命令，打开并设置“置换”对话框，如图10-29所示，单击 确定 按钮，在打开的对话框中选择一张图片，单击 打开(O) 按钮，即可使图像产生位移效果。

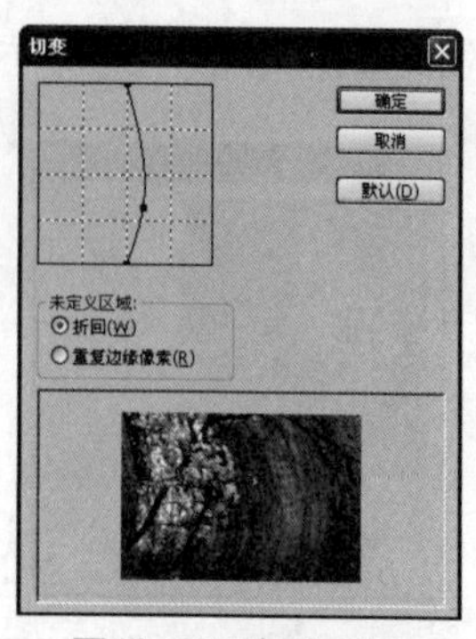

图10-27 切变滤镜

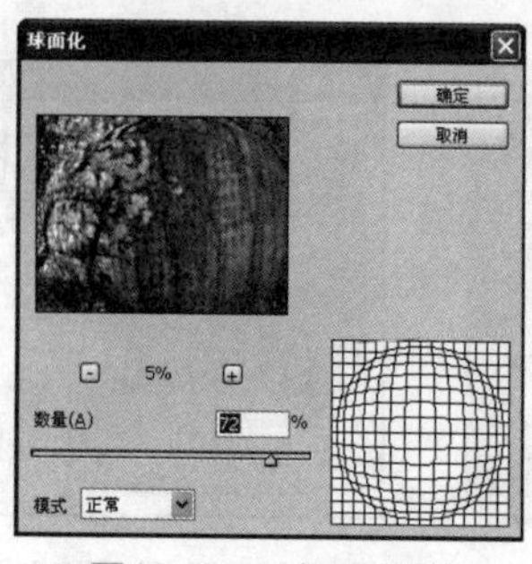

图10-28 球面化滤镜

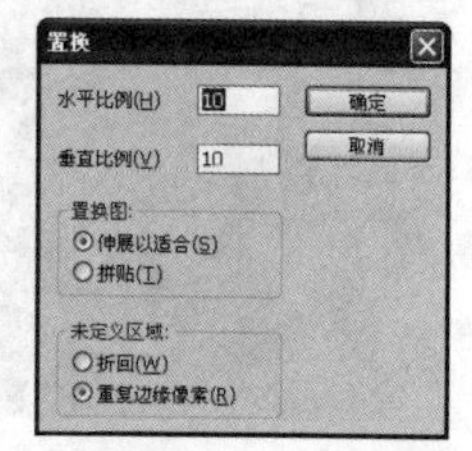

图10-29 置换滤镜

（六）认识模糊滤镜组

使用模糊滤镜组可以通过削弱相邻像素的对比度，使相邻像素间过渡平滑，从而产生边缘柔和、模糊的效果。在“模糊”子菜单中提供了“动感模糊”、“径向模糊”、“高斯模糊”等10种模糊效果。

1. 表面模糊

“表面模糊”滤镜模糊图像时保留图像边缘，可用于创建特殊效果，以及用于去除杂点和颗粒。选择【滤镜】/【模糊】/【表面模糊】菜单命令，其参数设置对话框如图10-30所示。

2. 动感模糊

使用“动感模糊”滤镜可以使静态图像产生运动的效果，原理是通过对某一方向上的像素进行线性位移来产生运动的模糊效果。其参数设置对话框如图10-31所示。

3. 高斯模糊

使用“高斯模糊”滤镜可对图像总体进行模糊处理，参数设置对话框如图10-32所示。

4. 方框模糊

“方框模糊”滤镜以邻近像素颜色平均值为基准模糊图像。选择【滤镜】/【模糊】/【方框模糊】菜单命令，打开“方框模糊”对话框，如图10-33所示。“半径”选项用于设置模糊效果的强度，值越大，模糊效果越强。

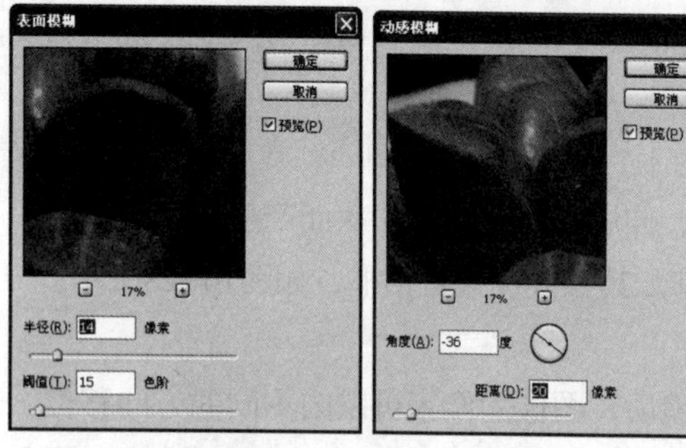

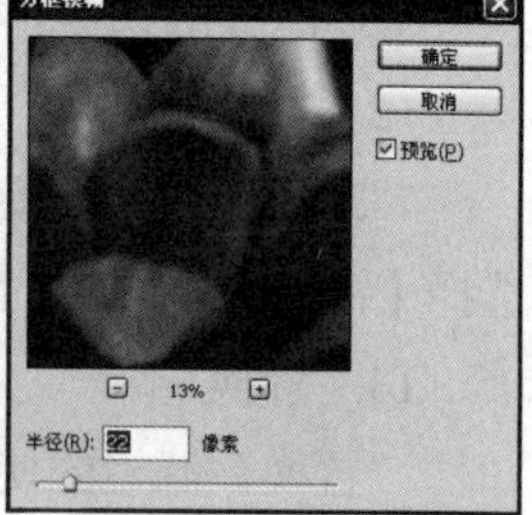

图10-30 表面模糊滤镜　图10-31 动感模糊滤镜　图10-32 高斯模糊滤镜　图10-33 方框模糊滤镜

5. 形状模糊

使用“形状模糊”滤镜可使图像按某一形状模糊处理，参数设置对话框如图10-34所示。

6. **特殊模糊**

“特殊模糊”滤镜用于对图像进行精确模糊，是唯一不模糊图像轮廓的模糊方式，其参数设置对话框如图10-35所示。对话框中的“模式”下拉列表框中有3种模式。在“正常”模式下，与其他模糊滤镜差别不大；在“仅限边缘”模式下，适用于边缘有大量颜色变化的图像，增大边缘时，图像边缘将变白，其余部分将变黑；在“叠加边缘”模式下，滤镜将覆盖图像的边缘。

7. **镜头模糊**

使用“镜头模糊”滤镜可以使图像模拟摄像时镜头抖动产生的模糊效果，其参数设置对话框如图10-36所示。

8. **径向模糊**

使用“径向模糊”滤镜可以使图像产生旋转或放射状模糊效果，其参数设置对话框和模糊后的图像效果如图10-37所示。

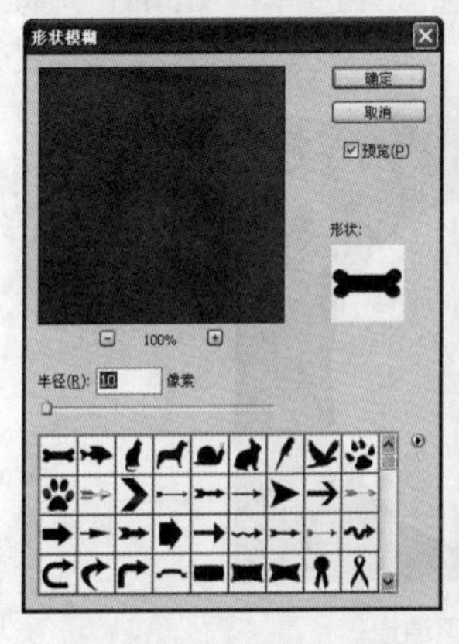

图10-34 形状模糊滤镜

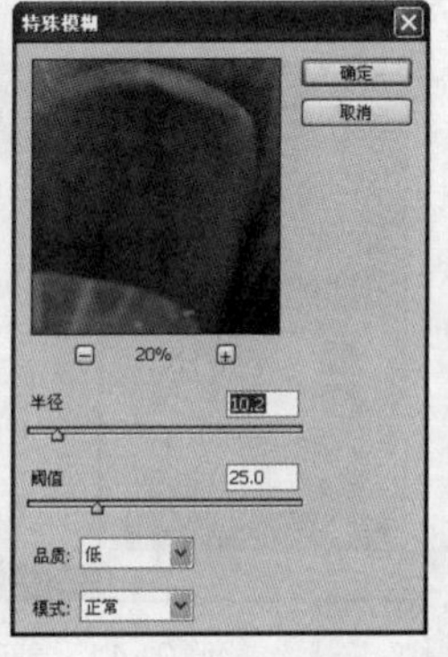

图10-35 特殊模糊滤镜

图10-36 镜头模糊滤镜

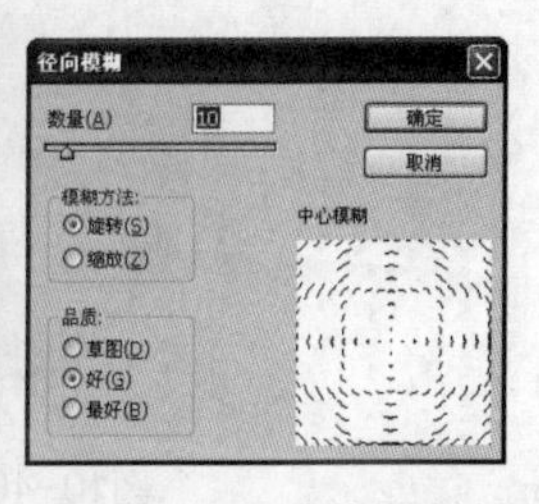

图10-37 径向模糊滤镜

9. **平均模糊**

使用“平均滤镜”可以对图像的平均颜色值进行柔化处理，从而产生模糊效果，该滤镜无参数设置对话框。

10. **模糊和进一步模糊**

“模糊”和“进一步模糊”滤镜都用于消除图像中颜色明显变化处的杂色，使图像更加柔和，并隐藏图像中的缺陷，柔化图像中过于强烈的区域。“进一步模糊”滤镜产生的效果比“模糊”滤镜强。两个滤镜都没有参数设置对话框，可多次应用来加强模糊效果。

三、任务实施

（一）创建通道

要制作火焰效果需要借助通道的相关功能，因此需要先创建通道。其具体操作如下。

STEP 1 打开“红色星球.jpg”素材文件（素材参见：光盘：\素材文件\项目十\任务一\红色星球.jpg），如图10-38所示。

STEP 2 在工具箱中选择快速选择工具，在图像的黑色区域单击创建选区，然后按

【Ctrl+Shift+I】组合键反选选区，如图10-39所示，按【Ctrl+D】组合键取消选择。

图10-38 素材文件

图10-39 选取星球图像

STEP 3 按【Ctrl+J】组合键，复制选区创建图层，隐藏背景后的效果如图10-40所示。

STEP 4 按住【Ctrl】键，同时单击“图层1”缩略图载入选区，切换到“通道”面板，单击“将选区存储为通道”按钮，得到“Alpha1”通道，取消选区并选择“Alpha1”通道，如图10-41所示。

图10-40 复制星球图像

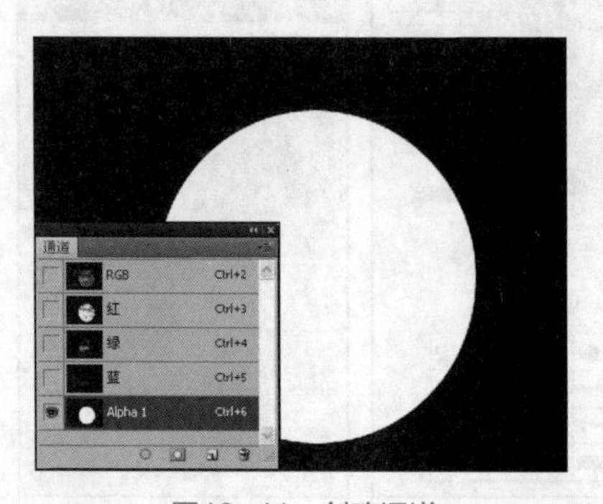

图10-41 创建通道

（二）使用扩散滤镜

下面使用“扩散”滤镜制作火焰的范围，其具体操作如下。

STEP 1 选择【滤镜】/【风格化】/【扩散】菜单命令，打开“扩散”对话框，在“模式”栏中单击选中“正常”单选项，如图10-42所示。

STEP 2 完成后单击 确定 按钮应用设置，然后按两次【Ctrl+F】组合键，重复应用扩散滤镜，效果如图10-43所示。

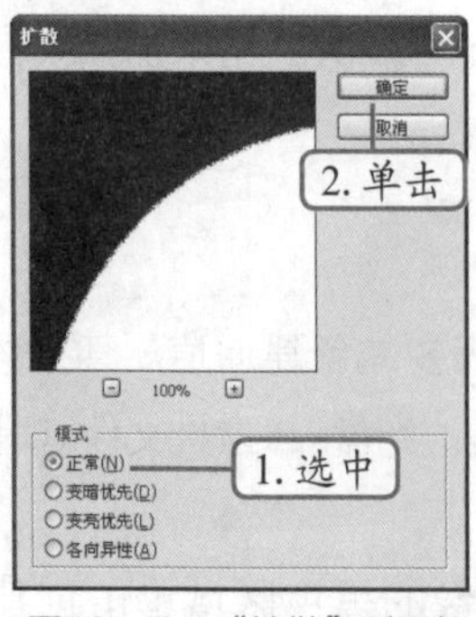

图10-42 “扩散”对话框

图10-43 重复使用扩散滤镜

（三）使用海洋波纹滤镜

下面使用“海洋波纹”滤镜制作火焰的燃烧颤抖效果，其具体操作如下。

STEP 1 选择【滤镜】/【扭曲】/【海洋波纹】菜单命令，打开“海洋波纹”对话框，在右侧设置波纹大小为“5”，波纹幅度为“8”，如图10-44所示。

STEP 2 完成后单击 确定 按钮应用设置，效果如图10-45所示。

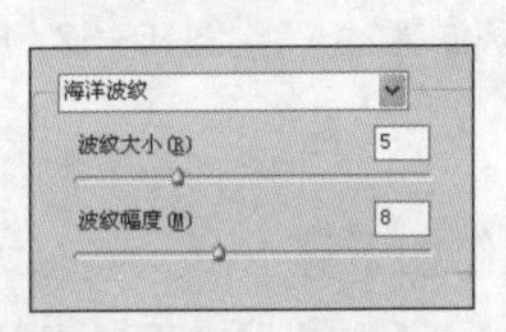

图10-44 设置“海洋波纹”参数

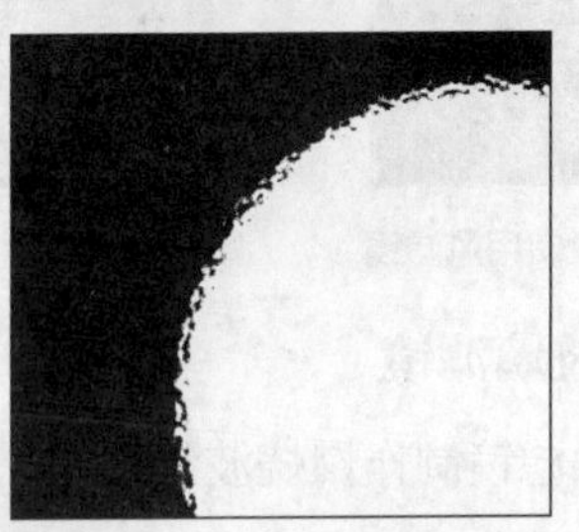

图10-45 海洋波纹滤镜效果

（四）使用风滤镜

下面使用“风”滤镜制作火焰的外形，其具体操作如下。

STEP 1 选择【滤镜】/【风格化】/【风】菜单命令，打开“风”对话框，设置其方法为“风”，方向为“从右”，如图10-46所示。

STEP 2 完成后单击 确定 按钮应用设置，效果如图10-47所示。

STEP 3 再次选择【滤镜】/【风格化】/【风】菜单命令，打开“风”对话框，设置方法为“风”，方向为“从左”，如图10-48所示。

STEP 4 完成后单击 确定 按钮应用设置，效果如图10-49所示。

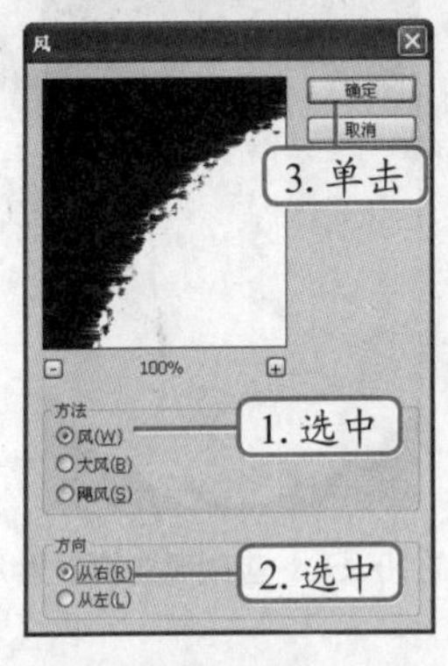

图10-46 设置从右方向

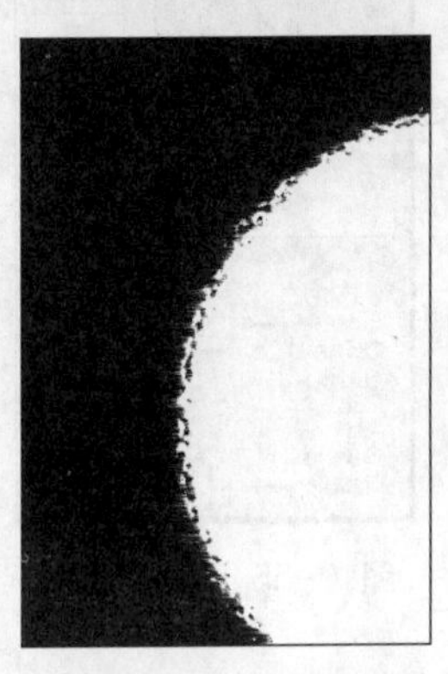

图10-47 从右效果

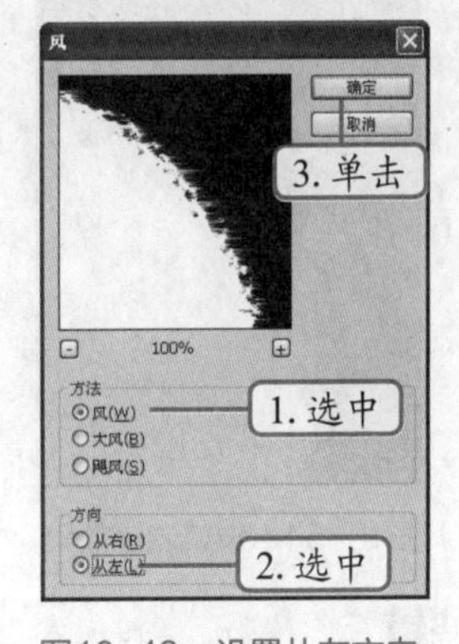

图10-48 设置从左方向

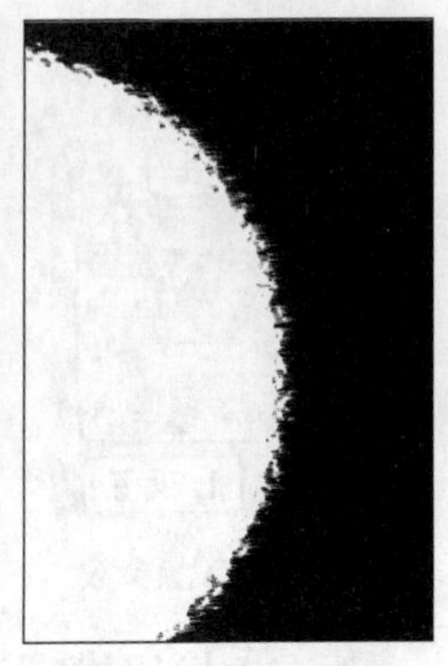

图10-49 从左效果

STEP 5 选择【图像】/【图像旋转】/【90度（顺时针）】菜单命令，旋转画布，然后按两次【Ctrl+F】组合键，重复应用风滤镜，效果如图10-50所示。

STEP 6 将Alpha1通道拖曳到面板底部的“新建通道”按钮上，复制通道得到Alpha1副本通道，按【Ctrl+F】组合键重复应用风滤镜，效果如图10-51所示。

STEP 7 选择【图像】/【图像旋转】/【90度（逆时针）】菜单命令，旋转画布，得到如图10-52所示的图像效果。

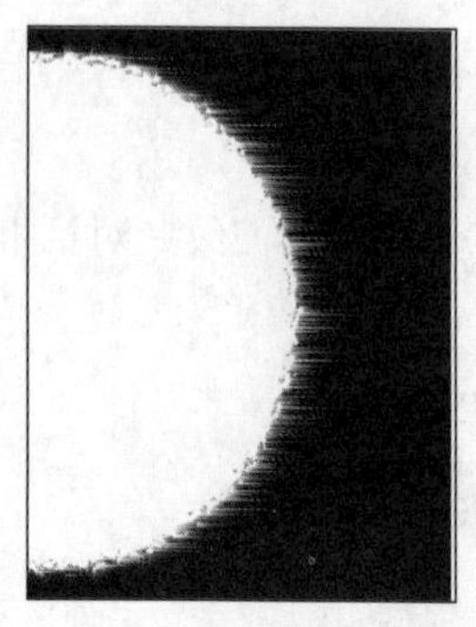

图10-50　重复使用风滤镜

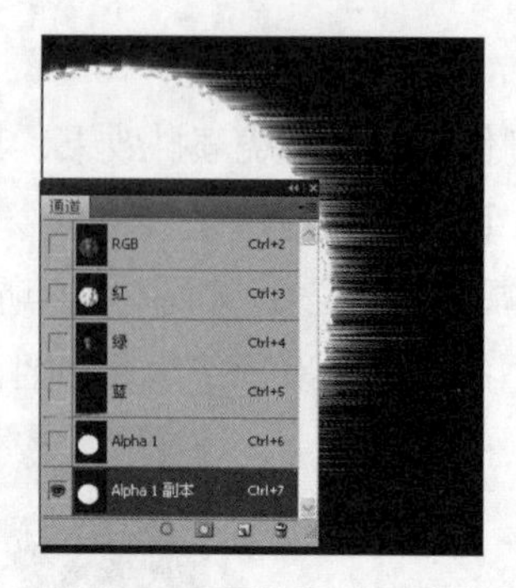

图10-51　重复使用一次风滤镜

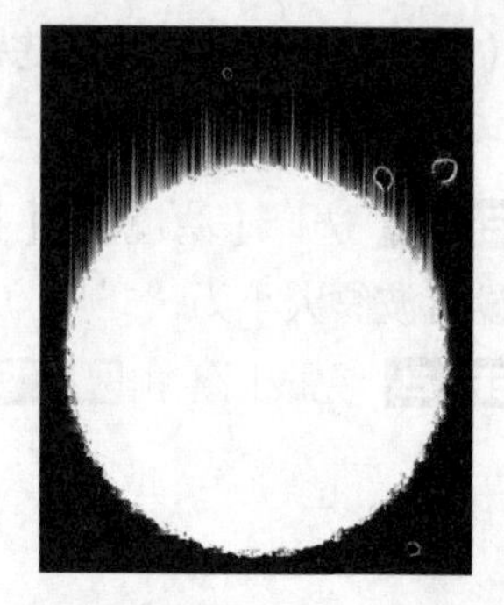

图10-52　旋转图像效果

（五）使用玻璃滤镜

下面使用玻璃滤镜制作燃烧波纹效果，其具体操作如下。

STEP 1 选择“Alpha1副本”通道，选择【滤镜】/【扭曲】/【玻璃】菜单命令，打开“玻璃”对话框，在其中设置滤镜的相关参数，如图10-53所示。

STEP 2 完成后单击 确定 按钮应用设置，效果如图10-54所示。

STEP 3 选择【图像】/【图像旋转】/【90度（顺时针）】菜单命令，旋转画布，然后选择【滤镜】/【风格化】/【风】菜单命令，打开“风”对话框，设置其方法为“风”，方向为“从左”，如图10-55所示。

STEP 4 完成后单击 确定 按钮应用设置，选择【图像】/【图像旋转】/【90度（顺时针）】菜单命令旋转图像，效果如图10-56所示。

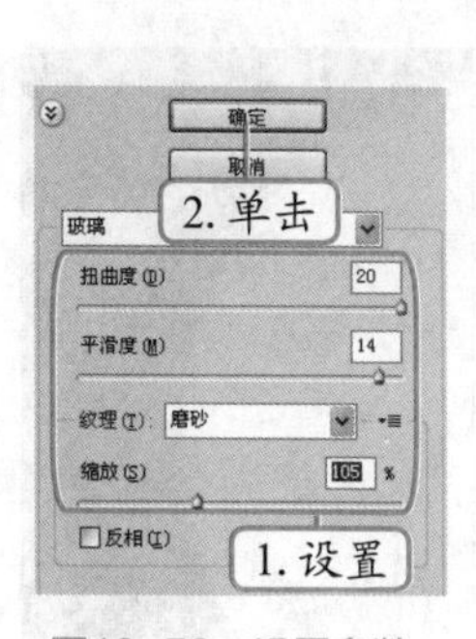

图10-53　设置参数

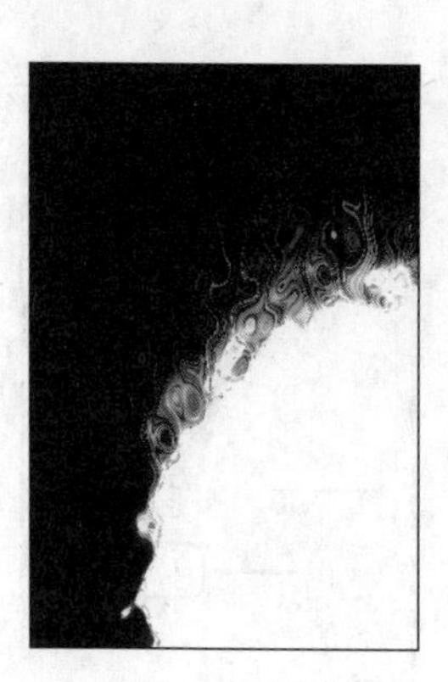

图10-54　玻璃滤镜效果

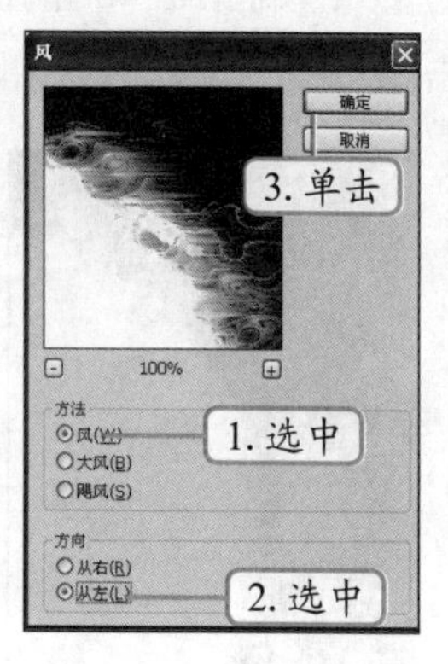

图10-55　设置风滤镜

图10-56　应用风滤镜效果

（六）使用模糊滤镜

下面使用模糊滤镜制作燃烧时的模糊效果，其具体操作如下。

STEP 1 在工具箱中选择魔棒工具，在星球图像上单击，载入选区，按【Ctrl+Shift+I】组合键反选选区，选择【选择】/【修改】/【羽化】菜单命令，打开“羽化”对话框，在其中设置羽化像素为6，单击 确定 按钮应用设置。

STEP 2 选择【滤镜】/【模糊】/【高斯模糊】菜单命令，打开“高斯模糊”对话框，设置半径为“1”，如图10-57所示。

STEP 3 单击 确定 按钮应用设置，取消选区后的效果如图10-58所示。

STEP 4 按【Ctrl】键单击“Alpha1副本”通道缩略图，载入选区，切换到“图层”面板，新建一个图层，按【D】键复位前景色和背景色，按【Ctrl+Delete】组合键填充选区为白色，取消选区后的效果如图10-59所示。

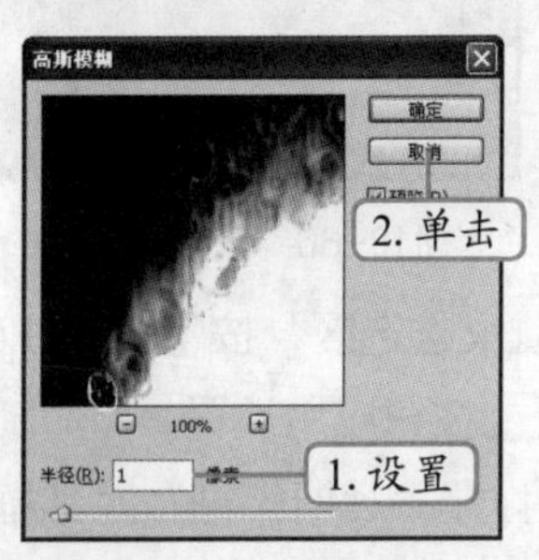

图10-57 设置高斯模糊参数

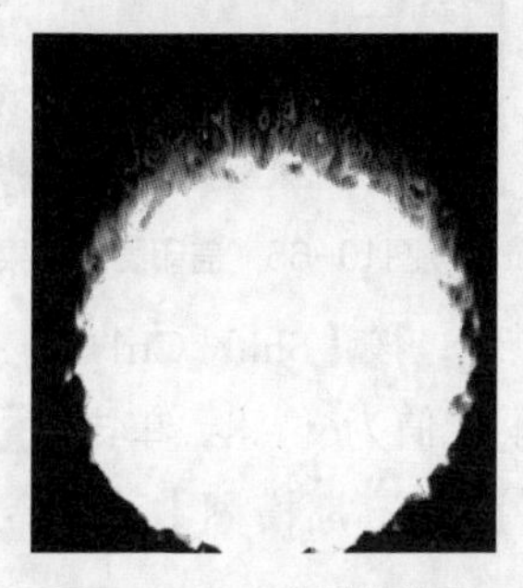

图10-58 高斯模糊效果

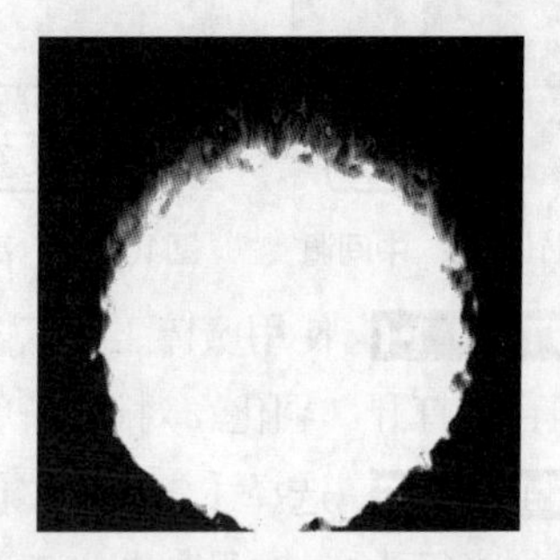

图10-59 填充白色

STEP 5 再次新建一个图层，将其移动到图层2下方，按【Alt+Delete】组合键填充黑色，效果如图10-60所示。

STEP 6 选择图层2，在“调整”面板中单击“色相/饱和度”按钮，在其中设置相关参数，如图10-61所示。

STEP 7 单击按钮应用设置并返回“调整”面板，效果如图10-62所示。

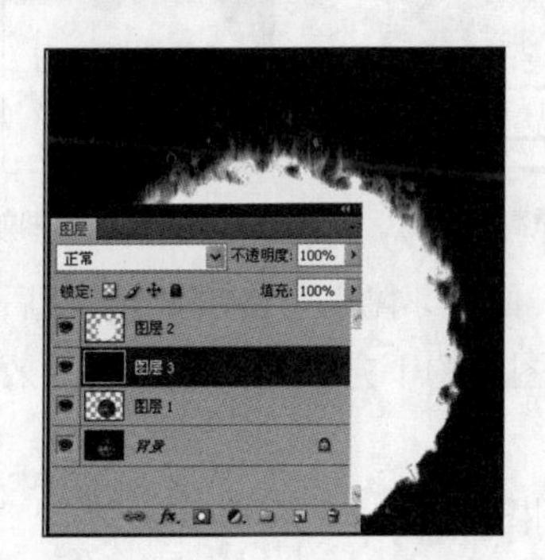

图10-60 填充黑色

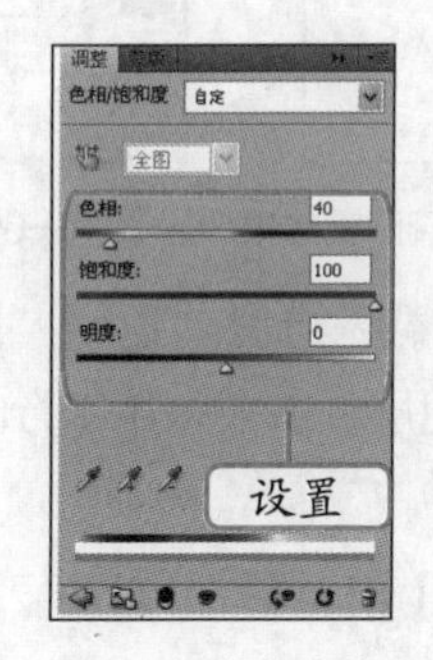

图10-61 调整色相饱和度

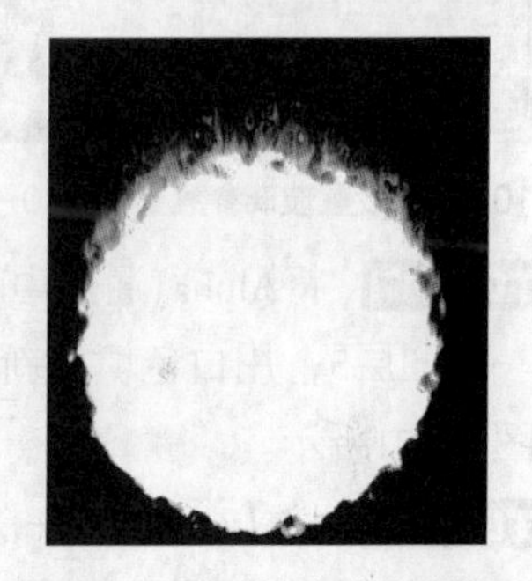

图10-62 调整色相饱和度效果

STEP 8 在“调整”面板中单击“色彩平衡”按钮，单击选中“中间调”单选项，在其下设置相关参数，如图10-63所示。

STEP 9 单击选中“高光”单选项，按照如图10-64所示设置参数。

STEP 10 按【Ctrl+Shift+Alt+E】组合键盖印图层，将盖印图层的混合模式设置为“线性减淡（添加）”，效果如图10-65所示。

STEP 11 使用魔棒工具选择星球图像，并按【Alt+Delete】组合键为选区填充黑色，取消选区后删除“图层2”，效果如图10-66所示。

STEP 12 切换到“通道”面板，选择Alpha1通道，选择【滤镜】/【扭曲】/【玻璃】菜单命令，打开“玻璃”对话框，在其中设置滤镜的相关参数，如图10-67所示。

STEP 13 单击 确定 按钮应用设置，效果如图10-68所示。

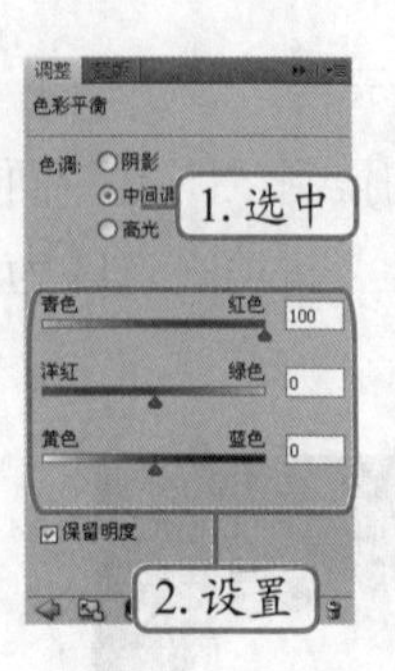

图10-63　中间调

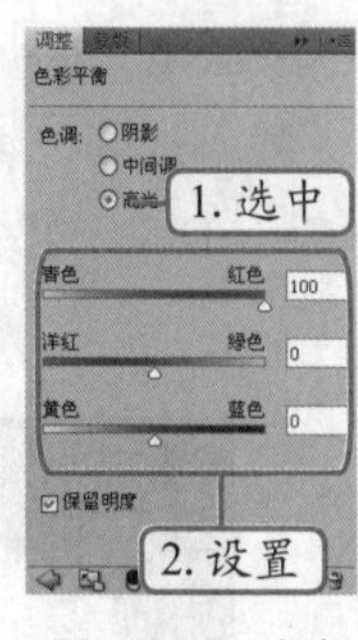

图10-64　高光

图10-65　盖印图层效果

图10-66　填充星球效果

STEP 14 使用魔棒工具选择星球，按【Shift+Ctrl+I】组合键反选选区，按【Shift+F6】组合键打开“羽化”对话框，设置羽化值为6像素，单击 确定 按钮应用设置。

STEP 15 选择【滤镜】/【模糊】/【高斯模糊】菜单命令，打开“高斯模糊”对话框，设置半径为2，效果如图10-69所示。

STEP 16 单击 确定 按钮应用设置，取消选区后的效果如图10-70所示。

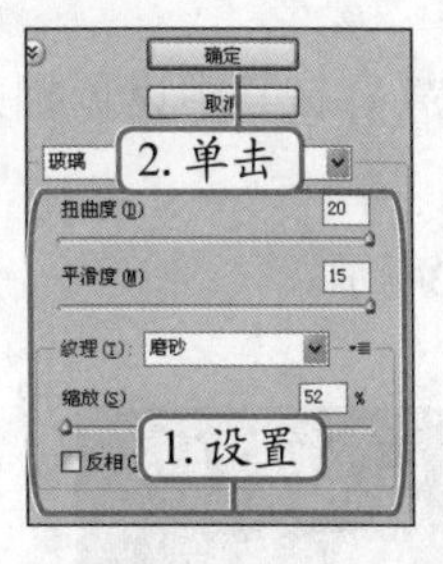

图10-67　设置玻璃参数

图10-68　玻璃滤镜效果

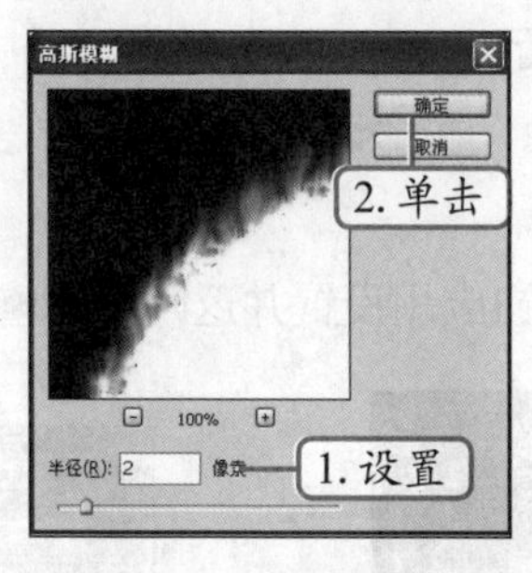

图10-69　设置高斯模糊

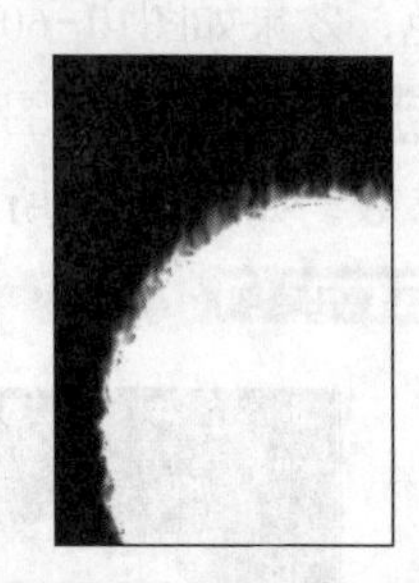

图10-70　高斯模糊效果

STEP 17 将Alpha1通道中的图像载入选区，返回“图层”面板，隐藏“图层4”，然后新建一个图层5，用白色填充新建的图层，并将其移动到调整图层的下方，取消选区后的效果如图10-71所示。

STEP 18 按【Ctrl+Shift+Alt+E】组合键盖印图层，得到图层6，将混合模式设置为“变亮”，并将其移动到最上方。

STEP 19 选择魔棒工具，在工具属性栏中设置容差为13，在星球图像上单击创建选区，使用黑色填充选区然后删除图层5，取消选区后的效果如图10-72所示。

STEP 20 显示“图层4”，选择“图层6”，按【Ctrl+E】组合键向下合并图像，效果如图10-73所示。

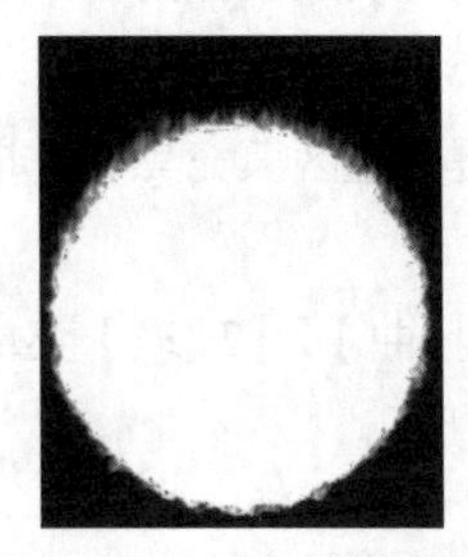

图10-71　新建并填充图层

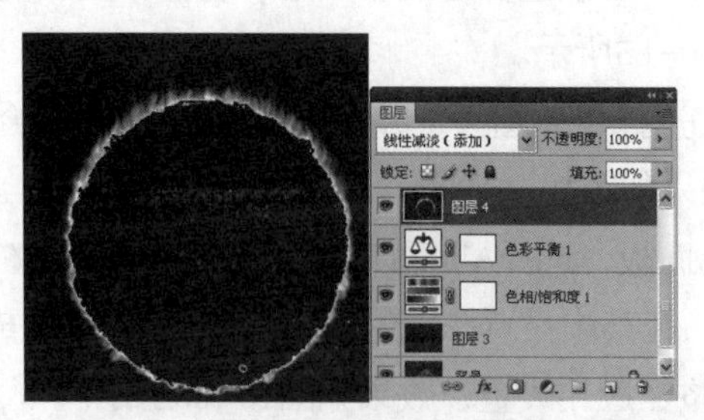

图10-72　填充选区

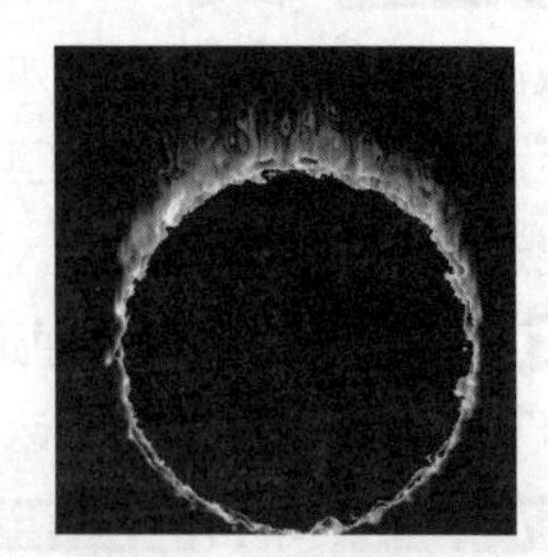

图10-73　合并图层效果

STEP 21 将图层1拖曳到图层4上方，然后复制一层，设置图层混合模式为“线性减淡”，效果如图10-74所示。

STEP 22 打开“星球背景.jpg”素材文件（素材参见：光盘：\素材文件\项目十\任务一\星球背景.jpg），使用移动工具将其拖曳到红色星球图像中，并将图层移动到图层4下方，效果如图10-75所示。

STEP 23 选择横排文字工具T输入文字后，设置其字符格式为“Monotype Corsiva、84点、白色”，然后将其以“燃烧的星球.psd”为名保存，完成制作，效果如图10-76所示（最终效果参见：光盘：\效果文件\项目十\燃烧的星球.psd）。

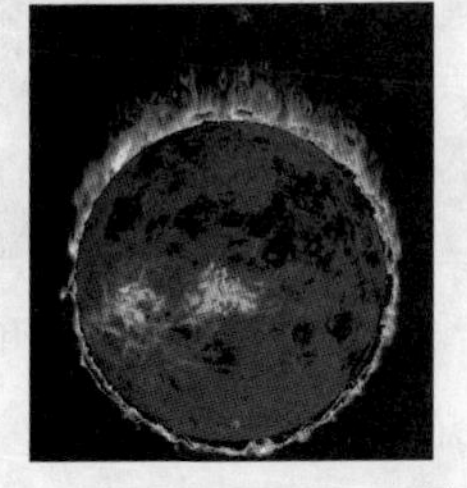

图10-74 设置图层混合模式

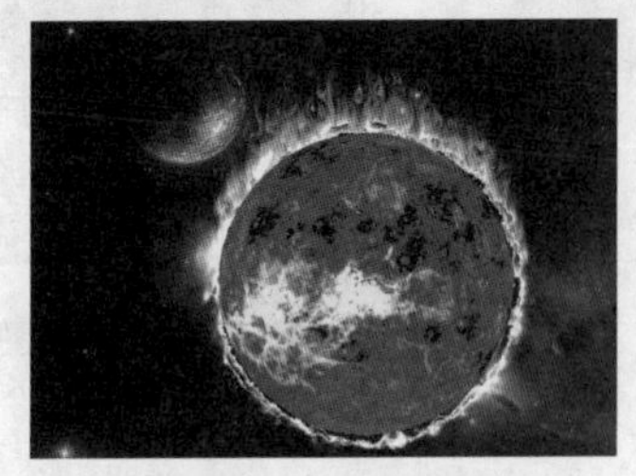

图10-75 添加背景

图10-76 完成效果

任务二 制作炭笔写真效果

素描写真需要具有很强的美术功底才能完成，但在Photoshop中可以通过滤镜来轻松完成，且实现的效果会更好。

一、任务目标

本任务将练习使用Photoshop CS4的素描、渲染、抽出和纹理滤镜来制作炭笔写真效果，制作时，应通过对相关滤镜的设置来完成特殊效果。通过本任务的学习，可以掌握相关滤镜组中滤镜的使用方法。本任务制作完成后的最终效果如图10-77所示。

图10-77 “炭笔写真”效果

二、相关知识

下面先来了解素描滤镜组、渲染滤镜组、抽出滤镜组、纹理滤镜组的相关滤镜。

（一）素描滤镜组

素描滤镜可以用来在图像中添加纹理，使图像产生素描、速写、三维的艺术绘画效果。该组滤镜提供了14种滤镜效果，全部位于该滤镜库中。

1. 便条纸

使用“便条纸”滤镜能模拟凹陷压印图案，产生草纸画效果。其效果如图10-78所示。

2. 半调图案

使用“半调图案”滤镜可以用前景色和背景色在图像中模拟半调网屏的效果。其效果如

图10-79所示。

3．粉笔和炭笔

使用“粉笔和炭笔”滤镜可以使图像产生被粉笔和炭笔涂抹的草图效果，在处理过程中，粉笔使用背景色，用来处理图像较亮的区域，而炭笔使用前景色，用来处理图像较暗的区域。其参数控制区和对应的滤镜效果如图10-80所示。

图10-78　便条纸

图10-79　半调图案

图10-80　粉笔和炭笔

4．铬黄渐变

“铬黄渐变”滤镜可以将图像处理为类似擦亮的铬黄表面，从而出现液态金属的效果。其对应的滤镜效果如图10-81所示。

5．绘图笔

“绘图笔”滤镜可生成一种钢笔画素描效果。其效果如图10-82所示。

6．基底凸现

使用“基底凸现”滤镜模拟浅浮雕在光照下的效果。其效果如图10-83所示。

7．水彩画纸

“水彩画纸”滤镜可以模仿在潮湿的纤维纸上涂抹颜色，产生画面浸湿、纸张扩散的效果。其效果如图10-84所示。

图10-81　铬黄渐变

图10-82　绘画笔

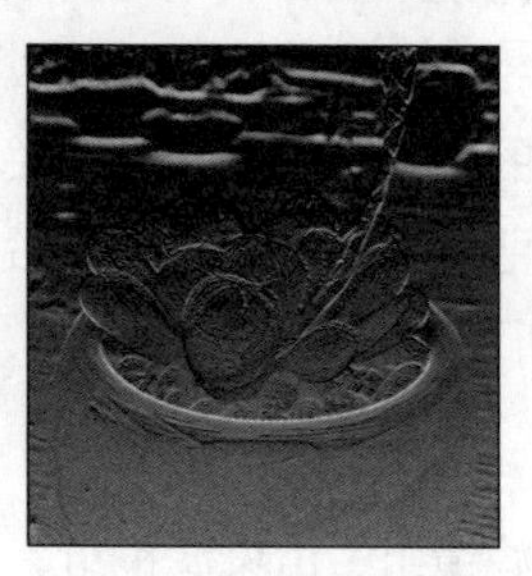

图10-83　基底凸显

图10-84　水彩画纸

8．撕边

“撕边”滤镜可使图像呈粗糙、撕破的纸片状，并使用前景色与背景色给图像着色。其效果如图10-85所示。

9．塑料效果

“塑料效果”滤镜使图像看上去好像用立体石膏压模而成。使用前景色和背景色上色，图像中较暗的区域突出，较亮的区域下陷。其效果如图10-86所示。

10. 炭笔

“炭笔”滤镜将产生色调分离的、涂抹的效果，主要边缘以粗线条绘制，而中间色调用对角描边进行素描。其效果如图10-87所示。

11. 炭精笔

该滤镜模拟使用炭精笔绘制图像的效果，在暗区使用前景色绘制，在亮区使用背景色绘制。其效果如图10-88所示。

图10-85 撕边

图10-86 塑料效果

图10-87 炭笔

图10-88 炭精笔

12. 图章

使用“图章”滤镜能使图像简化，突出主体，使其出现类似用橡皮和木制图章盖印效果。其效果如图10-89所示。

13. 网状

使用“网状”滤镜能模拟胶片感光乳剂的受控收缩和扭曲的效果，使图像的暗色调区域类似于被结块，高光区域类似于被颗粒化。其效果如图10-90所示。

14. 影印

使用“影印”滤镜可以模拟影印效果，并用前景色填充图像的高亮度区，用背景色填充图像的暗区。其效果如图10-91所示。

图10-89 图章

图10-90 网状

图10-91 影印

（二）认识渲染滤镜组

渲染滤镜组用于在图像中创建云彩、折射和模拟光线等。该滤镜组提供了5种滤镜，下面分别介绍。

1. 分层云彩

“分层云彩”滤镜将使用随机生成的介于前景色与背景色之间的值，生成云彩图案效果。该滤镜无参数设置对话框。

2. 光照效果

"光照效果"滤镜的功能相当强大，可以通过改变17种光照样式、3种光照类型、4套光照属性，在RGB模式图像上产生多种光照效果。其参数设置对话框如图10-92所示。

- "强度"栏：拖曳滑块可控制光的强度，值越大，光亮越强。单击滑杆后的颜色图标，可在打开的对话框中设置灯光颜色。
- "光泽"栏：拖曳滑块可设置反光物体的表面光洁度。
- "材料"栏：设置图像的材质，决定是反射光源的色彩还是反射物本身的色彩。
- "曝光度"栏：用于设置光线的亮暗度。
- "高度"栏：默认情况下，该设置项未被激活，在"纹理通道"下拉列表框中选择相应的选项即可激活，纹理的凸出部分用白色表示，凹陷部分用黑色表示。
- "预览"栏：单击光源焦点可确定当前光源，在光源框上拖曳可调节光源位置和范围，拖曳光源中间的控制点可移动光源位置。将预览框底部的图标拖曳到预览框中可添加新的光源。将预览框中光源的焦点拖到预览框右下角的图标上可删除该光源。

3. 镜头光晕

"镜头光晕"滤镜可模拟亮光照射到相机镜头所产生的折射。其对话框如图10-93所示。

4. 纤维

使用"纤维"滤镜可将前景色和背景色混合生成一种纤维效果。其对话框如图10-94所示。

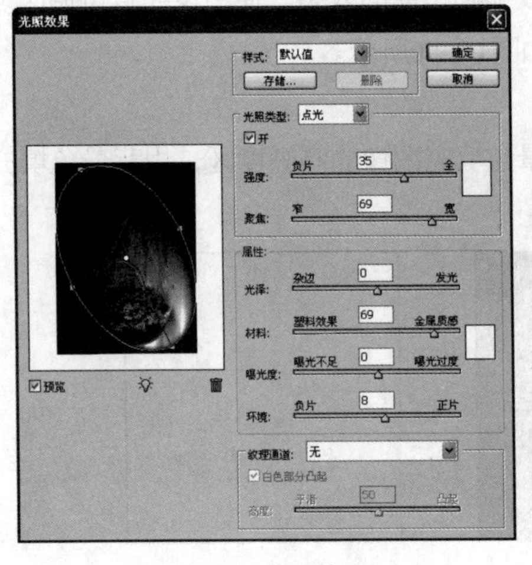

图10-92 光照效果

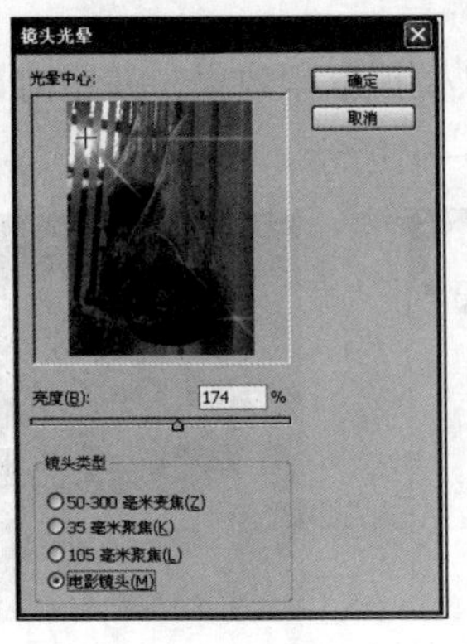

图10-93 镜头光晕

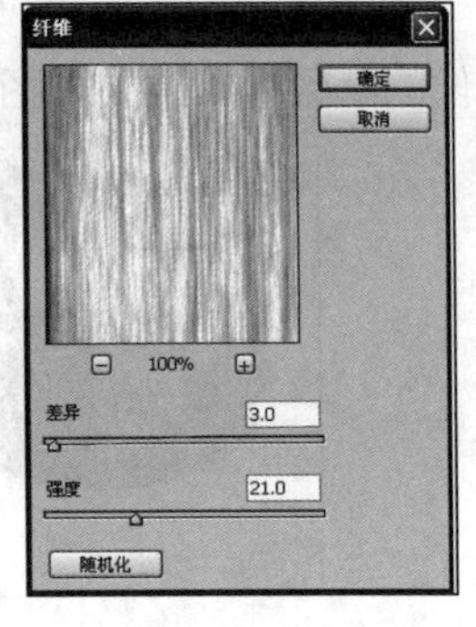

图10-94 纤维

5. 云彩

"云彩"滤镜将在当前前景色和背景色间随机抽取像素值，生成柔和的云彩图案效果，该滤镜无参数设置对话框。需要注意的是应用此滤镜后，原图层上的图像会被替换。

（三）认识纹理滤镜组

纹理滤镜组可以使图像应用多种纹理效果，使图像产生材质感。该组滤镜提供了6种滤镜效果，下面分别介绍。

1. 龟裂缝

使用“龟裂缝”滤镜可以在图像中随机生成龟裂纹理并使图像产生浮雕效果，其对应的滤镜效果如图10-95所示。

2. 颗粒

使用“颗粒”滤镜可以通过模拟不同种类的颗粒纹理添加到图像中，在“颗粒类型”下拉列表框中可以选择多种颗粒形态，其效果如图10-96所示。

3. 马赛克拼贴

“马赛克拼贴”滤镜可以产生分布均匀但形状不规则的马赛克拼贴效果，如图10-97所示。

4. 拼缀图

“拼缀图”滤镜可使图像产生由多个方块拼缀的效果，每个方块的颜色是由该方块中像素的平均颜色决定的，其效果如图10-98所示。

图10-95 龟裂缝

图10-96 颗粒

图10-97 马赛克拼贴

图10-98 拼缀图

5. 染色玻璃

“染色玻璃”滤镜可产生由不规则的玻璃网格拼凑的效果，如图10-99所示。

6. 纹理化

“纹理化”滤镜可向图像中添加系统提供的各种纹理效果，或根据另一个文件的亮度值向图像中添加纹理效果，如图10-100所示。

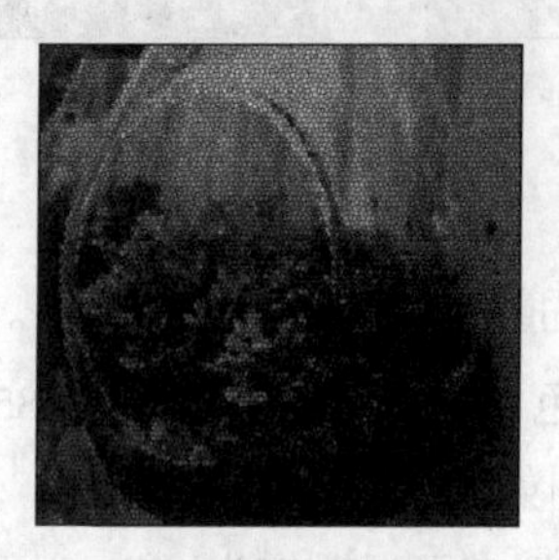
图10-99 染色玻璃

图10-100 纹理化

三、任务实施

（一）使用素描滤镜组中的滤镜

下面将使用素描组中的“绘画笔”和“炭笔”滤镜制作素描效果，其具体操作如下。

STEP 1 打开“照片.jpg”素材文件（素材参见：光盘：\素材文件\项目十\任务二\照片.jpg），如图10-101所示。

STEP 2 按【Ctrl+J】组合键复制背景图层，得到“背景 副本”图层，复位前景色和背景色，选择【滤镜】/【素描】/【绘图笔】菜单命令，在打开的“绘图笔”对话框右侧设置描边长度和平衡度，如图10-102所示。

STEP 3 单击 确定 按钮应用设置，效果如图10-103所示。

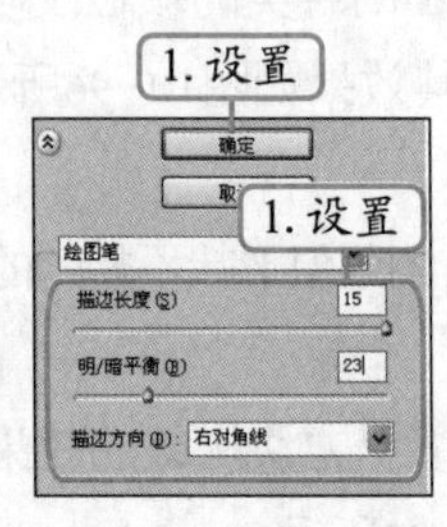

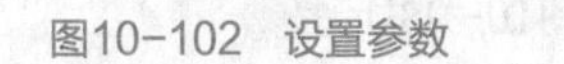

图10-101 素材图像　　图10-102 设置参数　　图10-103 绘图笔效果

STEP 4 再次复制背景图层，得到“背景 副本2”图层，选择【滤镜】/【素描】/【炭笔】菜单命令，在打开的“炭笔”对话框右侧设置粗细和细节等参数，如图10-104所示。

STEP 5 单击 确定 按钮应用设置，设置该图层的混合模式为“叠加”，效果如图10-105所示。

STEP 6 新建“图层1”，并将其填充为暗黄色（R:245,G:215,B:165），然后设置该图层的混合模式为“变暗”，不透明度为30%，效果如图10-106所示。

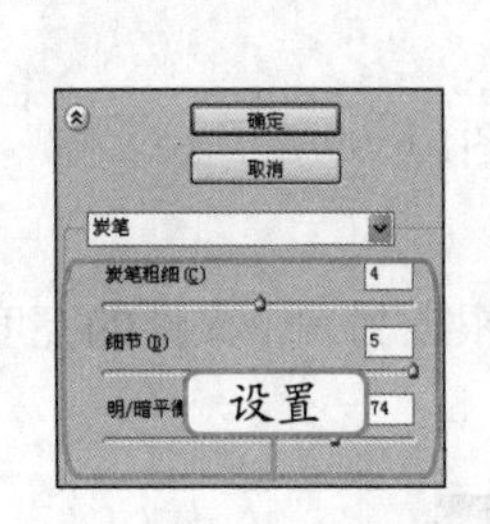

图10-104 设置炭笔参数　　图10-105 叠加图层效果　　图10-106 变暗图层效果

（二）使用云彩滤镜

下面将使用云彩滤镜来为素描添加不规则的颜色，其具体操作如下。

STEP 1 新建“图层2”，设置前景色为白色，背景色为玄色（R:185,G:185,B:165），选择【滤镜】/【渲染】/【云彩】菜单命令，得到如图10-107所示效果。

STEP 2 设置图层2的混合模式为“正片叠底”，不透明度为40%，效果如图10-108所示。

STEP 3 复制背景图层得到“背景 副本3”图层，将其移动到图层最上方，按【Ctrl+Shift+U】组合键去色。

STEP 4 选择【图像】/【调整】/【色阶】菜单命令，打开“色阶”对话框，在其中按图10-109所示设置参数。

STEP 5 单击 确定 按钮应用设置，效果如图10-110所示。

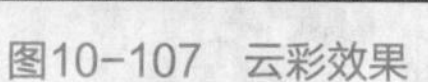

图10-107 云彩效果

图10-108 正片叠底效果

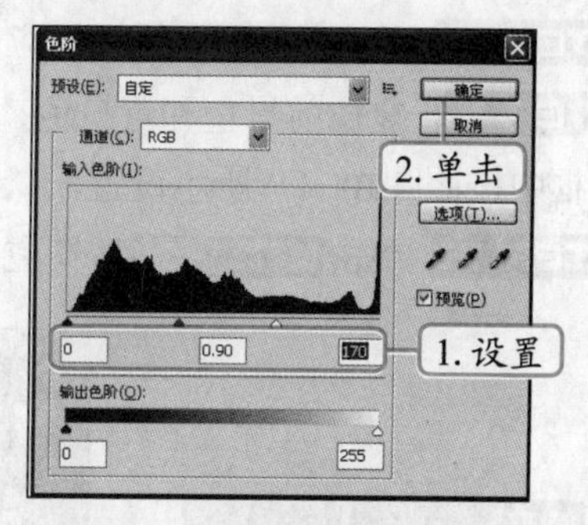

图10-109 “色阶”对话框

STEP 6 选择“背景副本3”图层，选择【滤镜】/【风格化】/【照亮边缘】菜单命令，打开“照亮边缘”对话框，在其中按图10-111所示进行设置。

STEP 7 单击 确定 按钮应用设置，效果如图10-112所示。

STEP 8 选择【图像】/【调整】/【反向】菜单命令，效果如图10-113所示。

图10-110 调整色阶效果

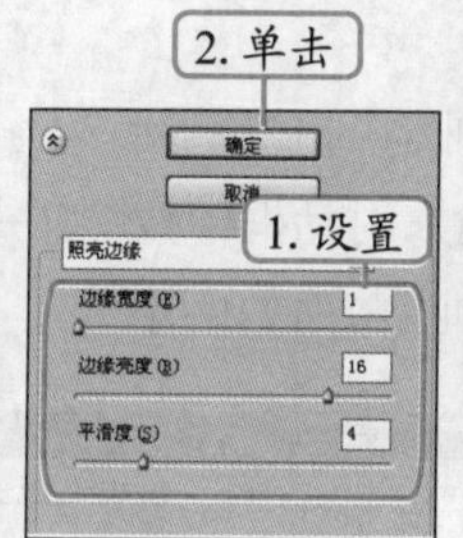

图10-111 设置照亮边缘

图10-112 照亮边缘效果

图10-113 反向效果

STEP 9 按【Ctrl+L】组合键打开“色阶”对话框，在其中按图10-114所示进行设置。

STEP 10 单击 确定 按钮应用设置，将图层混合模式设置为“正片叠底”，效果如图10-115所示。

STEP 11 按【Alt】键的同时单击“背景”图层前的图标，使其只显示背景图层，选择背景图层，使用磁性套索工具为人物头像创建选区，效果如图10-116所示。

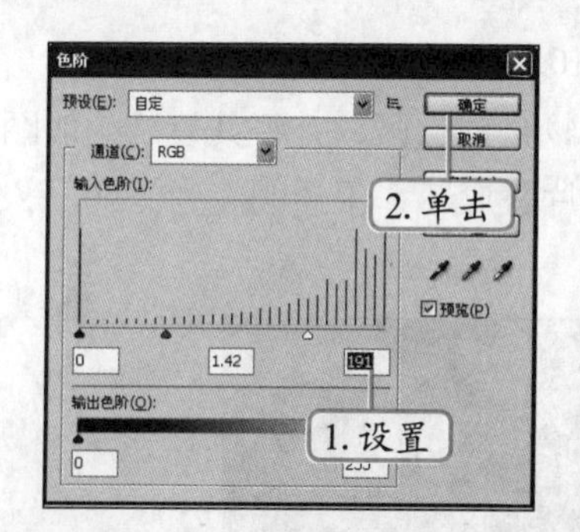

图10-114 调整色阶效果

图10-115 正片叠底效果

图10-116 创建选区

STEP 12 按【Ctrl+J】组合键复制选区生成图层3，按【Ctrl+Shift+U】组合键去色，选择【图像】/【调整】/【亮度/对比度】菜单命令，在“亮度/对比度”对话框中进行参数设置，如图10-117所示。

STEP 13 单击 确定 按钮应用设置，效果如图10-118所示。

STEP 14 复位前景色和背景色，选择【滤镜】/【素描】/【影印】菜单命令，在打开的对话框中按照图10-119所示设置。

STEP 15 单击 确定 按钮应用设置，效果如图10-120所示。

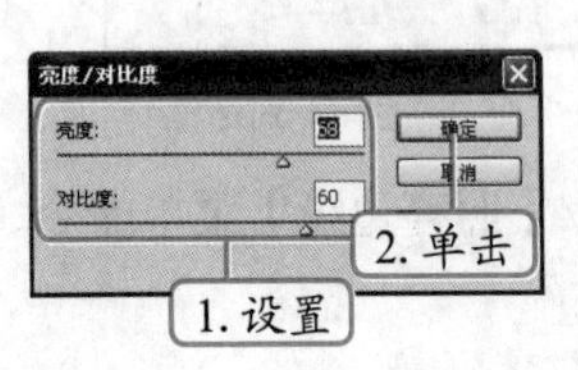

图10-117 调整亮度和对比度

图10-118 调整亮度后效果

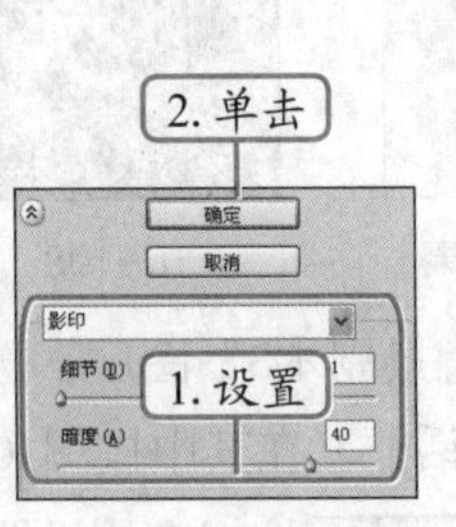

图10-119 设置影印

图10-120 应用影印

STEP 16 选择【滤镜】/【风格化】/【扩散】菜单命令，在打开的对话框中按照图10-121所示设置。

STEP 17 单击 确定 按钮应用设置，效果如图10-122所示。

STEP 18 按【Ctrl+L】组合键，在打开的“色阶”对话框中按图10-123所示设置。

STEP 19 单击 确定 按钮应用设置，效果如图10-124所示。

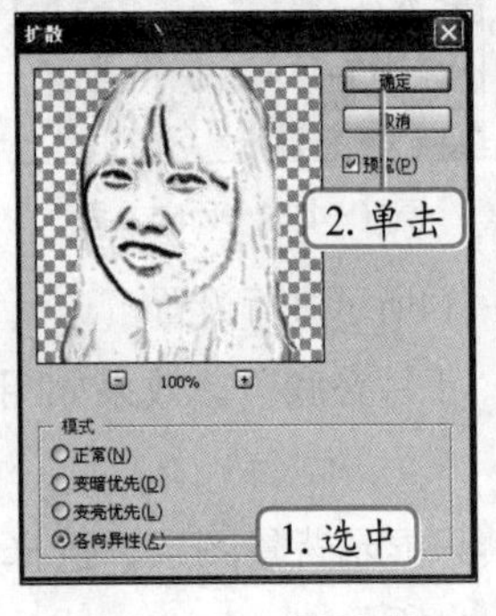

图10-121 设置扩散

图10-122 扩散效果

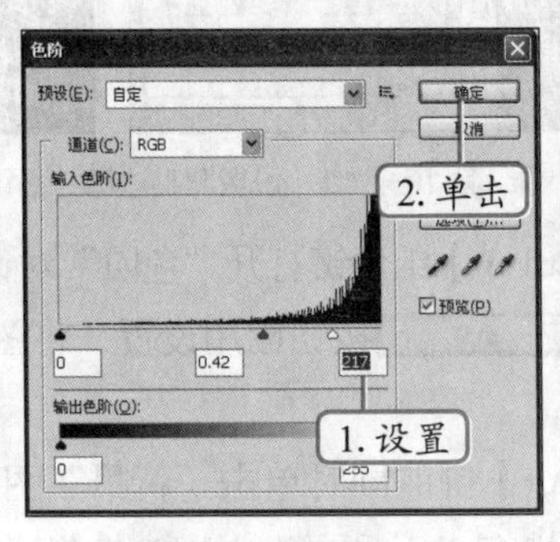

图10-123 设置色阶

图10-124 调整色阶效果

STEP 20 设置图层3的混合模式为“柔光”，效果如图10-125所示。

STEP 21 只显示背景图层，使用磁性套索工具为人物创建选区，并将其复制生成图层4，将其移动到所有图层上方，设置图层混合模式为“正片叠底”，不透明度为“70”，效果如图10-126所示。

图10-125 柔光效果

图10-126 正片叠底效果

STEP 22 只显示背景图层，使用磁性套索工具为人物面部创建选区，并将其复制生成图层5，将该图层移动到最上方，填充值为50，然后显示所有图层，效果如图10-127所示。

STEP 23 将图层5载入选区，创建一个“色彩平衡”调整图层，其中参数设置如图10-128所示。

STEP 24 应用设置后，再次将图层5载入选区，创建一个“亮度/对比度”调整图层，在其中进行参数设置。

STEP 25 完成后应用设置，效果如图10-129所示。

图10-127 设置填充值

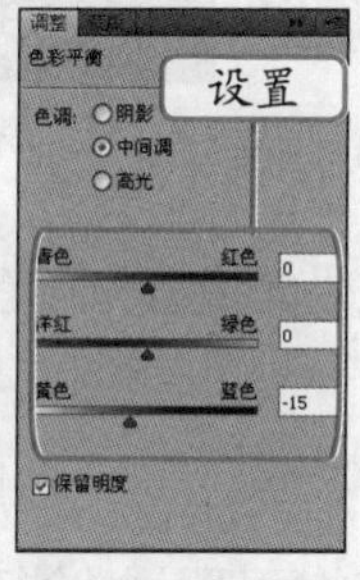

图10-128 设置色彩平衡

图10-129 调整“亮度/对比度“后的效果

（三）使用纹理化滤镜

下面使用纹理化滤镜来制作素描图像画布效果。其具体操作如下。

STEP 1 只显示背景图层，为衣服部分创建选区，然后复制生成“图层6”，显示所有图层，设置混合模式为“点光”，效果如图10-130所示。

STEP 2 新建图层7，将其填充为灰色（R:190,G:190,B:190），选择【滤镜】/【纹理】/【纹理化】菜单命令，在打开的“纹理化”对话框中设置如图10-131所示的参数。

STEP 3 单击 确定 按钮应用设置，将图层7的混合模式设置为“线性加深”，不透明度为“50%”，效果如图10-132所示。

STEP 4 完成后将其以“炭笔写真.psd”保存，完成制作（最终效果参见：光盘：\效果文件\项目十\炭笔写真.psd）。

图10-130 点光模式效果

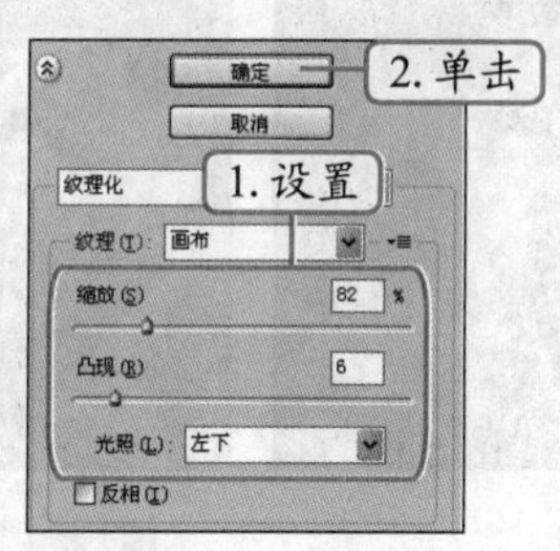

图10-131 设置纹理化

图10-132 线性加深效果

任务三 制作炫酷冰球效果

通过制作冰质感，可在一定程度上对图像带来视觉效果上的冲击，下面将通过滤镜来完成冰球的质感的制作。

图10-133 “炫酷冰球”效果

一、任务目标

本任务将练习使用Photoshop CS4的艺术效果滤镜组和画笔描边滤镜组来制作冰球效果，制作过程中，可使用相关滤镜制作冰的质感效果，然后使用图层样式制作水滴效果。通过本任务的学习，可以掌握相关滤镜的使用方法。本任务制作完成后的最终效果如图10-133所示。

二、相关知识

在学习制作冰球质感前，应先了解艺术效果滤镜组和画笔描边滤镜组的相关知识，下面简单介绍。

（一）认识艺术效果滤镜组

“艺术效果”滤镜为用户提供了模仿传统绘画手法的途径，可以为图像添加绘画效果或艺术特效。该组滤镜提供了15种滤镜效果，全部位于滤镜库中，下面分别介绍。

1. 塑料包装

使用“塑料包装”滤镜可以使图像表面产生类似透明塑料袋包裹物体时的效果，使用滤镜的前后对比效果如图10-134所示。

2. 壁画

“壁画”滤镜将用短而圆的、粗略轻涂的小块颜料涂抹图像，产生风格较粗犷的效果，如图10-135所示。

3. 干画笔

“干画笔”滤镜能模拟使用干画笔绘制图像边缘的效果，该滤镜通过将图像的颜色范围减少为常用颜色区来简化图像，如图10-136所示。

图10-134 塑料包装

图10-135 壁画

图10-136 干画笔

4. 底纹效果

使用“底纹效果”滤镜可以使图像产生喷绘图像效果，如图10-137所示。

5. 彩色铅笔

“彩色铅笔”滤镜可以模拟用彩色铅笔在纸上绘图的效果，同时保留重要边缘，外观呈粗糙阴影线，如图10-138所示。

6. 木刻

使用“木刻”滤镜可以使图像产生木雕画效果，如图10-139所示。

7. 水彩

“水彩”滤镜可以简化图像细节，以水彩的风格绘制图像，产生一种水彩画效果，如图10-140所示。

图10-137 底纹效果

图10-138 彩色铅笔

图10-139 木刻

图10-140 水彩

8. 海报边缘

“海报边缘”滤镜根据设置的海报化选项，减少图像中的颜色数目，查找图像的边缘并在上面绘制黑线，如图10-141所示。

9. 海绵

“海绵”滤镜模拟海绵在图像上画过的效果，使图像带有强烈对比色纹理，如图10-142所示。

10. 涂抹棒

“涂抹棒”滤镜使用短的对角线涂抹图像的较暗区域来柔和图像，可增大图像的对比度。效果如图10-143所示。

11. 粗糙蜡笔

使用“粗糙蜡笔”滤镜可以模拟蜡笔在纹理背景上绘图，产生一种纹理浮雕效果，如图10-144所示。

图10-141 海报边缘

图10-142 海绵

图10-143 涂抹棒

图10-144 粗糙蜡笔

12. 绘画涂抹

“绘画涂抹”滤镜模拟使用各种画笔涂抹的效果，如图10-145所示。

13. 胶片颗粒

使用“胶片颗粒”滤镜在图像表面产生胶片颗粒状纹理效果，如图10-146所示。

14. 调色刀

“调色刀”滤镜可以减少图像中的细节，从而可以生成较淡描绘的画布效果，如图10-147所示。

15. 霓虹灯光

“霓虹灯光”滤镜可以将各种类型的发光添加到图像中的对象上，产生彩色氖光灯照射的效果，如图10-148所示。

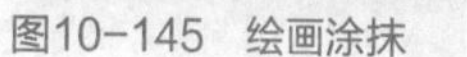
图10-145 绘画涂抹

图10-146 胶片颗粒

图10-147 调色刀

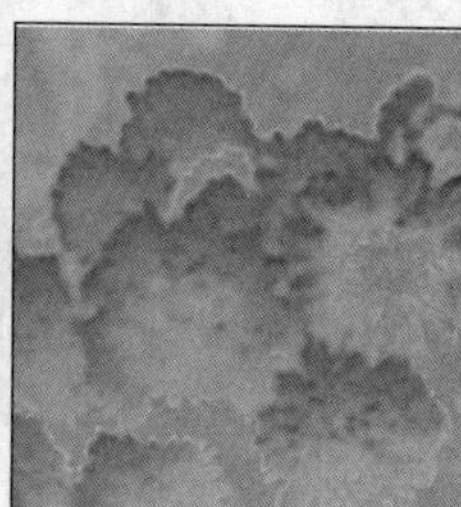
图10-148 霓虹灯光

（二）认识画笔描边滤镜组

画笔描边滤镜组用于模拟不同的画笔或油墨笔刷来勾画图像，产生绘画效果。该组滤镜提供了8种滤镜效果，全部位于滤镜库中，下面分别介绍。

1. 成角的线条

“成角的线条”滤镜可以使用对角描边重新绘制图像，即用同一方向的线条绘制图像的亮区，用相反方向的线条绘制暗区，如图10-149所示。

2. 墨水轮廓

使用“墨水轮廓”滤镜可以用纤细的线条在图像原细节上重绘图像，从而生成钢笔画风格的图像，如图10-150所示。

3. 喷溅

“喷溅”滤镜可模拟喷溅喷枪的效果。效果如图10-151所示。

图10-149 成角的线条

图10-150 墨水轮廓

图10-151 喷溅

4. 喷色描边

使用“喷色描边”滤镜可以在喷溅滤镜生成效果的基础上增加斜纹飞溅效果，如图10-152所示。

5. 强化的边缘

使用“强化的边缘”滤镜可在图像边缘处产生高亮的边缘效果，如图10-153所示。

6. 深色线条

“深色线条”滤镜将用短而密的线条来绘制图像中的深色区域，用长而白的线条来绘制图像中颜色较浅的区域，从而产生一种很强的黑色阴影效果，如图10-154所示。

7. 烟灰墨

使用“烟灰墨”滤镜可以模拟饱含墨汁的湿画笔在宣纸上绘制的效果，如图10-155所示。

8. 阴影线

使用“阴影线”滤镜可在图像表面生成交叉状倾斜划痕效果，与成角线条滤镜相似。

图10-152 喷色描边

图10-153 强化的边缘

图10-154 深色线条

图10-155 烟灰墨

三、任务实施

（一）使用水彩滤镜

下面使用“水彩”滤镜等制作冰的质感效果，其具体操作如下。

STEP 1 打开“篮球.jpg”素材文件（素材参见：光盘：\素材文件\项目十\任务三\篮球.jpg）。

STEP 2 使用钢笔路径沿篮球球体绘制路径，如图10-156所示。

STEP 3 将路径载入选区，按4次【Ctrl+J】组合键复制4个图层，分别命名为“球”、“质感”、“轮廓”、“高光”。

STEP 4 选择“质感”图层，隐藏其上的两个图层，如图10-157所示。

STEP 5 选择【滤镜】/【艺术效果】/【水彩】菜单命令，在其中按照图10-158所示设置相关参数。

STEP 6 完成后单击 确定 按钮，效果如图10-159所示。

图10-156 绘制路径

图10-157 选择图层

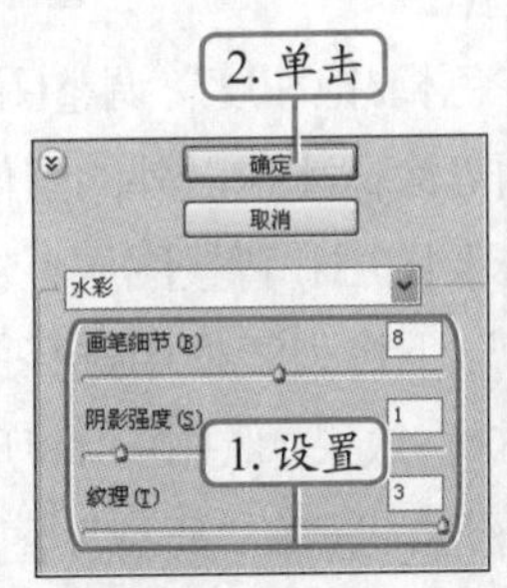

图10-158 设置水彩参数

图10-159 应用水彩

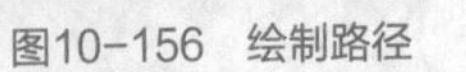
STEP 7 双击该图层打开“图层样式”对话框，在“混合颜色带”栏中按住【Alt】键拖

曳“本图层”中的黑色滑块，如图10−160所示。

STEP 8 选择并显示“轮廓”图层，选择【滤镜】/【风格化】/【照亮边缘】菜单命令，在打开的对话框中设置参数，单击 确定 按钮确认设置，如图10−161所示。

STEP 9 按【Ctrl+Shift+U】组合键去色，设置图层混合模式为“滤色”，效果如图10−162所示。

图10−160 调整较暗像素

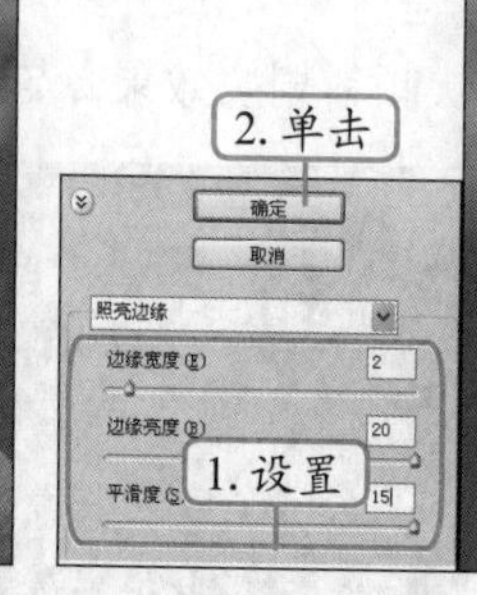

图10−161 应用照亮边缘滤镜

图10−162 调整色彩模式

STEP 10 选择并显示“高光”图层，选择【滤镜】/【素描】/【铬黄】菜单命令，在打开的对话框中设置参数，如图10−163所示。

STEP 11 设置图层混合模式为“滤色”，按【Ctrl+L】组合键打开“色阶”对话框，在打开的对话框中设置参数，如图10−164所示。

STEP 12 选择“轮廓”图层，通过自由变换将球稍微放大，使冰雕轮廓大于球轮廓，效果如图10−165所示。

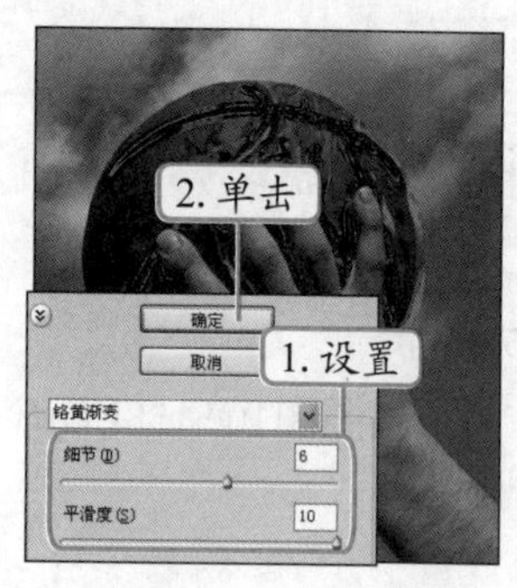

图10−163 应用铬黄滤镜

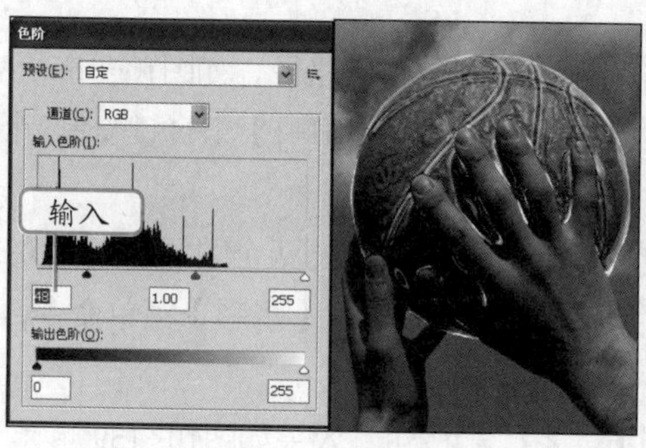

图10−164 设置色阶

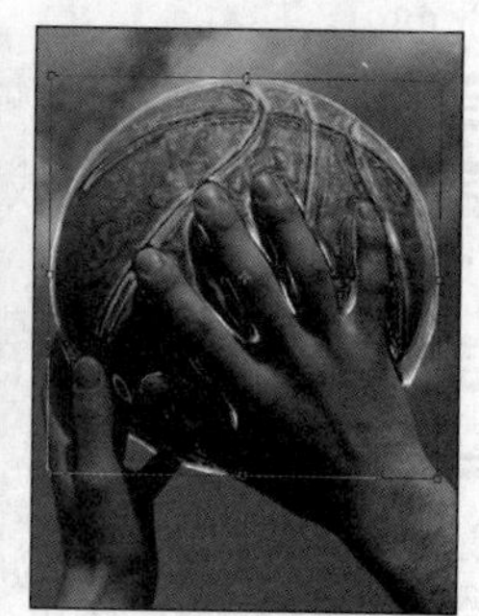

图10−165 变换图像

STEP 13 创建一个“色相/饱和度”调整图层，参数设置及应用后效果如图10−166所示。

STEP 14 使用柔角画笔涂抹冰球以外的图像，将其隐藏，效果如图10−167所示。

STEP 15 只显示“球”图层和背景图层，锁定该图层的透明像素，选择仿制图章工具，在工具属性栏的“样本”下拉列表框中选择“所有图层”选项，按住【Alt】键在背景上取样，然后在球图像上涂抹，效果如图10−168所示。

STEP 16 显示所有图层，选择“质感”图层，设置图层混合模式为“明度”，效果如图10−169所示。

STEP 17 在当前图层下方新建一个图层，将其命名为“白色”，并将球图像载入选区，填充为白色，取消选区后的效果如图10−170所示。

图10-166 设置色相/饱和度

图10-167 隐藏图像

图10-168 涂抹背景图像

STEP 18 使用画笔工具绘制手指被遮住的部分，设置该图层的不透明度为80%，创建一个图层蒙版，分别使用黑色和灰色涂抹手指部分，效果如图10-171所示。

STEP 19 新建图层，设置不透明度为40%，将球图像载入选区，然后反选选区，使用白色画笔在球周围绘制冰雕发光效果，取消选区后的效果如图10-172所示。

图10-169 设置混合模式

图10-170 增加白色值图

10-171 透明效果

图10-172 设置发光效果

STEP 20 在“高光”图层上方新建一个名为“裂纹”的图层，选择【滤镜】/【渲染】/【云彩】菜单命令，然后再选择【滤镜】/【渲染】/【分层云彩】菜单命令，生成更加丰富的云彩效果，如图10-173所示。

STEP 21 按【Ctrl+L】组合键打开“色阶”对话框，在其中进行设置，如图10-174所示。

STEP 22 设置该图层的混合模式为“颜色加深”，按【Alt+Ctrl+G】组合键创建剪贴蒙版，效果如图10-175所示。

图10-173 生成云彩

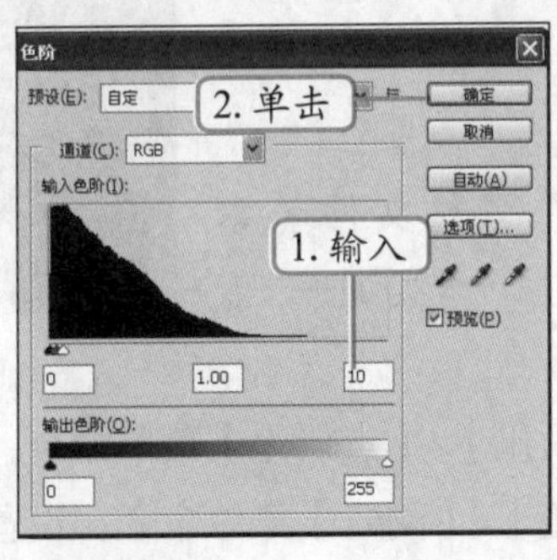

图10-174 设置色阶

图10-175 剪贴蒙版效果

（二）制作水滴效果

下面通过图层样式来制作冰雕融化水滴效果，其具体操作如下。

STEP 1 在"质感"图层下方新建一个图层，使用白色画笔在图像上绘制白色线条，然后使用涂抹工具修改，形成水滴效果，设置填充为50%后的效果如图10-176所示。

STEP 2 双击图层，打开"图层样式"对话框，在其中分别设置"投影"、"斜面和浮雕"、"等高线"效果，如图10-177所示。

STEP 3 完成后应用设置，将图像以"炫酷冰球.psd"为名保存，完成制作，效果如图10-178所示（最终效果参见：光盘：\效果文件\项目十\炫酷冰球.psd）。

图10-176　绘制水滴

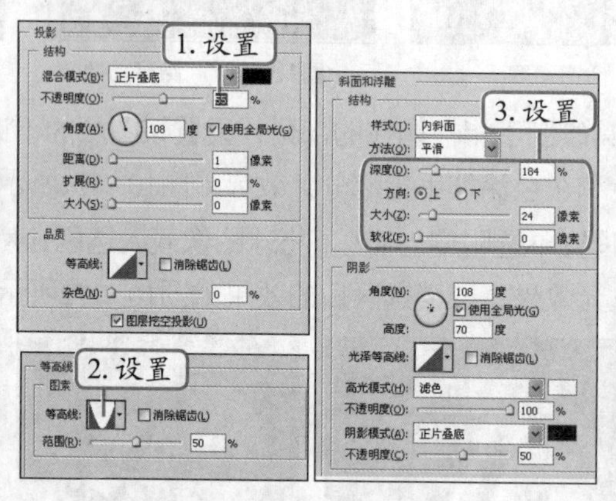

图10-177　设置图层样式

图10-178　完成效果

实训一　制作下雪效果

【实训要求】

利用Photoshop CS4的"点状化"滤镜和"动感模糊"滤镜制作下雪效果，要求雪花飘落自然。

【实训思路】

根据要求，可先复制通道，并为其应用点状化滤镜，然后载入选区，填充颜色，最后通过动感模糊滤镜制作雪花飘落弧度即可。本实训的参考效果如图10-179所示。

图10-179　"下雪"效果

【步骤提示】

STEP 1 打开"雪山.jpg"素材文件（素材参见：光盘：\素材文件\项目十\实训一\雪山.jpg）。

STEP 2 选择【滤镜】/【像素化】/【点状化】菜单命令，设置相关参数。

STEP 3 选择【图像】/【调整】/【阈值】菜单命令，设置阈值色阶。

STEP 4 将通道载入选区，然后新建图层，并填充为白色，取消选区后选择【滤镜】/【模糊】/【动感模糊】菜单命令，在打开的对话框中设置参数，应用设置即可。

STEP 5 按【Ctrl+S】组合键将图像保存为"下雪效果.psd文件"，完成制作（最终效果参见：光盘：\效果文件\项目十\下雪效果.psd）。

实训二 制作荧光圈图像效果

【实训要求】

本实训要求制作一个“荧光圈”特效图像，通过学习，可以掌握“镜头光晕”、“极坐标”、“水波”等滤镜的具体操作，本实训完成后的参考效果如图10-180所示。

图10-180 “荧光圈”效果

【实训思路】

制作本实例可通过“镜头光晕”制作出光圈的大致形状，然后通过“极坐标”和“水波”滤镜扭曲图像完成。

【步骤提示】

STEP 1 新建图像文件，选择【滤镜】/【渲染】/【镜头光晕】菜单命令，制作镜头光晕效果，然后重复使用两次该滤镜。

STEP 2 选择【滤镜】/【扭曲】/【极坐标】菜单命令，在打开的“极坐标”对话框中单击选中“平面坐标到极坐标”单选项。

STEP 3 复制背景图层并变换位置，然后修改混合模式，选择【滤镜】/【扭曲】/【水波】菜单命令，设置水波效果。

STEP 4 选择【滤镜】/【模糊】/【高斯模糊】菜单命令，模糊图像完成制作（最终效果参见：光盘：\效果文件\项目十\荧光圈.psd）。

常见疑难解析

问：如何巧妙地去除扫描时图像上产生的网纹？

答：有3种方法。一是减少杂色法，选择【滤镜】/【杂色】/【减少杂色】菜单命令，这是最快速方便的去网纹方法。二是放大缩小法，先用较高的解析度扫描图片，然后再用Photoshop把图片缩小为所需的大小。例如原图用200dpi扫描，图片大小为“240x160”，网纹明显；用300dpi扫描，图片大小增加为“360x240”，画面仍有轻微的网纹，此时可执行“图像/图像大小”命令将图片缩小为“240x160”，同时将“重定图像像素”选项参数设置为“两次立方”，缩小后图片的网纹几乎完全消除了，画面颜色变得相当平整，品质提高不少。三是模糊法，模糊法对细密的网纹特别有效，选择【滤镜】/【模糊】/【高斯模糊】菜单命令，通过模糊对话框来设定模糊的程度，可是这个方法有个缺点，就是网纹减轻了，但画面也模糊了，使用时要小心。

问：为什么使用相同的滤镜命令处理同一张图像，有时处理后的图像效果却不同？

答：滤镜对图像的处理是以像素为单位进行的，即使是同一图像在进行同样的滤镜参数设置时，也会因为图像的分辨率不同而形成不同效果。

拓展知识

Photoshop CS4提供了一个开放的平台，用户可以将第三方滤镜安装在Photoshop CS4中使用，这就是外挂滤镜。外挂滤镜不仅可以轻松完成各种特效，还能完成许多内置滤镜无法完成的效果，使用外挂滤镜前还需要安装外挂滤镜。

安装外挂滤镜的方法是将在网上下载的滤镜解压，然后复制到Photoshop CS4安装文件的Plug-in目录下，某些滤镜不仅需要复制到安装目录下，还需要双击进行安装才能使用。需要注意的是，安装的滤镜越多，软件的运行速度将越慢。安装外挂滤镜后启动软件，即可在滤镜菜单中查看安装的滤镜。

外挂滤镜的使用与Photoshop自带的滤镜使用方法相同，其中，直接复制到Plug-in目录下的滤镜的源文件不能删除。

课后练习

（1）为如图10-181所示的蘑菇（素材参见：光盘：\素材文件\项目十\课后练习\蘑菇.jpg）添加水滴效果，完成后的效果如图10-182所示（最终效果参见：光盘：\效果文件\项目十\课后练习\水滴.psd）。

图10-181　素材图像

图10-182　水滴效果

（2）使用径向模糊滤镜将如图10-183所示的“袋鼠.jpg”图像（素材参见：光盘：\素材文件\项目四\课后练习\袋鼠.jpg）进行模糊处理，完成后的效果如图10-184所示（最终效果参见：光盘：\效果文件\项目十\课后练习\模糊图像.psd）。

图10-183　素材图像

图10-184　模糊图像效果

PART 11

项目十一 使用动作和输出图像

情景导入

小白：阿秀，我这里有一些图片，想通过调色来将它们处理成一组艺术照片，但是太多了，如果依次对每张进行处理既费时又费力，有没有什么快速完成的方法呢?

阿秀：当然有。在Photoshop CS4中可以批处理图像，还可以在图像中记录执行的操作，保存为动作，然后对图像进行相同的处理，一次完成，可以节约很多时间。

小白：真的吗，那Photoshop的功能真强大。

阿秀：是呀，不仅可以通过动作来批处理图像，还可以将制作的作品进行输出，以便于观看。

学习目标

- 掌握“动作”的相关操作方法
- 掌握输出图像的相关操作方法

技能目标

- 掌握“翠绿色调”动作的制作方法
- 掌握印刷图像处理的基本流程
- 掌握图像输出的相关方法

任务一 制作“翠绿色调”动作

调整图像色调是照片处理过程中常用的方法，当对多张图片处理时，可先录制动作，然后使用Photoshop的批处理命令来完成制作。

一、任务目标

本任务将练习使用Photoshop CS4的动作和批处理命令的相关知识，来完成对多张照片的色调调整，在制作时主要使用了录制动作、播放动作、保存动作和批处理等知识。通过本任务的学习，可以掌握动作和批处理相关功能的使用方法。本任务制作完成的前后对比效果如图11-1所示。

图11-1 翠绿色调效果

二、相关知识

在Photoshop CS4中，可以对图像进行的一系列操作，有顺序地录制到“动作”面板中，通过“动作”功能的应用，可以对图像进行自动化的操作，从而大大提高工作效率。在学习使用动作前，先来了解“动作”面板，在“动作”面板中，程序提供了很多自带的动作，如图像效果、处理、文字效果、画框、文字处理等，如图11-2所示。其中各选项的含义如下。

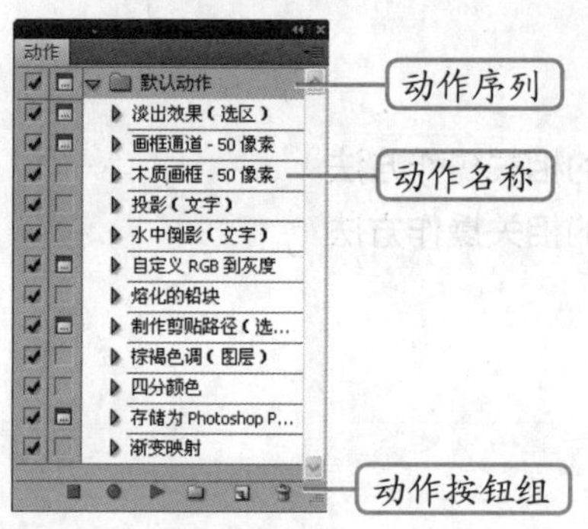

图11-2 “动作”面板

- **动作序列**：也称动作集。Photoshop提供了“默认动作”、“图像效果”、“纹理”等多个动作序列，每一个动作序列中又包含多个动作，单击“展开动作”按钮▶，可以展开动作序列或动作的操作步骤及参数设置，展开后单击▼按钮即可收缩动作序列。

- 动作名称：每一个运作序列或动作都有一个名称，以便于用户识别。
- “停止播放/记录”按钮■：单击该按钮，可以停止正在播放的动作，或在录制新动作时暂停动作的录制。
- “开始记录”按钮●：单击该按钮，可以开始录制一个新的动作，在录制的过程中，该按钮将显示为红色。
- “播放选定的动作”按钮▶：单击该按钮，可以播放当前选定的动作。
- “创建新组”按钮：单击该按钮，可以新建一个动作序列。
- “创建新动作”按钮：单击该按钮，可以新建一个动作。
- “删除”按钮：单击该按钮，可以删除当前选定的动作或动作序列。
- ✓按钮：用于显示面板中的动作或命令能否被执行。当按钮中的勾标记为黑色时，表示该命令可以执行；当勾标记为红色时，表示该动作或命令不能被执行。
- 图标：用于控制当前所执行的命令是否需要打开对话框。当图标显示为灰色时，表示暂停要播放的动作，并打开一个对话框，用户可在其中进行参数设置；当图标显示为红色时，表示该动作的部分命令中包含了暂停操作。

三、任务实施

（一）创建“翠绿色调”动作

根据需要，下面先录制好动作。其具体操作如下。

STEP 1 打开“照片.jpg”素材文件（素材参见：光盘：\素材文件\项目十一\任务一\照片.jpg），如图11-3所示。

STEP 2 在面板组中单击按钮，打开“动作”面板，在面板底部单击“创建新组”按钮，在打开的“新建组”对话框中的“名称”文本框输入“我的色调”文本，单击确定按钮，新建组效果如图11-4所示。

图11-3 素材文件

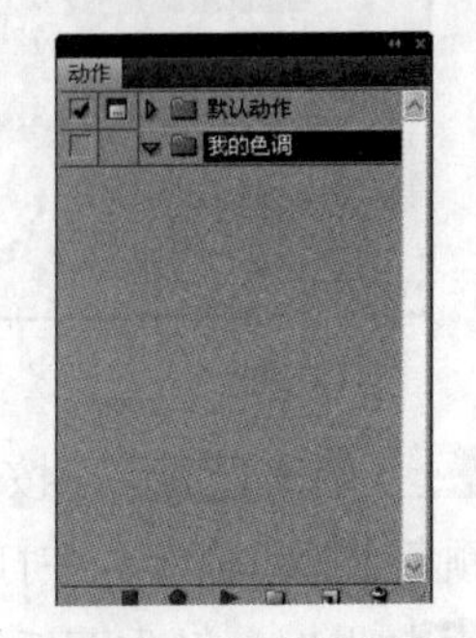

图11-4 新建的动作组

STEP 3 单击“动作”控制面板底部的“创建新动作”按钮，在打开的“新建动作”对话框的“名称”文本框中输入“翠绿色调”文本，如图11-5所示。

STEP 4 单击记录按钮关闭“新建动作”对话框，这时接下来的任何操作都将被记录到新建的动作中，面板下方的“开始记录”按钮[●]呈红色显示，如图11-6所示。

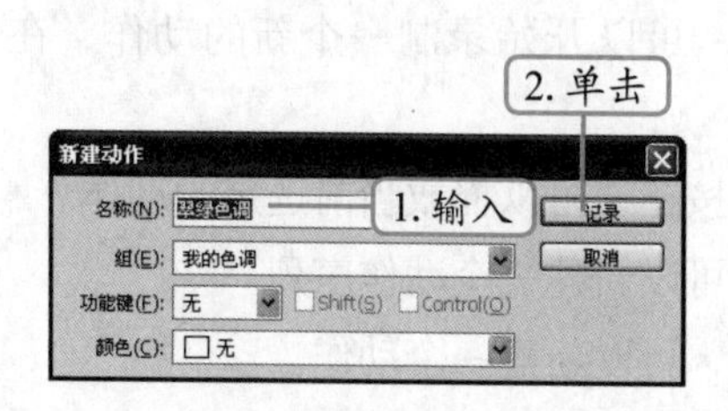

图11-5　“新建动作”对话框

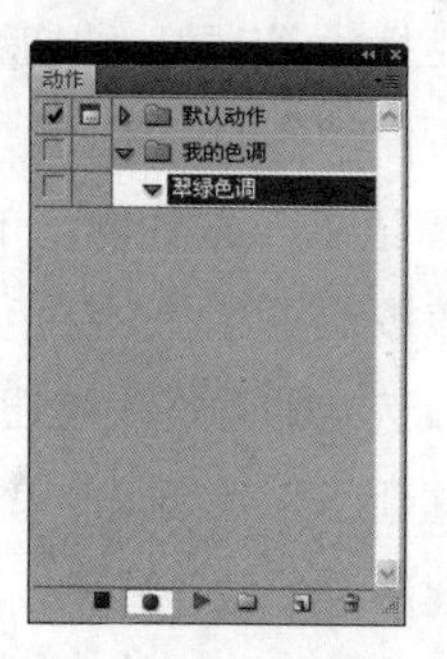

图11-6　开始新建动作

操作提示

新建动作组是为了将接下来要创建的动作放置在该组内，如果不创建动作组，则创建的动作将放置在当前默认的动作组内，这样不便于管理。

STEP 5　按【Ctrl+J】组合键将图像复制一层，选择【图像】/【 模式 】/【Lab颜色】菜单命令，在打开的提示对话框中单击[不拼合(D)]按钮。

STEP 6　按【Ctrl+M】组合键打开“曲线”对话框，在“通道”下拉列表框中选择“a”选项，然后调整曲线，如图11-7所示。

STEP 7　在“通道”下拉列表框中选择“b”选项，然后调整曲线，如图11-8所示。

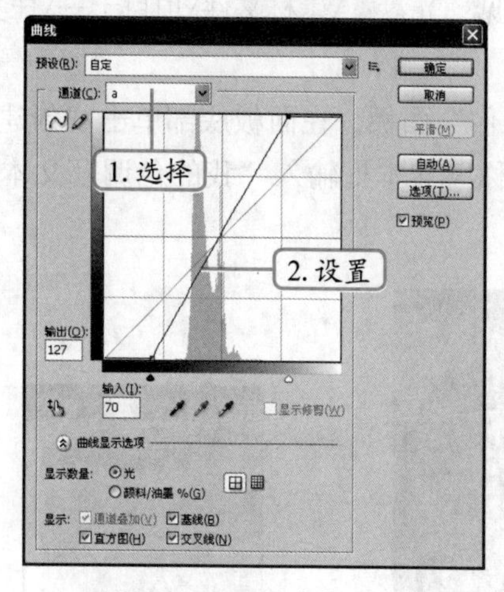

图11-7　设置“a”通道

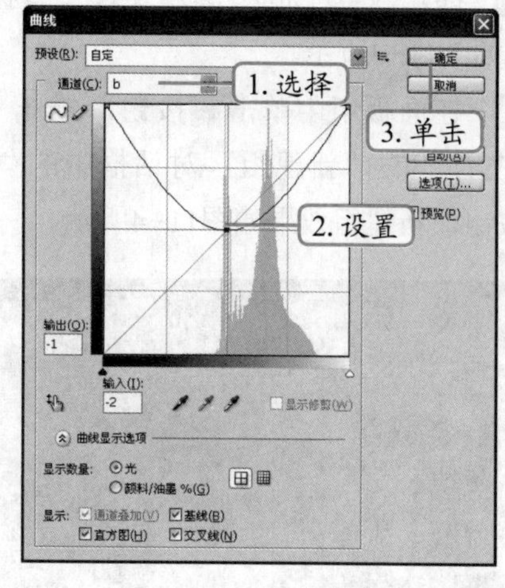

图11-8　设置“b”通道

STEP 8　单击[确定]按钮，应用设置，返回图像窗口，选择【图像】/【 模式 】/【RGB颜色】菜单命令，在打开的提示对话框中单击[不拼合(D)]按钮。

STEP 9　此时，动作面板中将记录之前所做的每一步操作，如图11-9所示。

STEP 10　按【D】键复位前景色和背景色，在图层面板底部单击“创建图层蒙版”按钮[◘]，在工具箱中选择画笔工具[🖌]，然后在图像中的人物图像上进行涂抹，如图11-10所示。

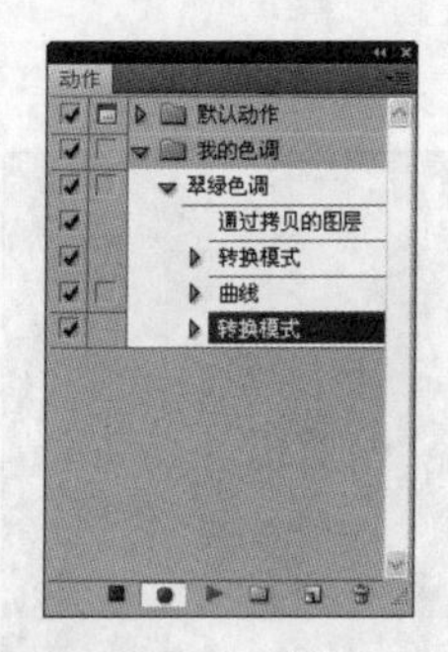

图11-9 “动作”面板

图11-10 涂抹人物图像

STEP 11 新建一个图层，按【Ctrl+Alt+Shift+E】组合键盖印图层，然后按【Ctrl+J】组合键把盖印图层复制一层，图层混合模式改为“柔光”，效果如图11-11所示。

STEP 12 在“调整”面板中单击“渐变映射”按钮，创建渐变映射调整图层，在其中单击渐变条，在打开的“渐变编辑器”对话框中设置由白色到黄色（R:255,G:168,B:8）的渐变，完成后单击 确定 按钮，如图11-12所示。

图11-11 设置“柔光”模式后的效果

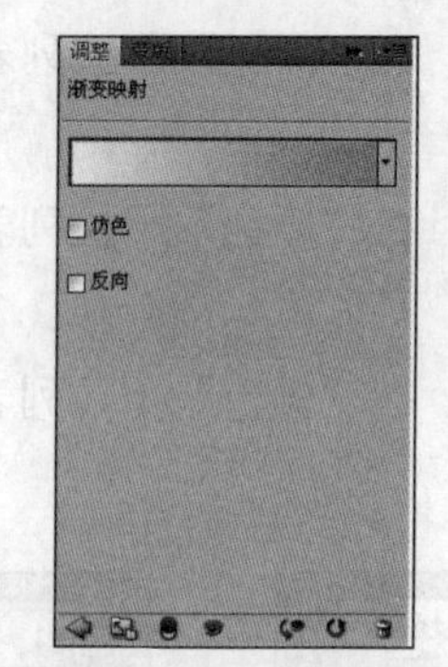

图11-12 设置渐变映射颜色

STEP 13 设置图层混合模式为“正片叠底”，图层不透明度设为“30%”，然后使用黑色画笔在人物图像上涂抹，擦出人物图像上的色调，效果如图11-13所示。

STEP 14 在“调整”面板中单击“色彩平衡”按钮，创建色彩平衡调整图层，在“色彩平衡”面板中单击选中“阴影”单选项，然后按照如图11-14所示的参数进行设置。

STEP 15 单击选中“中间调”单选项，然后按照如图11-15所示的参数进行设置。

图11-13 “正片叠底”后的效果

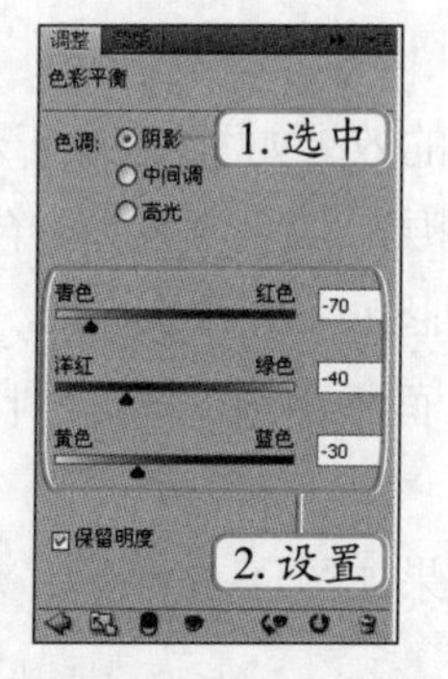

图11-14 设置“阴影” 图11-15 设置“中间调”

STEP 16 单击选中“高光”单选项，然后按照如图11-16所示的参数进行设置。

STEP 17 设置完成后的效果如图11-17所示。

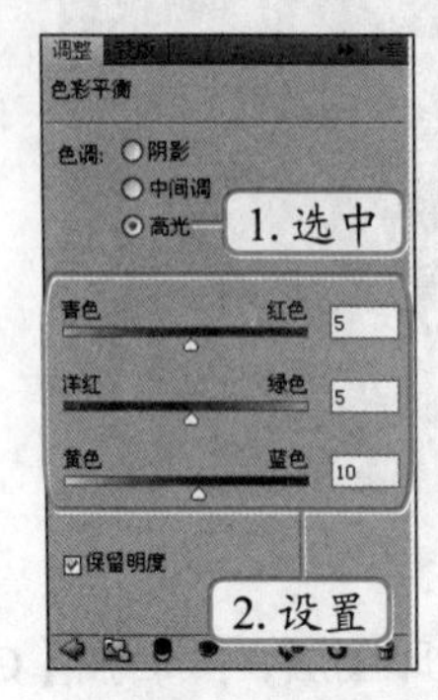

图11-16 设置“高光”

图11-17 设置色彩平衡后的效果

STEP 18 在“调整”面板中单击“可选颜色”按钮，创建可选颜色调整图层，在“可选颜色”面板的“颜色”下拉列表中选择“红色”选项，然后按照如图11-18所示的参数进行设置。

STEP 19 在“颜色”下拉列表中选择“黄色”选项，然后按照如图11-19所示的参数进行设置。

STEP 20 在“颜色”下拉列表中选择“绿色”选项，然后按照如图11-20所示的参数进行设置。

STEP 21 在“颜色”下拉列表中选择“中性色”选项，然后按照如图11-21所示的参数进行设置。

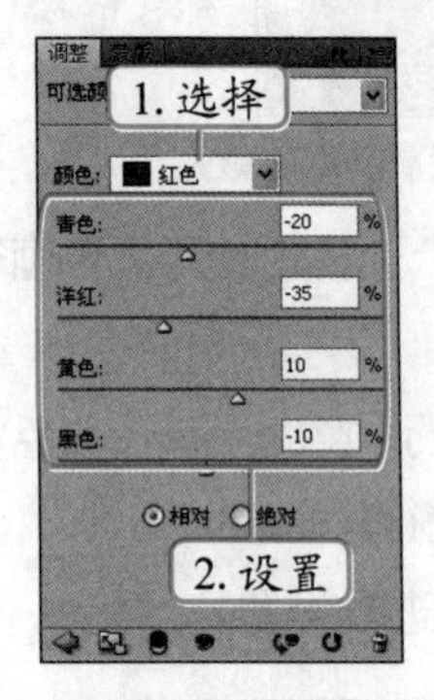

图11-18 设置“红色”

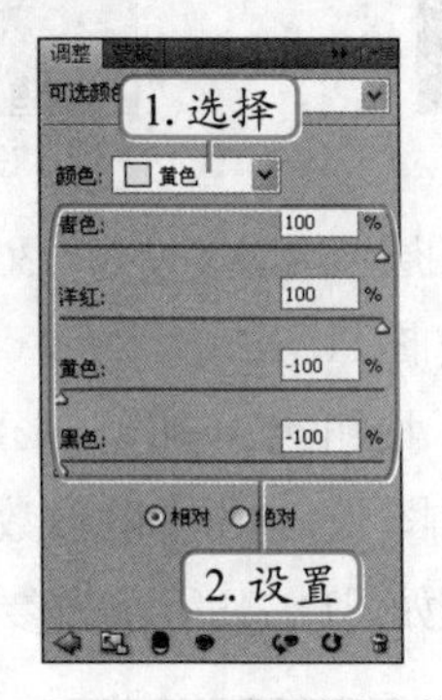

图11-19 设置“黄色”

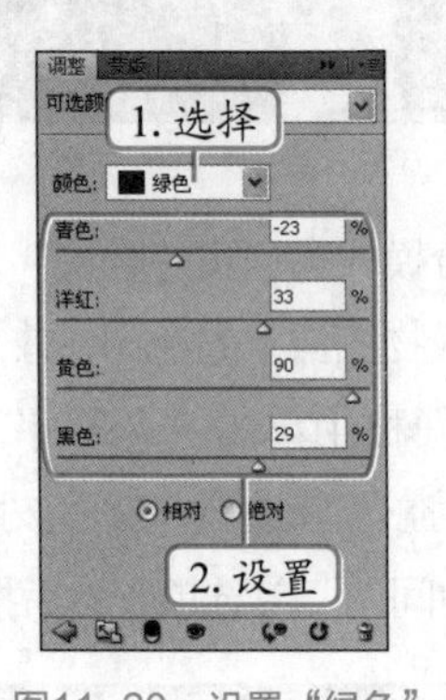

图11-20 设置“绿色”

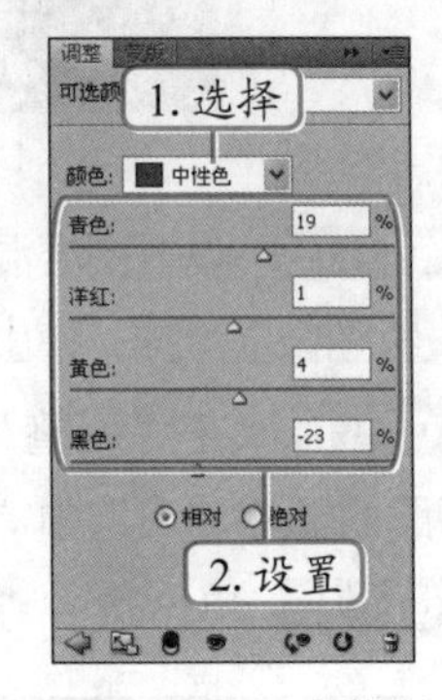

图11-21 设置“中性色”

STEP 22 设置完成后的效果如图11-22所示。

STEP 23 新建一个图层，填充颜色为青色（R:3,G:6,B:76），图层混合模式为“差值”，不透明度为10%，效果如图11-23所示。

STEP 24 在“调整”面板中创建亮度/对比度调整图层，在其中设置亮度为10，对比度为20，如图11-24所示。

STEP 25 此时图像效果如图11-25所示，动作面板效果如图11-26所示。

图11-22 设置可选颜色后的效果

图11-23 添加填充图层后的效果

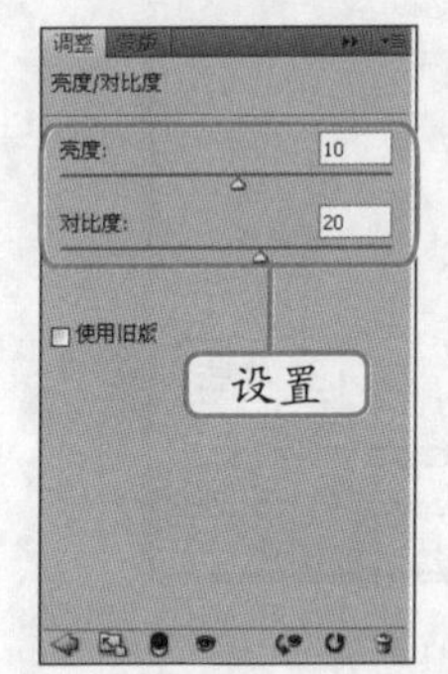

图11-24 设置“亮度/对比度”

图11-25 调整亮度对比度后的效果

图11-26 “动作”面板

STEP 26 新建一个图层，按【Ctrl+Alt+Shift+E】组合键盖印图层。然后选择【滤镜】/【锐化】/【USM锐化】菜单命令，打开“USM锐化”对话框，在其中设置相关参数，如图11-27所示。

STEP 27 设置完成后单击 确定 按钮，效果如图11-28所示（最终效果参见：光盘：\效果文件\项目十一\批处理\照片.psd）。

STEP 28 单击“动作”面板底部的“停止”按钮■完成此次录制，“动作”面板效果如图11-29所示。

图11-27 设置USM锐化

图11-28 锐化后的效果

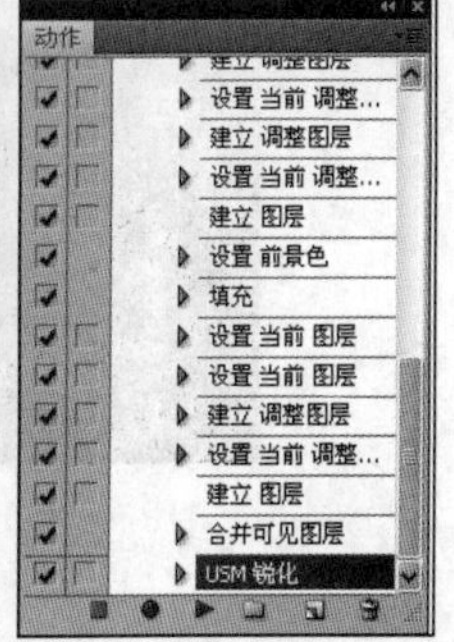

图11-29 录制完动作

（二）保存动作

在Photoshop CS4中可以将录制的动作保存，下面将“翠绿色调”动作保存，其具体操作如下。

STEP 1 在“动作”面板中选择“我的色调”动作组，单击面板右上角的按钮，在打开的菜单中选择“存储动作”菜单命令，如图11-30所示。

STEP 2 在打开的“存储”对话框的“保存在”下拉列表框中设置动作的保存位置，在“文件名”文本框中输入“我的色调”文本，如图11-31所示。

STEP 3 单击 保存(S) 按钮即可将动作保存在计算机中。

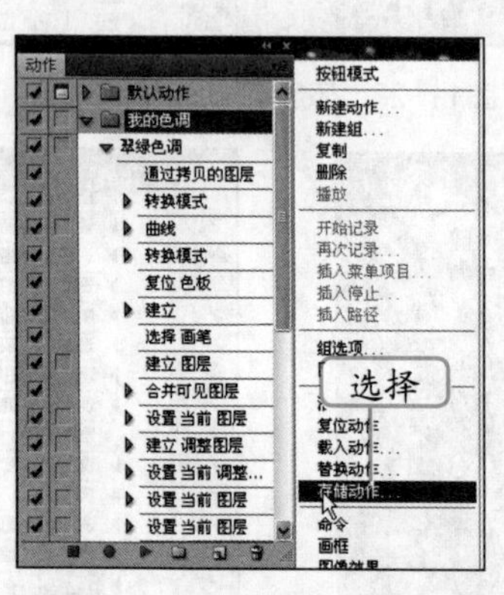

图11-30 选择菜单命令

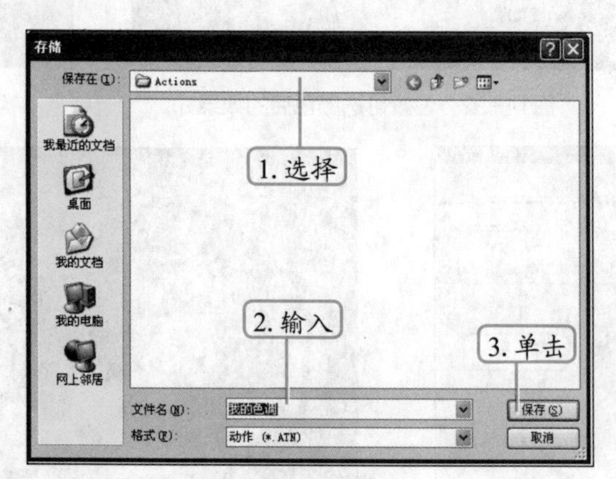

图11-31 “存储”对话框

（三）播放动作

下面将录制的“翠绿色调”动作应用到其他素材文件上，其具体操作如下。

STEP 1 打开 “照片1.jpg”图像文件（素材参见：光盘：\素材文件\项目十一\任务一\照片1.jpg），如图11-32所示。

STEP 2 在“动作”面板中选择“翠绿色调”动作选项，单击“播放选定动作”按钮▶，播放该动作，即可为图片调整色调，效果如图11-33所示（最终效果参见：光盘：\效果文件\项目十一\批处理\照片1.psd）。

图11-32 素材文件效果

图11-33 播放动作后的效果

操作提示

若只需要播放动作中的部分操作，可先选择需要播放的动作，然后再单击“播放选定动作”按钮▶即可。

（四）使用批处理

使用“动作”面板一次只能对一个图像执行动作，若要对一个文件夹下的所有图像同时应用动作，可通过“批处理”命令来实现，下面对提供的素材文件使用批处理的方法快速调整色调，其具体操作如下。

STEP 1 选择【文件】/【自动】/【批处理】菜单命令，在打开的“批处理”对话框中设置要执行的动作为“我的色调”组内的“翠绿色调”动作，如图11-34所示。

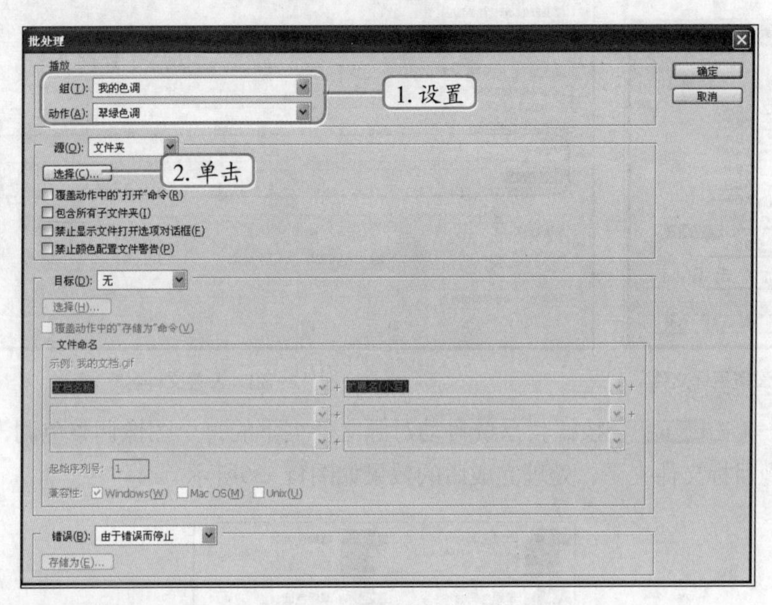

图11-34　选择要播放的动作

STEP 2 单击[选择(C)...]按钮，在打开的“浏览文件夹”对话框中选择“批处理照片库”文件夹，如图11-35所示。

STEP 3 单击[确定]按钮，选择“批处理”文件夹中包含的10个图像文件，如图11-36所示。

图11-35　选择批处理文件夹

图11-36　要批处理的图片

STEP 4 在“批处理”对话框中的“目标”下拉列表框中选择“文件夹”选项，然后单击[选择(C)...]按钮设置处理后的图像存放在“批处理照片”空文件夹中，如图11-37所示。

STEP 5 按照文件浏览器批量重命名的方法，在“文件命名”栏下设置起始文件名为

"翠绿色调01.psd"，如图11-38所示。

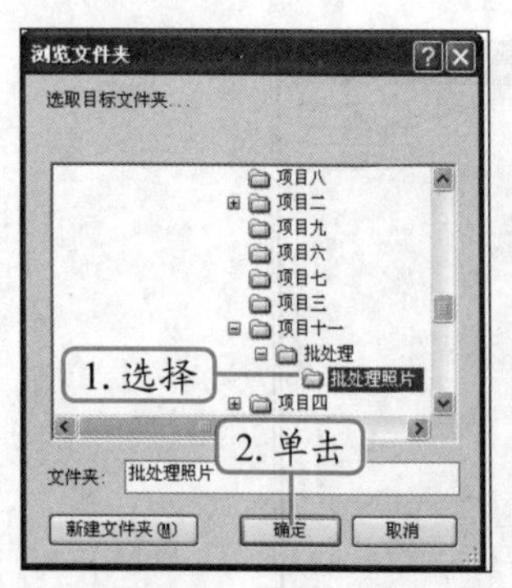

图11-37 设置目标文件

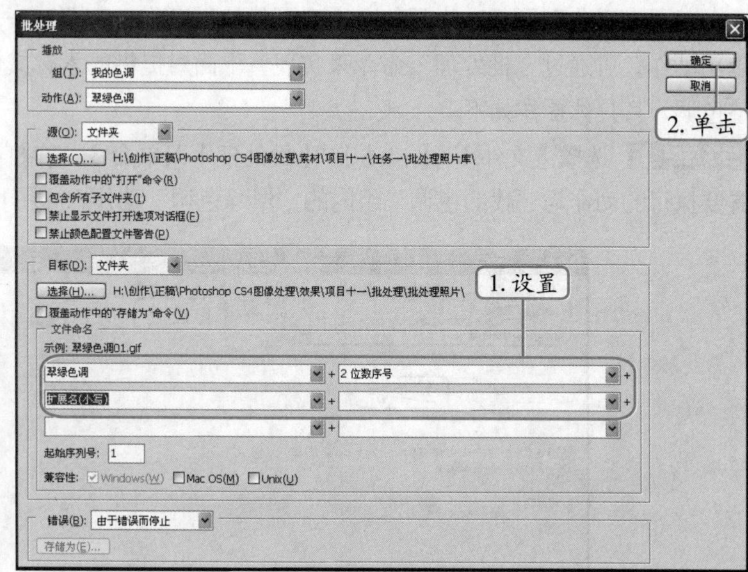

图11-38 设置文件名

STEP 6 单击[确定]按钮，系统自动对源文件夹下的每个图像调整色调，并将处理后的文件存储到目标文件夹下，处理完成后的效果如图11-39所示。

图11-39 批处理后的效果

知识补充

当在录制动作时，若没有录制保存动作，那么在批处理时，将会打开"存储为"对话框，需要手动单击[保存(S)]按钮保存。另外，图像默认的输出格式是psd格式的文件，若要修改为图片格式，可在打开的"存储为"对话框中设置图像保存为".jpg"格式。

任务二 印刷和打印输出图像

通常设计好后的作品还需从计算机中输出，如印刷输出或打印输出等，然后将输出后的作品作为小样进行审查。

一、任务目标

本任务将学习使用Photoshop CS4的图像印刷和打印输出功能，主要讲解了印刷输出时的相关操作和打印输出图像的相关操作。通过本任务的学习，可以掌握印刷输出图像和打印输出图像的基本操作。

二、相关知识

在学习输出作品前，还需要先了解一些相关知识，如设计稿件的前期准备、印前设计的工作流程和印刷前的准备工作等，下面分别讲解。

（一）设计稿件的前期准备

在设计广告前，首先需要在对市场和产品调查的基础上，对获得的资料进行分析与研究，通过对特定资料和一般资料的分析与研究，初步寻找出产品与这些资料的连接点，并探索它们之间各种组合的可能性及组合效果，并从资料中去伪存真，保留有价值的部分。

为了设计出效果更好的作品，设计稿件前还应进行一些必备的工作，主要包括以下几方面。

1. 设计提案

在大量占有第一手资料的基础上，对初步形成的各种组合方案和立意进行选择和酝酿，从新的思路去获得灵感。在这个阶段，设计者还可适当多参阅、比较类似的构思，以便于调整创意与心态，使思维更为活跃。

在经过以上阶段之后，创意将会逐步明朗化，它会在设计者不注意的时候突然涌现，此时便可以制作设计草稿，并制定初步设计方案。

2. 设计定稿

从数张设计草图中选定一张作为最后方案，然后在电脑中做设计正稿。针对不同的广告内容可以选择使用不同的软件来制作，如选择现在运用较为广泛的Photoshop 软件，它能制作出各种特殊图像效果，为画面增添丰富的色彩。

（二）印前设计的工作流程

一幅图像作品从开始制作到印刷输出的过程中，其印前处理工作流程大致包括以下几个基本步骤。

- 理解用户的要求，收集图像素材，开始构思、创作。
- 对图像作品进行色彩校对，打印图像进行校稿。
- 再次打印校稿后的样稿，修改并定稿。
- 将无误的正稿送到输出中心进行出片和打样。
- 校正打样稿，若颜色、文字都正确，再送到印刷厂进行制版和印刷。

在打样前进行分色，可以更为精确地了解设计作品的印刷效果，但费用较高。

（三）印刷前的准备工作

印刷是指通过印刷设备将图像快速、大量地输出到纸张等介质上，是广告设计、包装设计或海报设计等作品的主要输出方式。

为了便于图像的输出，用户在设计过程中还需要在印刷前进行必要的准备工作，主要包括以下几个方面。

1. 图像的颜色模式

用户在设计作品的过程中要考虑作品的用途和其主要的输出设备，输出设备不同，图像的颜色模式也会根据不同的输出路径而有所差异。如要输出到电视设备，必须经过NTSC颜色滤镜等颜色校正工具进行校正后，才能在电视中显示；如要输出到网页，则可以选择RGB颜色模式；如作品需要印刷，则必须使用CMYK颜色模式。

2. 图像的分辨率

一般用于印刷的图像，为了保证印刷出的图像清晰，在制作图像时，应将图像的分辨率设置在300像素/英寸～350像素/英寸之间。

3. 图像的存储格式

在存储图像时，要根据要求选择文件的存储格式。若是用于印刷，则要将其存储为“tif”格式，因为在出片中心都以此格式来进行出片；若用于观看的图像，则可将其存储为“jpg”或“rgb”格式即可。

由于高分辨率的图像大小一般都在几兆到几十兆，甚至几百兆，因此磁盘常常不能满足其储存需要。对于此种情况，用户可以使用可移动的大容量介质来传送图像。

4. 图像的字体

当作品中运用了某种特殊字体时，需要准备好该字体的安装文件，在制作分色胶片时一并提供给输出中心，因此一般情况下都不采用特殊的字体进行图像设计。

5. 图像的文件操作

在提交文件给输出中心时，应将所有与设计有关的图片文件、字体文件，以及设计软件中使用的素材文件准备齐全，一起提交。

6. 选择输出中心与印刷商

输出中心主要制作分色胶片，价格和质量不等，在选择输出中心时应进行相应的调查。印刷商主要根据分色胶片制作印版、印刷和装订。

（四）色彩校对

如果显示器显示的颜色有偏差或者打印机在打印图像时造成图像颜色有偏差，将导致印刷后的图像色彩与在显示器中所看到的颜色不一致。因此，图像的色彩校准是印刷前处理工作中不可缺少的一步，色彩校准主要包括以下几种。

- 显示器色彩校准：如果同一个图像文件的颜色在不同的显示器或不同时间在同一显示器上的显示效果不一致，就需要对显示器进行色彩校准。有些显示器自带色彩校准软件，如果没有，用户可以通过手动调节显示器的色彩。

- **打印机色彩校准**：在计算机显示屏幕上看到的颜色和用打印机打印到纸张上的颜色一般不能完全匹配，这主要是因为计算机产生颜色的方式和打印机在纸上产生颜色的方式不同。要让打印机输出的颜色和显示器上的颜色接近，设置好打印机的色彩管理参数和调整彩色打印机的偏色规律是一个重要途径。
- **图像色彩校准**：图像色彩校准主要是指图像设计人员在制作过程中或制作完成后对图像的颜色进行校准。当用户指定某种颜色后，进行某些操作可能导致颜色发生变化，这时需要检查图像的颜色和最初设置的CMYK颜色值是否相同，如果不同，可以通过“拾色器”对话框调整图像颜色。

（五）分色和打样

图像在印刷之前，要进行分色和打样，二者也是印前处理的重要步骤，下面将分别进行讲解。

- **分色**：是指在输出中心将原稿上的各种颜色分解为黄、品红、青、黑4种原色颜色。在计算机印刷设计或平面设计软件中，分色工作就是将扫描图像或其他来源图像的色彩模式转换为CMYK模式。
- **打样**：是指印刷厂在印刷之前，必须将所交付印刷的作品交给出片中心进行出片。输出中心先将CMYK模式的图像进行青色、品红、黄色、黑色4种胶片分色，再进行打样，从而检验制版阶调与色调能否取得良好的再现，并将复制再现的误差及应达到的数据标准提供给制版部门，作为修正或再次制版的依据，打样校正无误后即可交付印刷中心进行制版、印刷。

三、任务实施

（一）转换为CMYK模式

在Photoshop CS4中制作的图像都是“psd”格式的，在印刷之前，必须先将其转换为CMYK格式，出片中心将以CMYK模式对图像进行4色分色，即将图像中的颜色分解为C（青色）、M（品红）Y（黄色）、K（黑色）4张胶片。因此，必须对印刷的作品使用CMYK颜色模式，否则印刷出的颜色将有很大差别。下面将需要打印的图像转换为CMYK颜色模式，其具体操作如下。

STEP 1 打开“折页宣传单.psd”素材文件（素材参见：光盘：\素材文件\项目十一\任务二\折页宣传单.psd）。

STEP 2 选择【图像】/【模式】/【CMYK颜色】菜单命令即可。

（二）打印页面设置

打印的常规设置包括选择打印机的名称，设置“打印范围”、“份数”、“纸张尺寸大小”、“送纸方向”等参数，设置完成后即可进行打印，其具体操作如下。

STEP 1 选择【文件】/【页面设置】菜单命令，打开“页面设置”对话框。

STEP 2 在其中设置纸张大小、来源、方向等参数，如图11-40所示。

STEP 3 单击打印机(P)...按钮，在打开的“页面设置”对话框中的“名称”下拉列表框中选择电脑连接的有效的打印机，如图11-41所示。

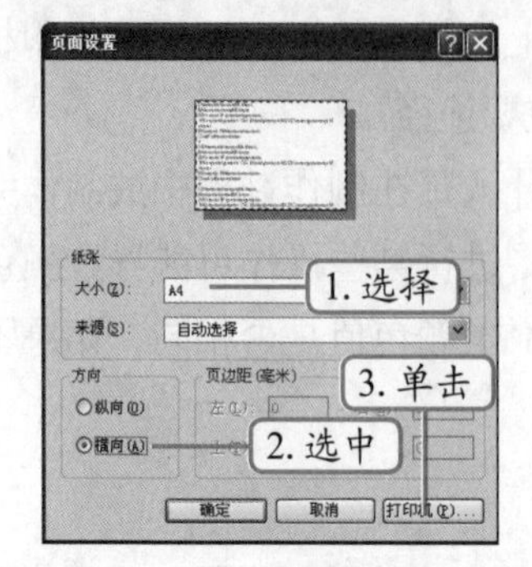

图11-40 设置打印尺寸

图11-41 设置打印机

STEP 4 单击属性(P)...按钮，打开“文档 属性”对话框，在“纸张/质量”选项卡中设置纸张尺寸，如图11-42所示。

STEP 5 单击“高级”选项卡，在其中可查看已有的页面设置参数，如图11-43所示。

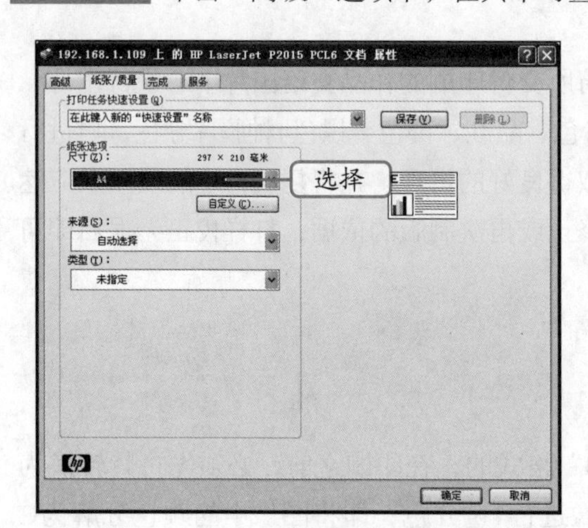

图11-42 设置纸张和质量

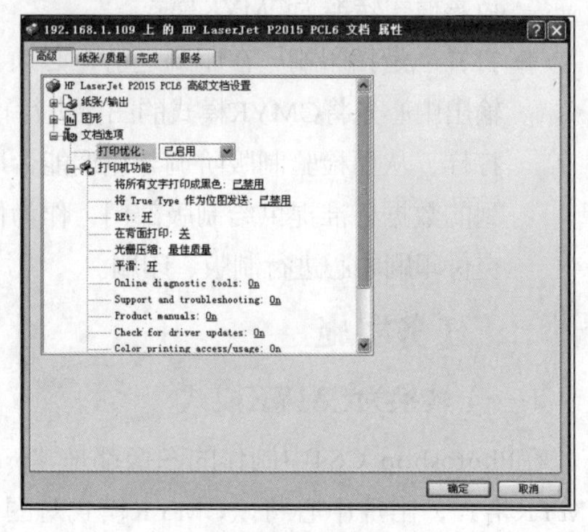

图11-43 查看已设置的参数

STEP 6 依次单击确定按钮完成设置。

操作提示

当打印的图像区域超出了页边距时，执行打印操作后，将打开一个提示对话框，提示用户图像超出边界，如果要继续，则需要进行裁切操作，单击取消按钮取消打印，并重新设置打印图像的大小和位置。另外，对于不能在同一纸张上完成的较大图形的打印，可使用打印拼接功能，将图形平铺打印到几张纸上，再将其拼贴起来，形成完整的图像。

（三）预览并打印图层

在打印图像文件前，为防止打印出错，一般会通过打印预览功能来预览打印效果，以便能发现问题并及时改正，其具体操作如下。

STEP 1 选择【文件】/【打印】命令，在打开的“打印”对话框中可观察打印效果，如

图11-44所示。

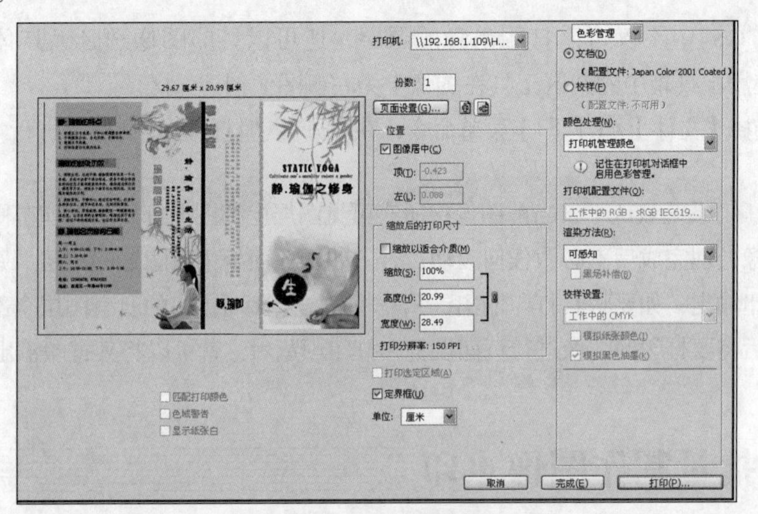

图11-44 打印预览

STEP 2 单击 取消 按钮，取消打印预览，将“图层”面板中的所有文字图层隐藏，只显示图像图层，如图11-45所示。

图11-45 隐藏图层

STEP 3 选择【文件】/【打印】命令，在打开的“打印”对话框中设置打印参数，如图11-46所示，单击 打印(P)... 按钮即可打印可见图层（背景）中的图像。

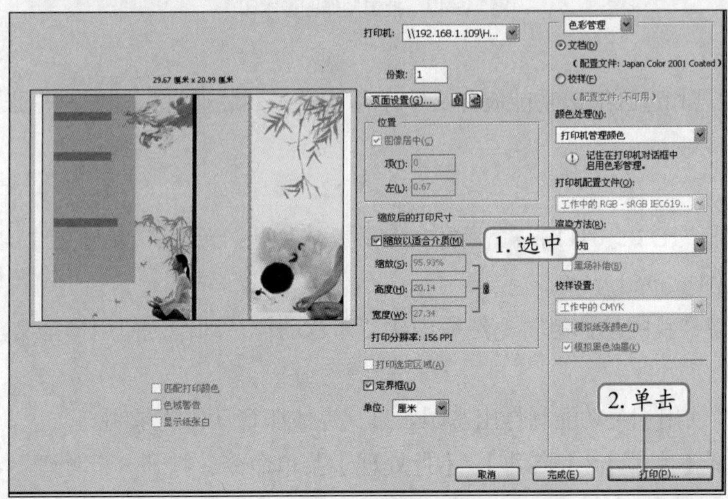

图11-46 打印图层

（四）打印选区

在Photoshop CS4中不仅可以打印单独的图层，还可以打印图像选区，具体操作如下。

STEP 1 使用工具箱中的选区工具在图像中为右侧图像创建选区。

STEP 2 选择【文件】/【打印】菜单命令，在打开的“打印”对话框中进行打印即可。

知识补充

系统默认下，当前图像中所有可见图层上的图像都属于打印范围，因此图像处理完成后不必做任何改动，若“图层”面板中有隐藏的图层，则不能被打印输出，如要将其打印输出，只需将“图层”面板中的所有图层全部显示，然后将要打印的图像进行页面设置和打印预览后，就可以将其打印输出。

实训一 批量制作图像水印

【实训要求】

本实训要求制作一个文字图像水印动作，然后使用批处理来批量制作水印。效果如图11-47所示。

图11-47 批量制作图像水印

【实训思路】

使用文字工具和选区描边功能制作文字水印印章，然后通过批处理对每张图片进行播放即可。

【步骤提示】

STEP 1 打开“1DSC_0411.jpg”素材文件（素材参见：光盘：\素材文件\项目十一\实训一\照片\1DSC_0411.jpg）。

STEP 2 创建“我的动作组”，然后创建“印章动作”动作，使用横排文字工具T输入文字，开始录制。

STEP 3 继续使用相关功能制作出水印效果，完成印章动作的录制。

STEP 4 选择【文件】/【自动】/【批处理】菜单命令，打开“批处理”对话框，在其中选择需要批处理的动作。

STEP 5 然后选择批处理的图片和批处理后图片的保存位置。

STEP 6 设置批处理后图像的名称，单击 确定 按钮即可完成制作（最终效果参见：光盘：\效果文件\项目十一\印章动作\）。

实训二 打印输出入场券

【实训要求】

本实训要求将提供的素材文件（素材参见：光盘：\素材文件\项目十一\实训二\入场券.psd），通过设置将其打印输出，预览效果如图11-48所示。

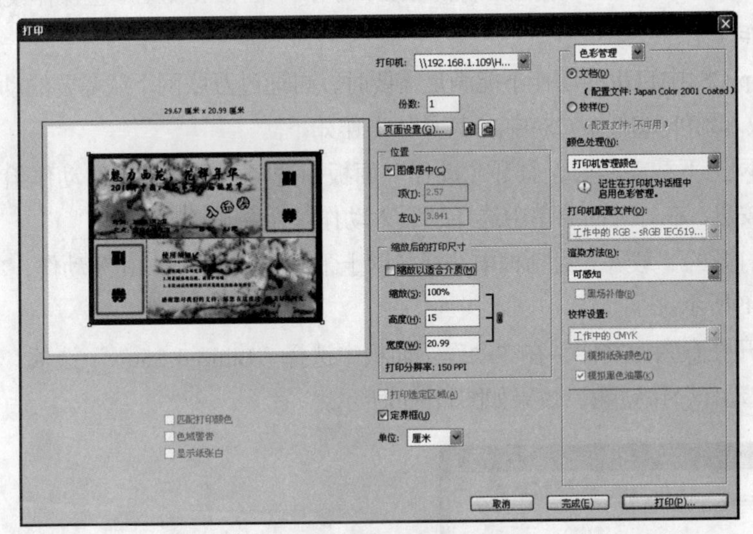

图11-48 预览打印效果

【实训思路】

根据实训要求，需要先对图像进行相关印前准备工作，如转换图像色彩模式，查看图像分辨率、存储格式、色彩校对等相关操作。

【步骤提示】

STEP 1 打开“入场券.psd”图像文件，选择【图像】/【模式】/【CMYK模式】菜单命令，将图像转换为CMYK模式。

STEP 2 选择【文件】/【页面设置】菜单命令，在打开的对话框中设置页面大小。

STEP 3 选择【文件】/【打印】菜单命令，打开“打印”对话框，在左侧预览打印效果，在右侧设置打印参数。

STEP 4 完成后单击 打印(P)... 按钮打印图像。

常见疑难解析

问：打印图像时，如何设置打印药膜选项？

答：如果在胶片上打印图像，应将药膜设置为朝下；如果在纸张上打印图案，一般选择打印正片；若直接将分色打印到胶片上，将得到负片。

问：什么是偏色规律？如果打印机出现偏色，该怎么解决呢？

答：所谓偏色规律是指由于彩色打印机中的墨盒使用时间较长或其他原因，造成墨盒中的某种颜色偏深或偏浅，调整的方法是更换墨盒或根据偏色规律调整墨盒中的墨粉，如对偏浅的墨盒添加墨粉等。为保证色彩正确，也可以请专业人员进行校准。

拓展知识

前面学习了动作、批处理、输出图像的相关知识，下面拓展介绍一些操作技能。

1. 载入动作

当Photoshop CS4中自带的动作不能满足需要时，可通过互联网下载需要的动作，然后通过载入的方法载入到Photoshop CS4中,，其具体操作如下。

STEP 1 在网上下载动作后，打开“动作”面板，选择“我的动作”动作组，在其中单击右上角的按钮，在打开的菜单中选择“载入动作”命令。

STEP 2 在打开的“载入”对话框中选择从网上下载的“铅笔画.atn”动作，单击载入(L)按钮，如图11-49所示。

STEP 3 打开任意图像文件，在“动作”面板中选择“Bllured Snow”选项，在面板底部单击“播放选定动作”按钮，效果如图11-50所示。

图11-49 打开“载入”对话框

图11-50 播放动作前后的对比效果

2. Photoshop与其他软件的文件交换

Photoshop可以与很多软件结合使用，这里主要介绍Photoshop与Illustrator软件及CorelDRAW等其他设计软件结合使用的方法，下面将进行具体讲解。

● 将Photoshop路径导入到Illustrator中

通常情况下，Illustrator能够支持许多图像文件格式，但有一些图像格式不行，包括“.raw”和“.rsr”格式。打开Illustrator软件，选择【文件】/【置入】菜单命令，在打开的对话框中选择“.psd”格式文件，即可将Photoshop图像文件置入到Illustrator中。

● 将Photoshop路径导入到CorelDRAW中

在Photoshop中绘制好路径后，选择【文件】/【导出】/【路径到Illustrator】菜单命令，将路径文件存储为“.ai”格式，然后打开CorelDRAW软件，选择【文件】/【导入】菜单命令，即可将存储好的路径文件导入到CorelDRAW中。

● Phtoshop与其他设计软件的配合使用

Photoshop除了与Illustrator、CorelDRAW配合起来使用之外，还可以与FreeHand和PageMaker等软件结合使用。将FreeHand置入Photoshop文件可以通过按【Ctrl+R】组合键来完成。如果FreeHand的文件是用来输出印刷的，置入的Photoshop图像最好采用TIFF格式，因为这种格式储存的图像信息最全，输出最安全，当然文件也最大。

在PageMaker中，多数常用的Photoshop图像都能通过置入命令来转入图像文件，但对于“.psd”、“.png”、“.iff”、“.tga”、“.pxr”、“.raw”、“.rsr”格式文件，由于PageMaker并不支持，所以需要将它们转换为其他可支持的文件来置入。其中Photoshop中的“.eps”格式文件可以在PageMaker中产生透明背景效果。

课后练习

（1）为如图11-51所示（素材参见：光盘：\素材文件\项目十一\课后练习\照片.jpg）的小孩照片制作唯美淡黄色效果，处理过程中将操作录制下来保存为动作，完成后的参考效果如图11-52所示（最终效果参见：光盘：\效果文件\项目十一\课后练习\淡黄色调.psd）。

图11-51 素材图像

图11-52 淡黄色调效果

（2）利用提供的如图11-53所示的“小孩.jpg”素材文件（素材参见：光盘：\素材文件\项目十一\课后练习\小孩.jpg），制作一个暖色调调色动作。完成后的参考效果如图11-54所示（最终效果参见：光盘：\效果文件\项目十一\课后练习\暖色调.psd）。

图11-53 素材图像

图11-54 暖色调效果

（3）在网上下载“外景润色.atn”动作，然后将其载入到Photoshop CS4中，打开如图11-55所示的“小女孩.jpg”素材文件（素材参见：光盘：\素材文件\项目十一\课后练习\小女孩.jpg、外景润色.atn），通过播放动作的方法来调整颜色，完成后的参考效果如图11-56所示（最终效果参见：光盘：\效果文件\项目十一\课后练习\外景润色.psd）。

图11-55 素材图像

图11-56 外景润色效果

PART 12

项目十二 综合实训——制作宣传画册

情景导入

阿秀：小白，经过Photoshop的学习，你觉得自己能独立完成作品的设计制作了吗？

小白：经过这3个月的学习，我才算是真正地会用Photoshop了，学会了很多工作中实用的技巧和方法，也能完全地自行设计作品了，这还要多感谢你平常对我的帮助。

阿秀：这也有你自己的努力在里面，不仅要学会软件，还应该多加练习，只有熟练使用软件才能制作出更多效果精美的作品来。

小白：我会的。

阿秀：昨天刚接到一个客户要求制作一个宣传画册，现在就交由你来独自完成吧。具体要求可以和客户商讨后再设计。

小白：我相信自己能完成任务！

学习目标

- 掌握画册的组成部分
- 掌握Photoshop各种功能结合使用的方法

技能目标

- 掌握“画册封面和封底”图像文件的制作方法
- 掌握“内页1”－“内页3”图像文件的制作方法
- 掌握画册装帧设计的相关方法

任务一 设计画册封面和封底

画册在日常生活中随处可见，通常用于企业不定期地宣传企业形象或产品，在房地产、电器和家具销售等方面有重大体现。本任务分为两部分，即设计画册封面和封底，下面将分别进行讲解。

（一）设计画册封面

要绘制画册，需要先新建画册图像文件，确定画册成体大小，然后再设计画册封面的内容，其具体操作如下。

STEP 1 启动Photoshop CS4，新建一个大小为“20mm×13mm”，分辨率为“300”，名称为“封面封底”的图像文件。

STEP 2 设置前景色为玄色（R:239,G:242,B:233），背景色为暗黄色（R:255,G:210,B:188），选择【滤镜】/【渲染】/【云彩】菜单命令，效果如图12-1所示。

STEP 3 将背景图层复制得到“背景 副本”，选择【滤镜】/【纹理】/【纹理化】菜单命令，在打开的对话框中进行设置，如图12-2所示。

STEP 4 单击 确定 按钮应用设置，效果如图12-3所示。

图12-1 云彩效果

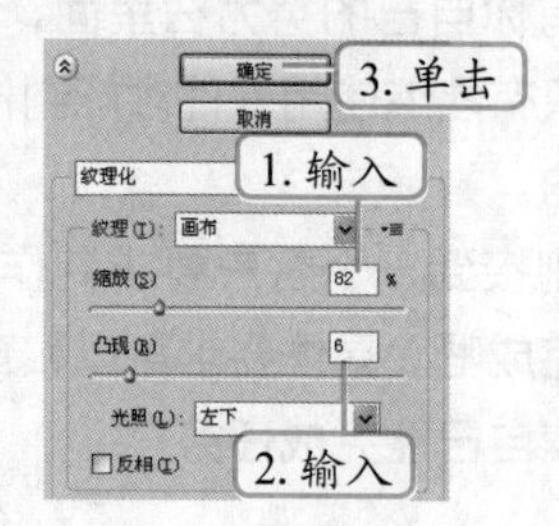

图12-2 设置纹理化参数

图12-3 纹理化效果

画册设计过程中要及时与客户进行沟通，画册的大小、侧重点和主题都需要根据客户提供的要求来设计，若客户未做要求，则设计人员在确定大小和主题后应与客户商量并确定，以免后期进行大的改动。另外，用于印刷类的作品的分辨率都应在300像素以上。

STEP 5 在垂直标尺上按住鼠标左键拖动，创建一条位于图像正中央的垂直参考线。

STEP 6 打开“封面素材.psd”素材文件（素材参见：光盘：\素材文件\项目十二\任务一\封面素材.psd），在其中选择“墨点”图层，将其移动到封面封底图像文件中，调整大小到合适位置，如图12-4所示。

STEP 7 打开“建筑.jpg”和“茶壶.jpg”素材文件（素材参见：光盘：\素材文件\项目十二\任务一\建筑.jpg、茶壶.jpg），将建筑图像移动到封面封底图像中，并添加图层蒙版，然后使用黑色画笔隐藏不需要的部分，效果如图12-5所示。

STEP 8 在“调整”面板中创建一个曲线调整图层，然后按图12-6所示设置参数。

STEP 9 按【Ctrl+Alt+G】组合键创建为剪贴蒙版，如图12-7所示。

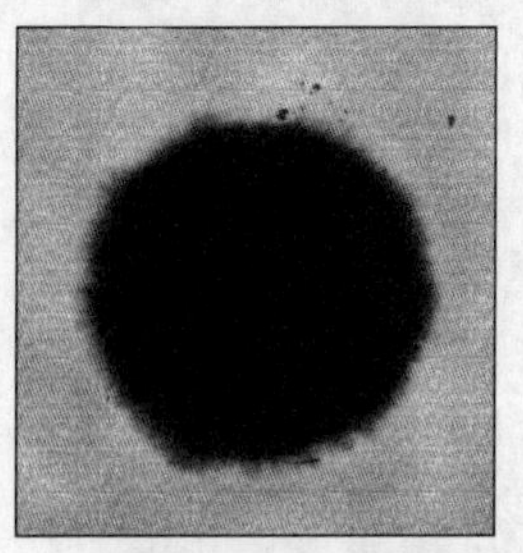

图12-4 调整墨点大小

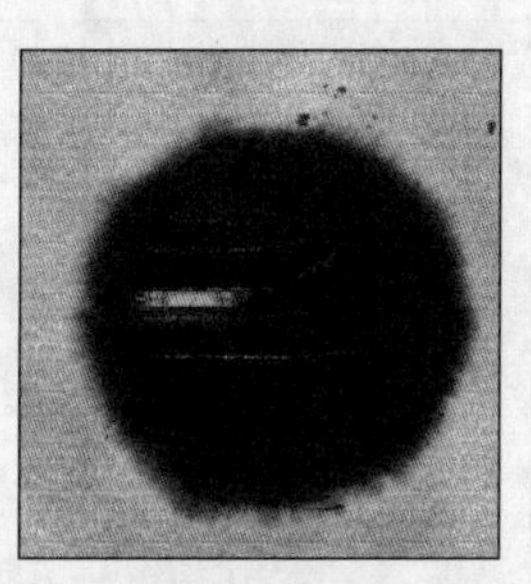

图12-5 处理建筑图像

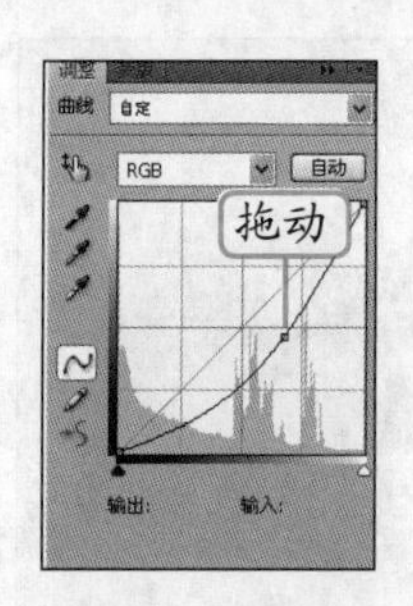

图12-6 调整曲线

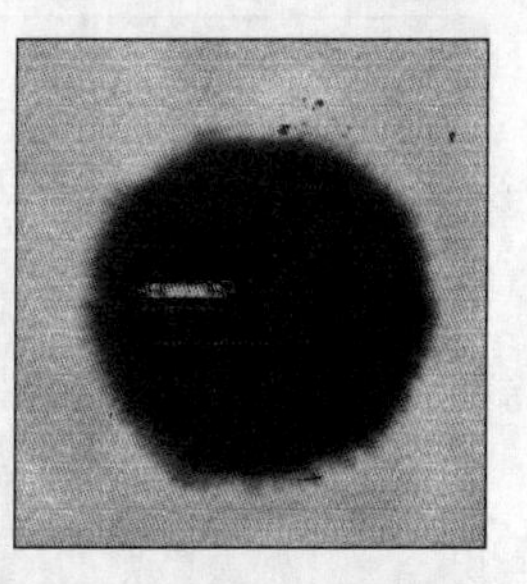

图12-7 创建剪贴蒙版

STEP 10 在封面素材图像中将“图纹”图层复制到当前图像中，并调整位置，设置不透明度为“28%”，效果如图12-8所示。

STEP 11 将茶壶图素材中的茶壶图像选取，并移动到图像中的合适位置，然后创建一个曲线1副本调整图层，参数设置如图12-9所示。

STEP 12 将调整图层创建为茶壶图像的剪贴蒙版，效果如图12-10所示。

STEP 13 将“墨点”图层复制，然后变换并调整大小到合适位置，如图12-11所示。

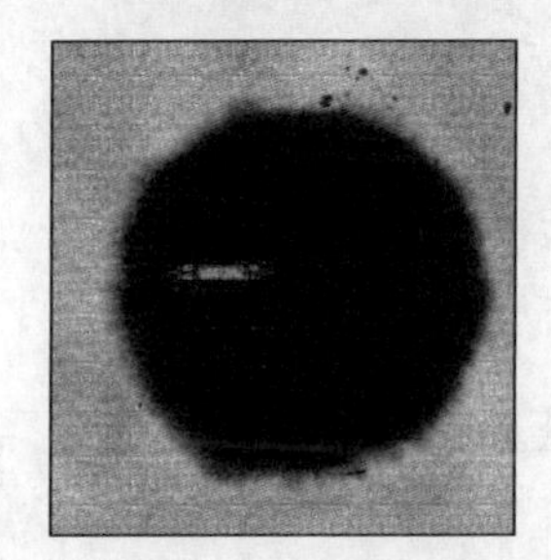

图12-8 添加图纹

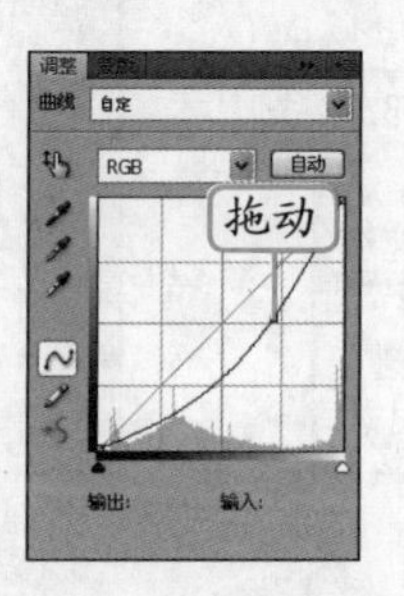

图12-9 设置曲线参数

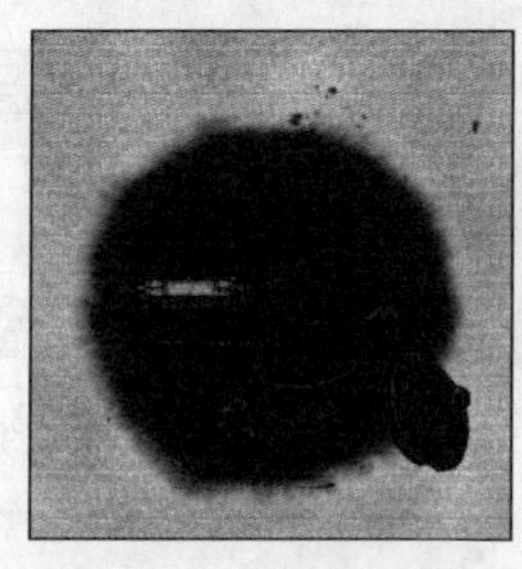

图12-10 调整曲线效果

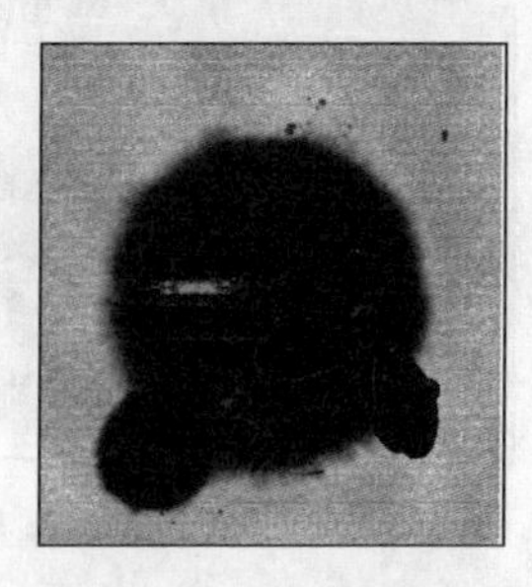

图12-11 添加墨点

STEP 14 利用相同的方法复制并变换墨点图像，并将其移动到不同的位置，使其散布在画册上，完成后将所有墨点图层合并，效果如图12-12所示。

STEP 15 新建图层3，使用套索工具在其中创建不规则的选区，将选区填充为红色（R:182,G:0,B:5），如图12-13所示。

操作提示

若不能绘制出需要的形状，可先绘制大致形状，然后选择【滤镜】/【画笔描边】/【喷溅】菜单命令创建不规则的边缘。

STEP 16 选择直排文字工具，在其中输入“极品”文本，设置字符格式为“汉仪平和简体、12点、红色”，然后将文字图层栅格化，载入选区。

STEP 17 选择图层3，删除选区内容，将栅格化后的文字图层删除，效果如图12-14所示。

STEP 18 使用直排文字工具输入“阿七”文本，设置字符格式为“汉仪智草繁、60点、红色”，效果如图12-15所示。

STEP 19 将“阿七”图层复制一层，栅格化该图层，然后选择【滤镜】/【素描】/【绘画笔】菜单命令，参数设置如图12-16所示。

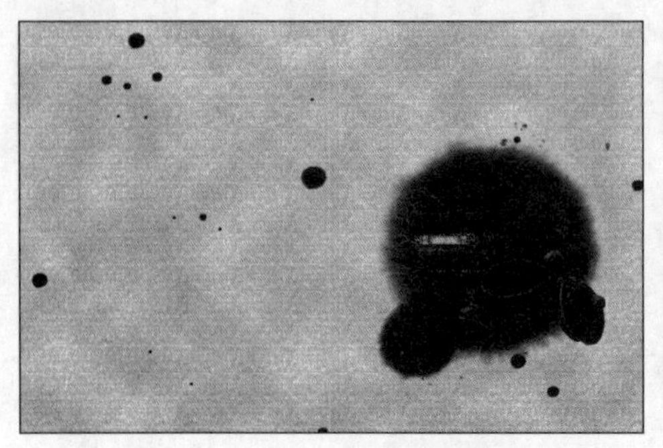

图12-12　添加其他墨点

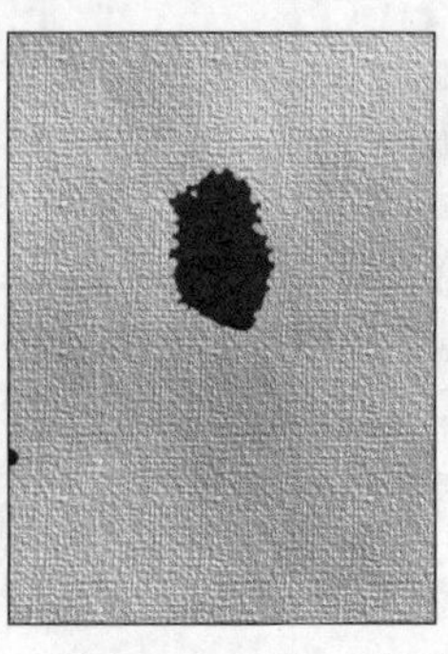

图12-13　绘制底纹

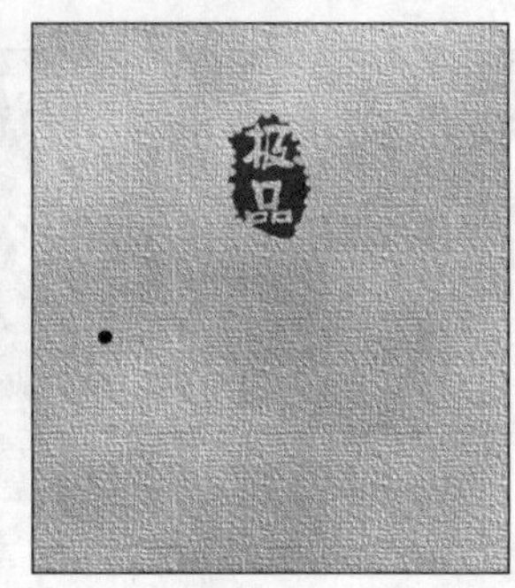

图12-14　制作印章

STEP 20 单击 确定 按钮应用设置，然后设置该图层混合模式为“线性加深”，填充为50%，效果如图12-17所示。

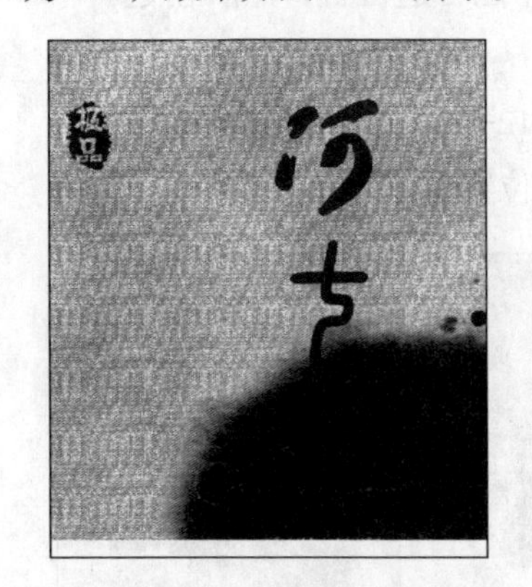

图12-15　设置标志文本

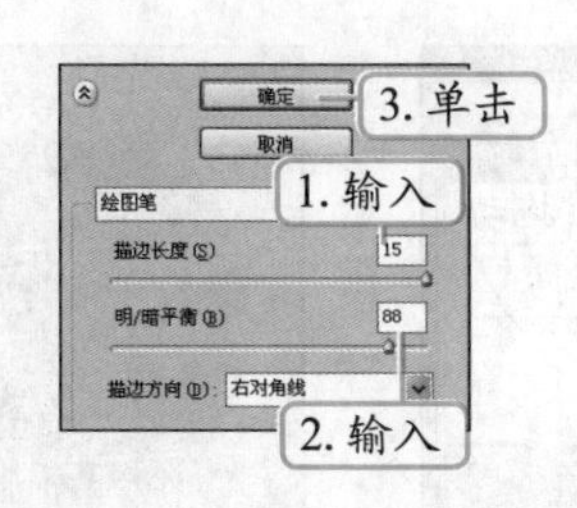

图12-16　设置绘画笔参数

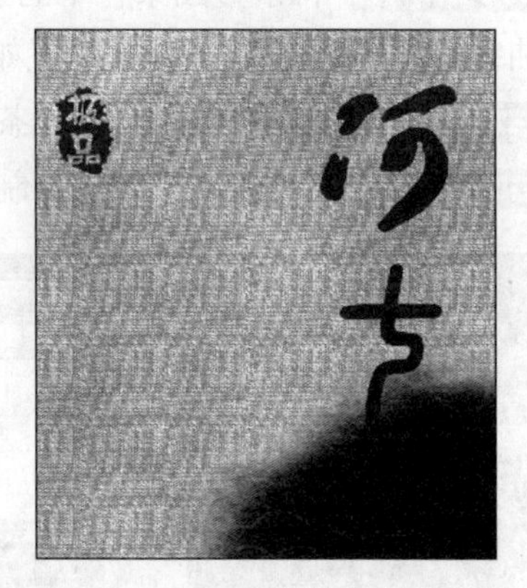

图12-17　线性加深效果

STEP 21 创建一个文字图层，并输入文本，设置字符格式为“隶书、13点、红色”，效果如图12-18所示。

STEP 22 使用直排文字工具[T]输入相关英文文本，字符格式分别为“Berlin Sans FB、18点、红色、垂直缩放67%”，“Bookman Old Style、9点、红色、垂直缩放75%”，如图12-19所示。

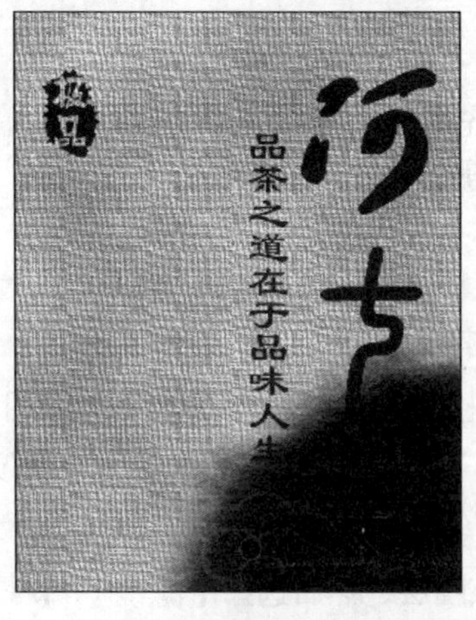

图12-18　输入文字

图12-19　输入英文

STEP 23 将创建的文字图层选中，选择【图层】/【对齐】/【顶边】菜单命令，对齐文字图层，效果如图12-20所示。

STEP 24 新建“烟雾”图层，使用白色画笔绘制几笔烟雾外形，然后使用涂抹工具绘制烟雾飘渺细节，完成效果如图12-21所示。

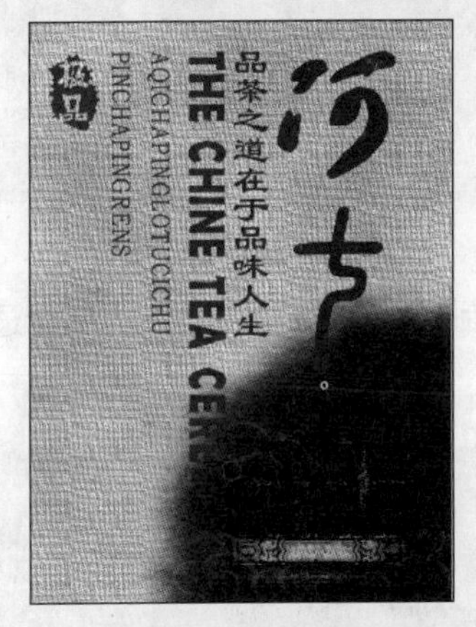

图12-20 对齐图层

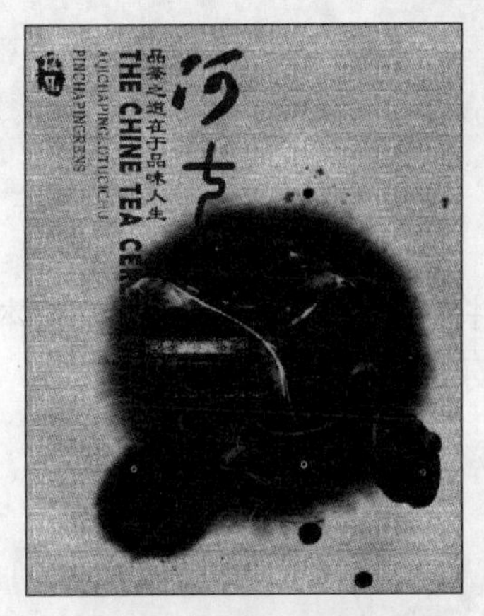

图12-21 制作烟雾

STEP 25 在封面素材文件中将茶叶图层复制到当前图层，并通过自由变换调整大小，复制多个茶叶图形，调整位置使其散布在画册页面，完成后将所有茶叶图像合并，效果如图12-22所示。

STEP 26 选取茶壶素材中的一个茶杯，并复制到图像中，调整位置到如图12-23所示位置。

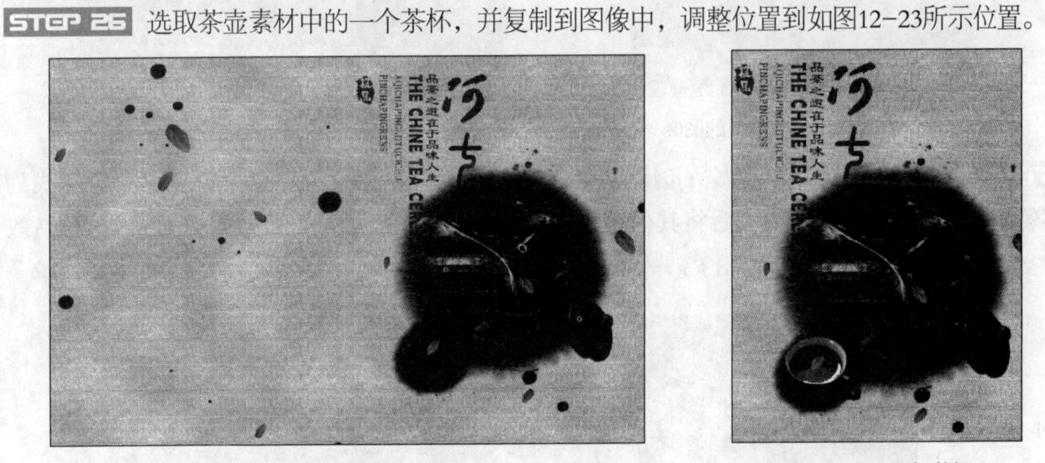

图12-22 添加茶叶图像　　图12-23 添加茶杯

（二）设计画册封底

在制作完画册封面后，下面来制作画册的封底部分。其具体操作如下。

STEP 1 将墨点图层复制，然后移到合适位置，效果如图12-24所示。

STEP 2 选取茶壶图像中的另一个茶杯，将其移到当前图像中调整位置，如图12-25所示。

STEP 3 将标志文本图像图层复制，将其移到左侧合适位置，使用背景橡皮擦工具去除“阿”图像部分，得到如图12-26所示效果。

图12-24　添加墨点

图12-25　添加茶杯

STEP 4 将封面图像中的两个英文文本图层复制，然后将其移动到左侧合适位置，效果如图12-27所示。

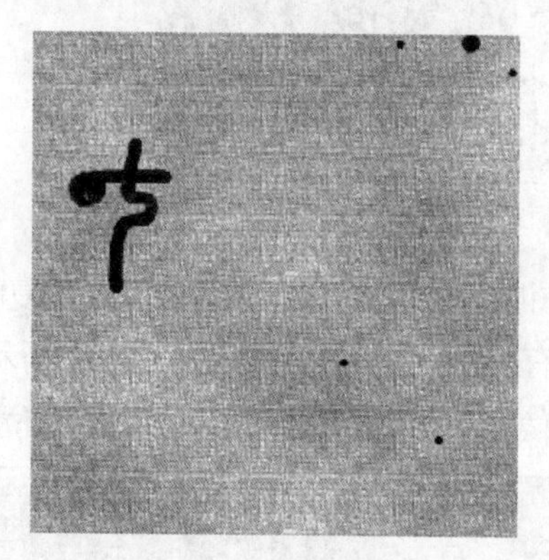

图12-26　删除不需要的图像

图12-27　复制文字图层

STEP 5 使用横排文字工具T创建文字定界框，然后输入介绍性文字，设置字符格式为"幼圆、7点、红色"，完成后将其保存，效果如图12-28所示（最终效果参见：光盘：\效果文件\项目十二\封面封底.psd）。

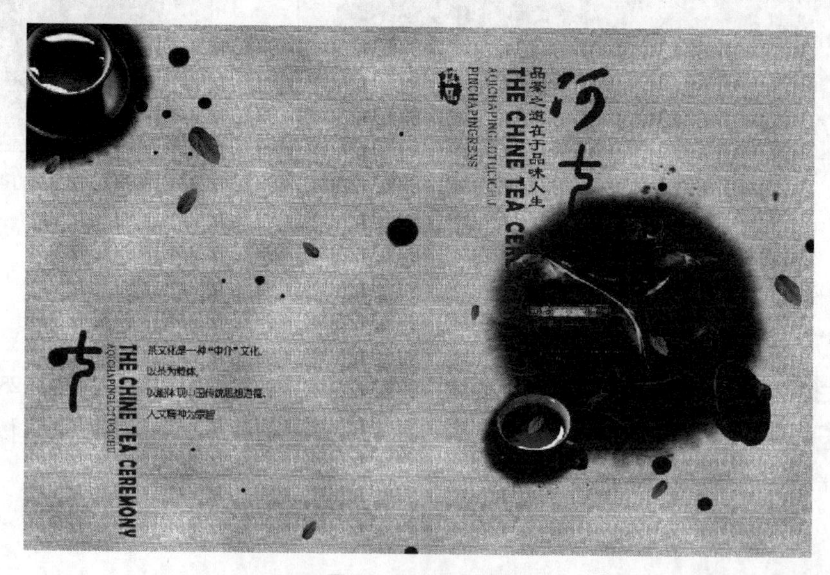

图12-28　完成制作

任务二 设计画册内页

画册内页主要用于刊载画册的内容，供阅者阅读观看，宣传的主要内容或主要介绍也放在画册内页中，画册的内页根据内容的多少而定页数，本任务将制作3个画册内页。

（一）设计画册内页1

下面通过合成相关图像和对文字进行处理来制作画册内页1中的内容，其具体操作如下。

STEP 1 新建一个与画册封面封底相同大小的文件，将其保存为“内页1.psd”。

STEP 2 将“封面封底.psd”图像中的“背景”、“背景副本”、“墨点”图层复制，然后调整到如图12-29所示位置。

STEP 3 打开“茶树.jpg”素材文件（素材参见：光盘:\素材文件\项目十二\茶树.jpg），将其移动到内页1图像中，添加图层蒙版，隐藏不需要的部分，效果如图12-30所示。

图12-29 调整墨点图像

图12-30 设置茶树图像

STEP 4 通过复制变换为画册内页添加其他墨点图像，使其散布在整个画册页面，然后将图层合并，效果如图12-31所示。

STEP 5 将图纹图像复制到当前图像中，调整大小后的效果如图12-32所示。

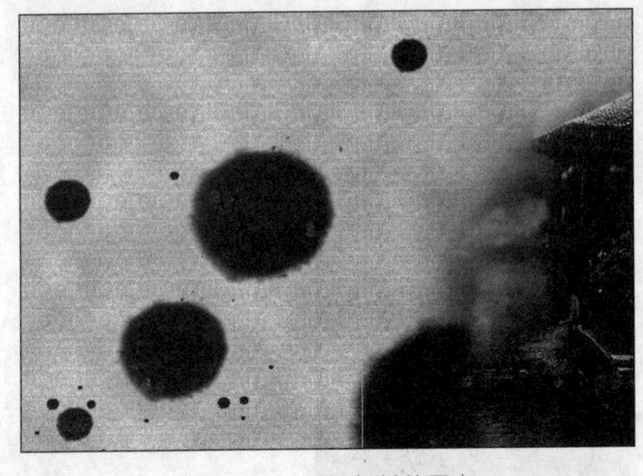

图12-31 添加其他墨点

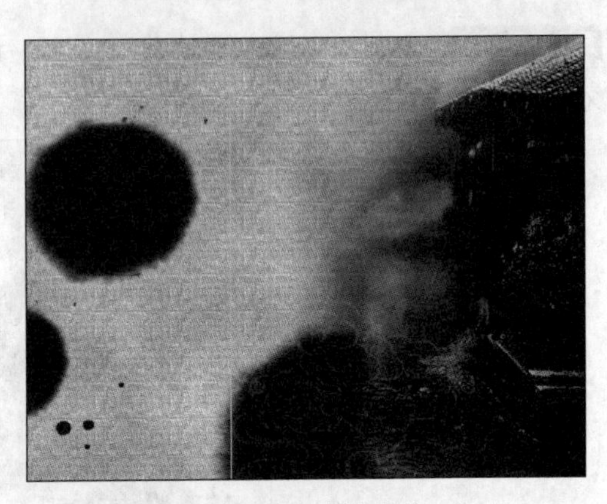

图12-32 添加图纹

STEP 6 在封面素材图像中将茶壶图层复制到当前图像中，然后调整到合适位置，效果如图12-33所示。

STEP 7 使用制作墨点图像相同的方法将茶叶图像复制到内页1图像中，并变换位置，多次复制变换后的效果如图12-34所示。

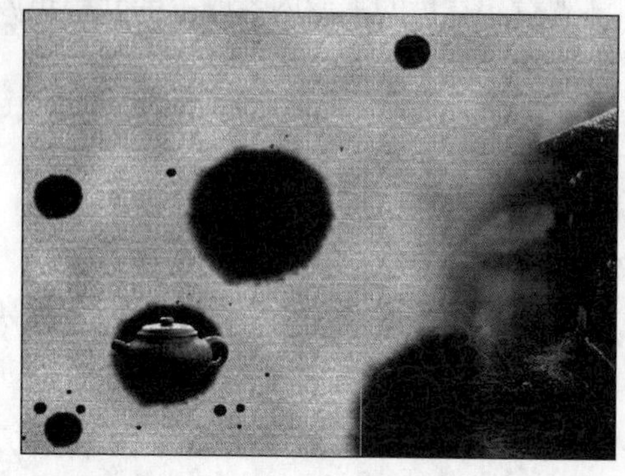

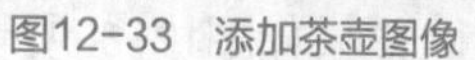

图12-33 添加茶壶图像

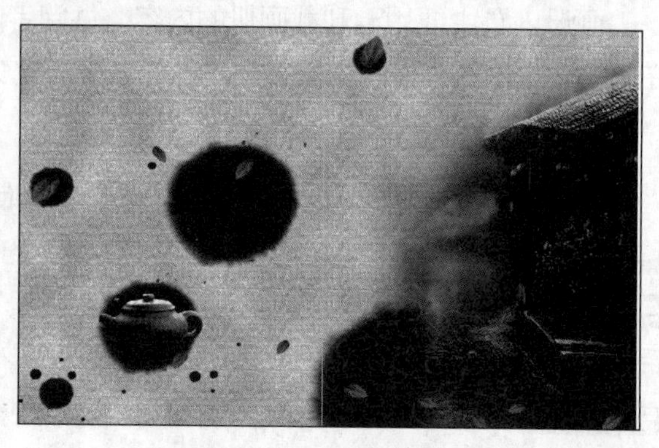

图12-34 添加茶叶图像

STEP 8 打开“荷花.jpg”素材文件（素材参见：光盘：\素材文件\项目十二\荷花.jpg），将其复制到图像中，设置混合模式为“浅色”，效果如图12-35所示。

STEP 9 在封面封底图像中将“印章”图层复制到内页1图像中，并移动到左侧，效果如图12-36所示。

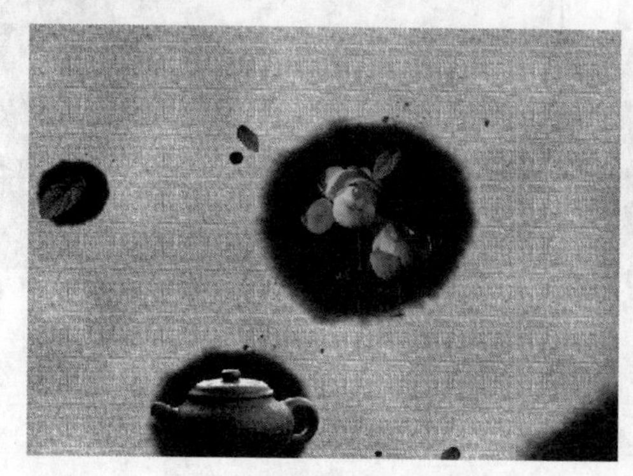

图12-35 添加荷花图像

图12-36 添加印章

STEP 10 在图像中输入“秋荷”文本，设置字符格式为“汉仪智草繁、48点、红色”，效果如图12-37所示。

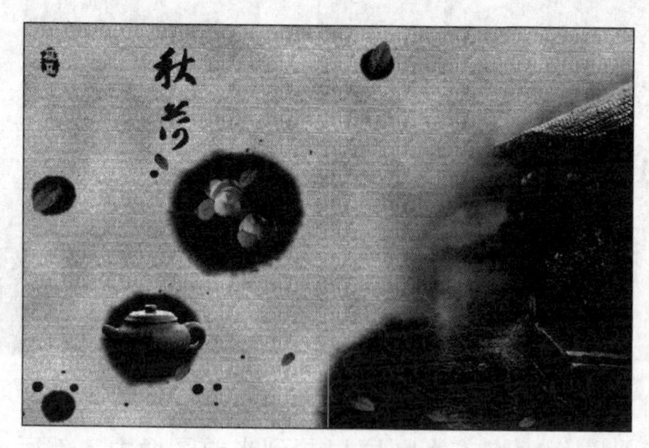

图12-37 添加主题文本

STEP 11 在其中输入相关说明宣传文本，分别设置字符格式从右到左为“幼圆、4点”，“幼圆、4点”，效果如图12-38所示。

STEP 12 在封面封底图像中将相关的文字图层复制到内页1图像中，修改文字内容，对齐图层后的效果如图12-39所示。

图12-38 添加中文文字

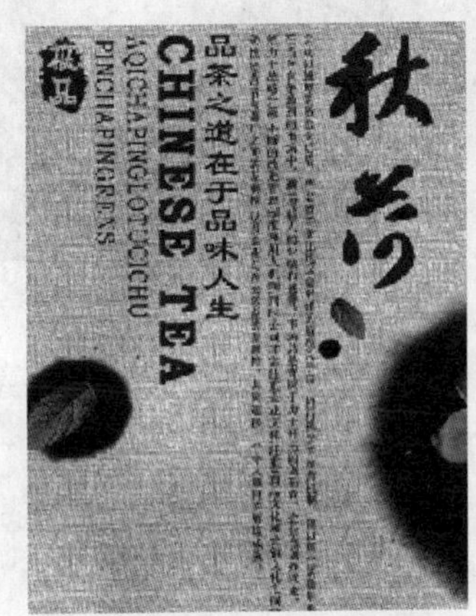

图12-39 添加英文文字

STEP 13 再次将英文图层复制，移动到画册内页右边，修改相应的文字，如图12-40所示。

STEP 14 在图像中输入文字，从右到左对应字符格式为“幼圆、4点”，“幼圆、18点”，完成后保存文件，效果如图12-41所示（最终效果参见：光盘：\效果文件\项目十二\内页1.psd）。

图12-40 添加英文文字

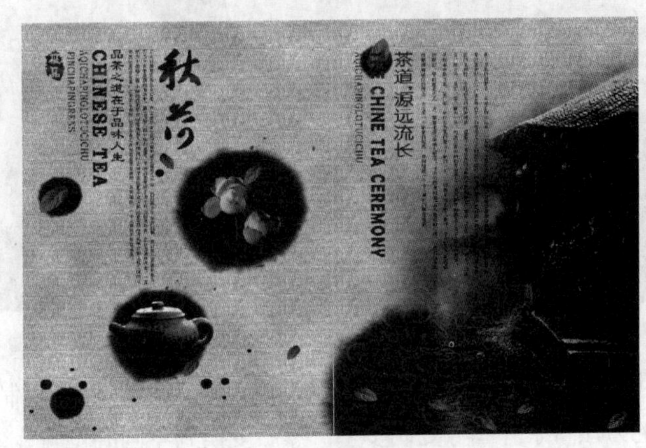

图12-41 添加中文文字

（二）设计画册内页2

下面制作画册内页2，其具体操作如下。

STEP 1 新建一个与画册封面封底相同大小的文件，将其保存为“内页2.psd”。

STEP 2 将“封面封底.psd”图像中的“背景”、“背景副本”和“墨点”图层复制，然后调整到内页右下角，如图12-42所示。

STEP 3 打开“小镇.jpg”素材文件（素材参见：光盘：\素材文件\项目十二\小镇.jpg），将其移动到画册图像左下角，设置图层混合模式为“线性加深”，效果如图12-43所示。

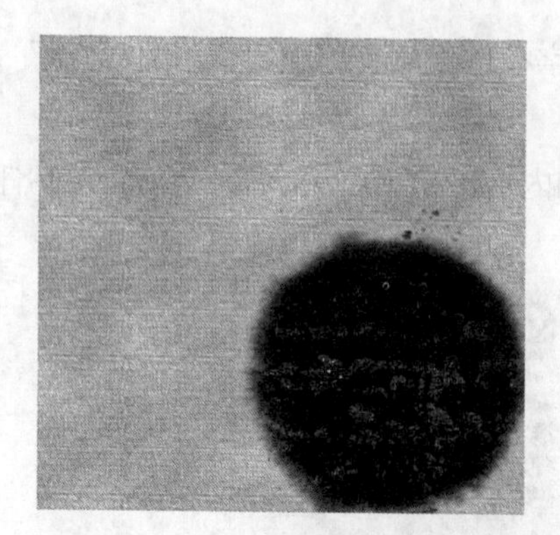
图12-42 调整墨点位置

图12-43 设置图层混合模式

STEP 4 为小镇图像所在的图层添加图层蒙版，使用黑色画笔涂抹隐藏不需要的图像，效果如图12-44所示。

STEP 5 将“封面素材.psd”图像中的“茶袋”图层复制到内页2图像中，然后调整到合适位置，如图12-45所示。

STEP 6 打开“茶叶.jpg”素材文件（素材参见：光盘：\素材文件\项目十二\茶叶.jpg），为茶图像创建选区，羽化选区值为6像素，然后将其移动到内页图像中，调整到合适的位置，效果如图12-46所示。

图12-44 添加图层蒙版

图12-45 添加茶袋图像

图12-46 添加茶图像

STEP 7 将“封面素材.psd”图像中的“茶叶”图层复制到内页2图像中，然后通过复制变换的方法将茶叶图像复制多个，然后变换到不同的位置，效果如图12-47所示。

STEP 8 将“封面素材.psd”图像中的“画”图层复制到内页2图像中，然后调整到右上角的位置，效果如图12-48所示。

STEP 9 使用直排文字工具输入“茶文化特征”文本，设置字符格式为“华文隶书、14点、红色”，然后移动到合适位置，效果如图12-49所示。

STEP 10 使用横排文字工具输入“【 】”文本，将该图层栅格化，然后顺时针旋转90度，并分别选中将其移动到文字的开始和结尾部分，效果如图12-50所示。

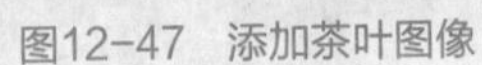

图12-47　添加茶叶图像

图12-48　添加画图像

图12-49　添加文字

图12-50　添加符号

STEP 11 继续使用直排文字工具IT创建文字定界框，在其中输入相关的段落文字，设置字符格式为“幼圆、5点、黑色”和“隶书、8点、红色”，效果如图12-51所示。

STEP 12 在画册左侧输入“山”文本，设置字符格式为“汉仪雪君体简、72点、红色”，效果如图12-52所示。

STEP 13 在“山”文本下方输入“茶”文本，设置字符格式为“汉仪柏青体简、39点、红色”，效果如图12-53所示。

STEP 14 将“内页1.psd”中的英文文字和印章图像复制到当前图像中，调整位置如图12-54所示。

图12-51　添加段落文字

图12-52　添加“山”文字

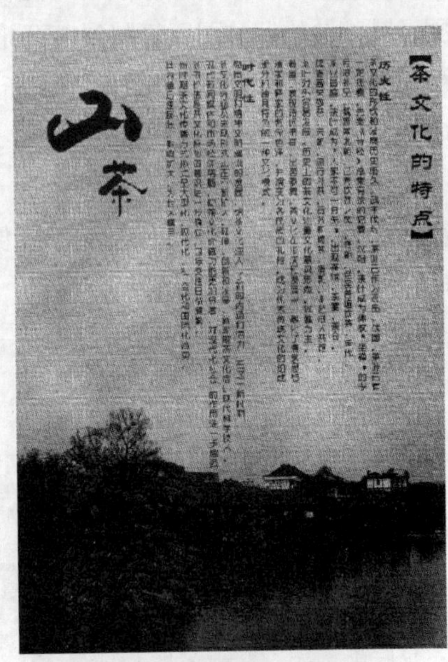

图12-53　添加“茶”文字

STEP 15 在画册右侧创建两个文字图层，分别输入“浓浓茶香”和“回味无穷”文本，设置字符格式都为“汉仪白棋体简、18点、红色”，然后调整位置，保存图像文件，完成制作，效果如图12-55所示（最终效果参见：光盘：\效果文件\项目十二\内页2.psd）。

图12-54 复制图像

图12-55 完成制作

（三）设计画册内页3

下面制作画册内页3，其具体操作如下。

STEP 1 新建一个与画册封面封底相同大小的文件，将其保存为“内页3.psd”。

STEP 2 将“封面封底.psd”图像中的“背景”、“背景副本”、“墨点”、“建筑”图层及其相关的调整图层复制到内页3图像中。

STEP 3 选择墨点和建筑图像所在的图层，选择【图层】/【对齐】/【垂直居中】菜单命令，然后选择【图层】/【对齐】/【水平居中】菜单命令，对齐图像，效果如图12-56所示。

STEP 4 将“封面封底.psd”图像中的“图纹”图层复制到内页3图像中，调整大小和位置后效果如图12-57所示。

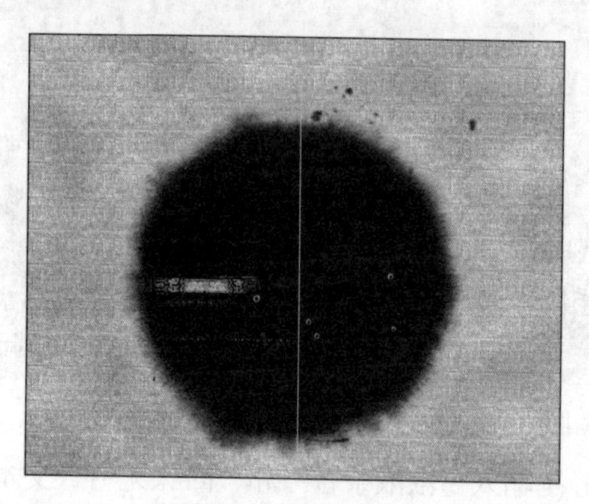

图12-56 对齐图层

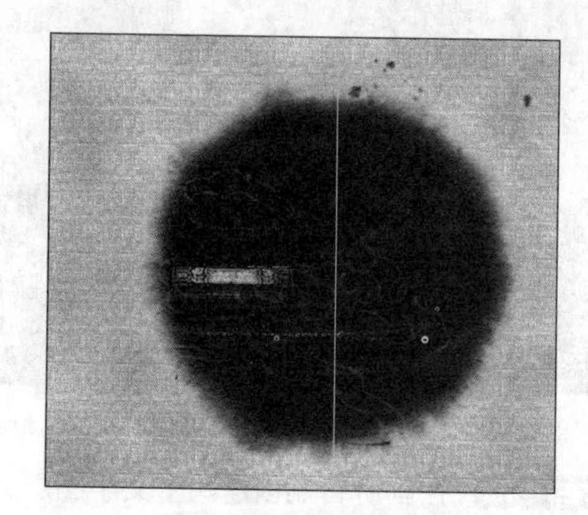

图12-57 调整图纹图像

STEP 5 在“封面背景.psd”中将茶壶图像复制到内页3图像中，添加图层蒙版，隐藏不需要的图像部分，效果如图12-58所示。

STEP 6 将茶叶图像复制到内页3中，多次复制变换，使其散布在整个画面，效果如图12-59所示。

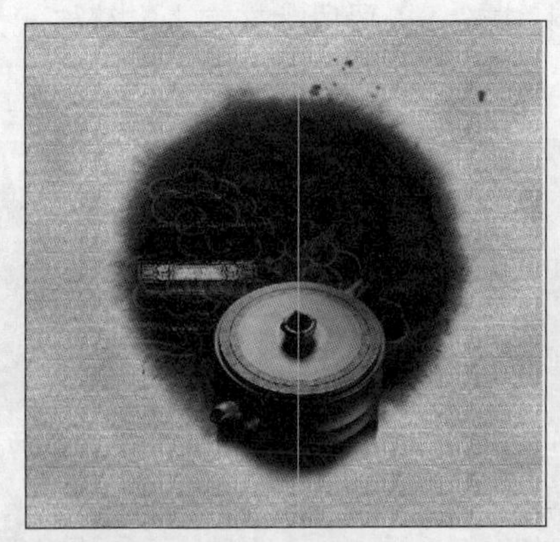

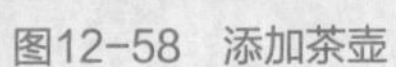
图12-58 添加茶壶

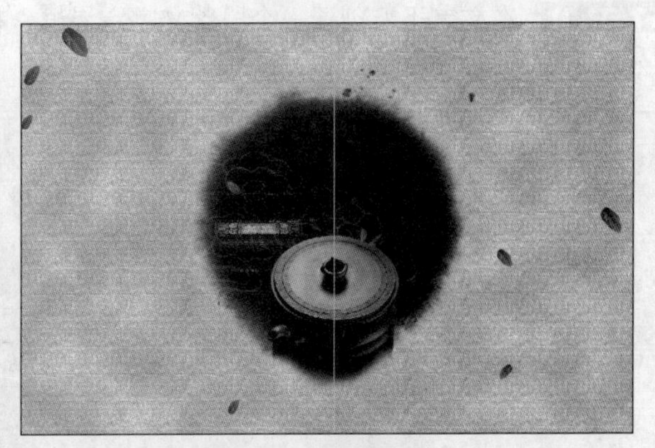

图12-59 添加茶叶图像

STEP 7 将墨点图像复制并变换，使其随意散布，效果如图12-60所示。

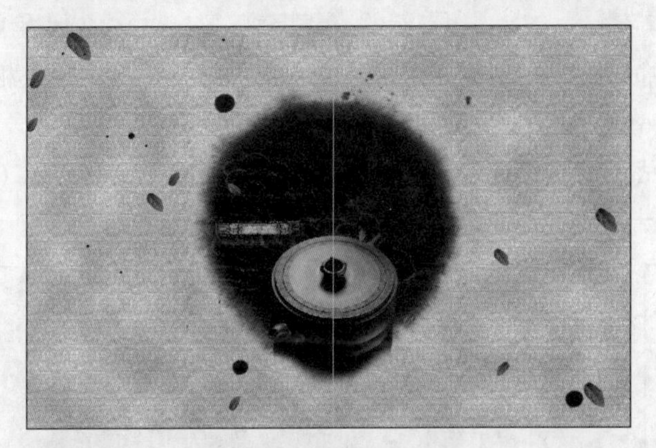

图12-60 变换墨点图像

STEP 8 将印章复制两个图层，分别放在画册左边和右边，效果如图12-61所示。

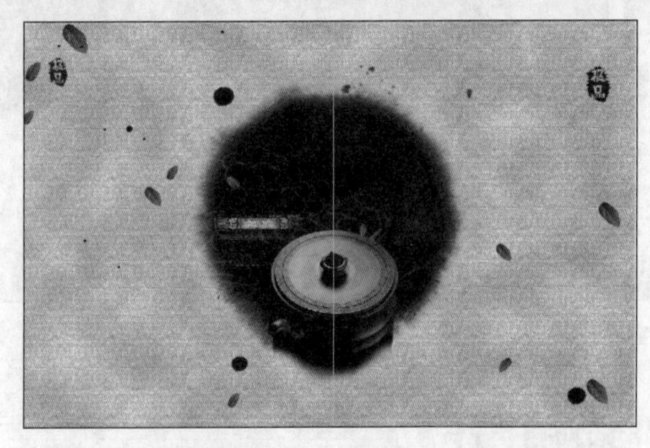

图12-61 添加印章

STEP 9 在左侧输入“长鸣”文本，设置字符格式为“汉仪智草繁、72点、红色”，效果如图12-62所示。

STEP 10 将“封面封底.psd”图像中的英文文字复制到图像中，调整位置后，效果如图12-63所示。

STEP 11 在文字下方创建一个段落文字定界框，在其中输入一段段落文字，字符格式为“幼圆、6点、红色”，效果如图12-64所示。

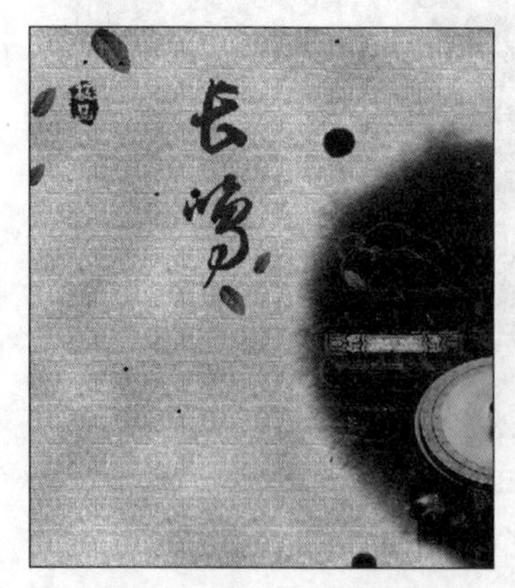

图12-62 输入标题文字

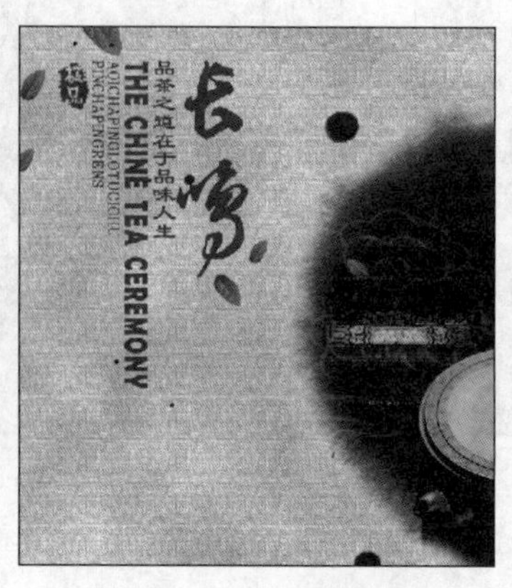

图12-63 复制其他文字

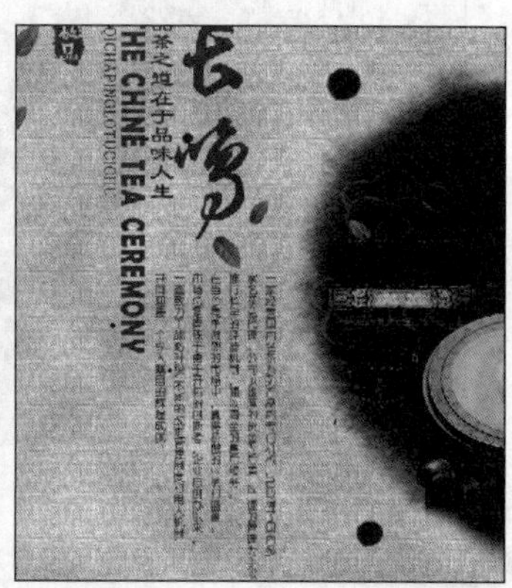

图12-64 输入段落文字

STEP 12 在右侧的印章下方创建一个段落文字定界框，在其中输入相关说明文字，设置字符格式为“幼圆、6点、红色”，效果如图12-65所示。

STEP 13 制作完成后将图像保存，完成制作，效果如图12-66所示（最终效果参见：光盘：\效果文件\项目十二\内页3.psd）。

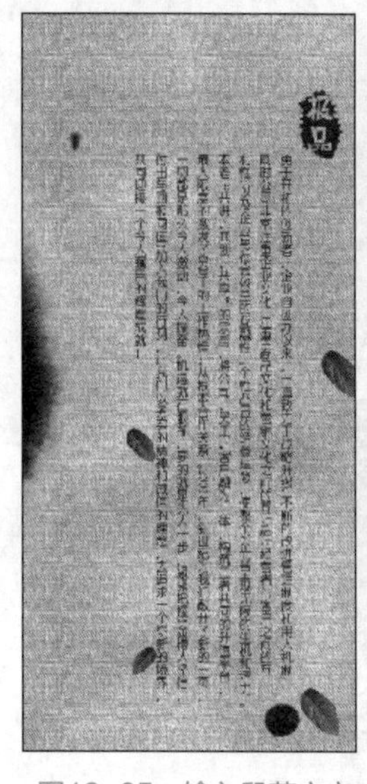

图12-65 输入段落文字

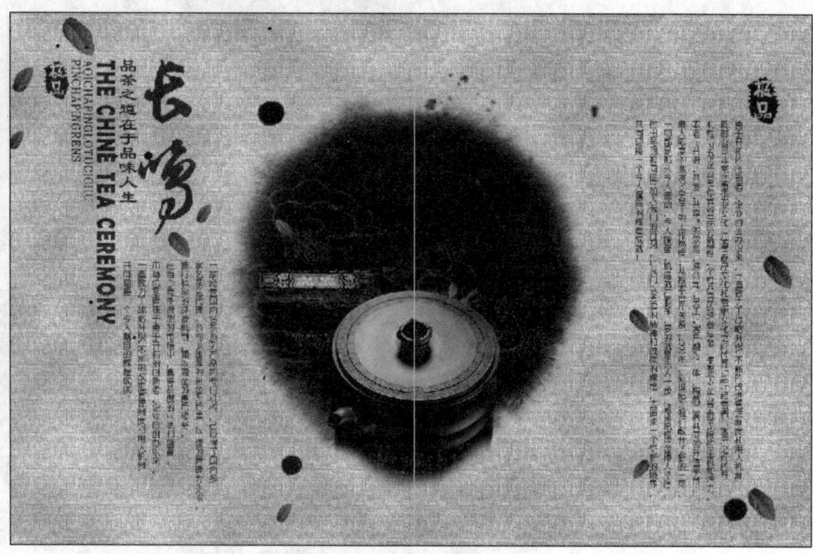

图12-66 完成制作

任务三 画册装帧设计

当画册封面和内页设计好后，常需要对其进行装帧设计，主要是为了方便立体观察画册效果。

（一）设计画册平面装帧效果

下面为方便观察画册的内容，对画册进行平面装帧，其具体操作如下。

STEP 1 分别打开前面制作好的“封面封底.psd”、“内页1.psd”、“内页2.psd”、“内页3.psd”图像文件，切换到“封面封底.psd”图像中，选择最上层的图层，按【Ctrl+Shlft+Alt+E】组合键盖印图层，效果如图12-67所示。

STEP 2 切换到“内页1.psd”图像中，盖印图层，效果如图12-68所示。

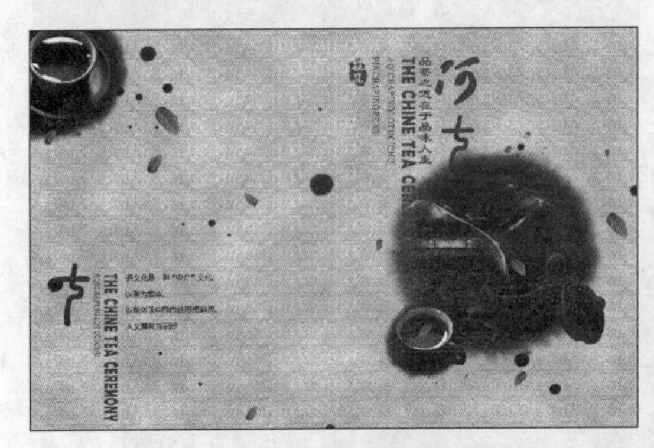

图12-67　封面封底

图12-68　内页1

STEP 3 利用相同的方法分别对“内页2.psd”和“内页3.psd”图像文件中的图层进行盖印，效果如图12-69所示。

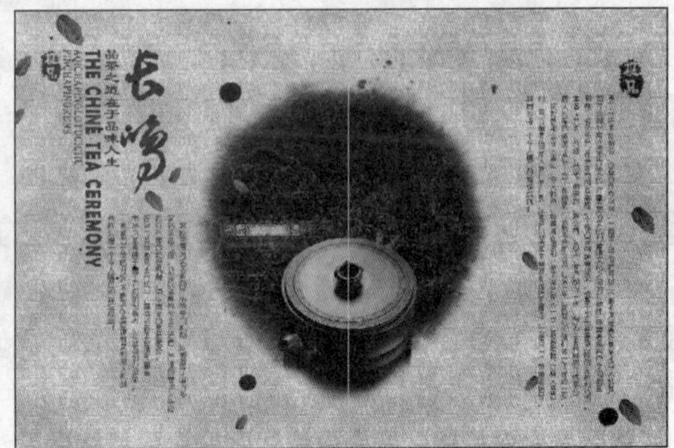

图12-69　内页2和内页3

STEP 4 新建一个与封面封底图像大小、分辨率相同的文件，名称为“平面装帧效果.psd”。

STEP 5 设置前景色为土黄色（R:190,G:110,B:100），然后使用前景色填充，效果如图12-70所示。

STEP 6 在图像的标尺上拖曳鼠标，创建一条水平参考线和一条垂直参考线。

STEP 7 切换到“封面封底.psd”图像中，将盖印后的图层复制到“平面装帧效果.psd”图像中，生成“图层1”，变换大小和位置后效果如图12-71所示。

STEP 8 在“图层”面板的图层1上双击，打开“图层样式”对话框，在其中单击选中“投影”复选框，在右侧设置参数如图12-72所示。

图12-70　填充背景

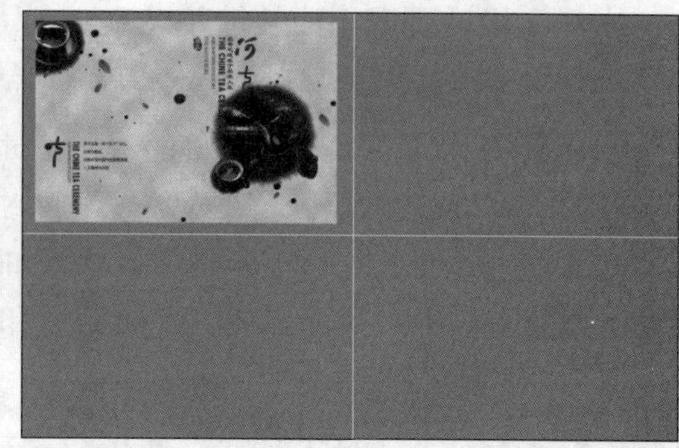

图12-71　复制封面封底图像

STEP 9 单击[确定]按钮应用设置，添加图层样式后的效果如图12-73所示。

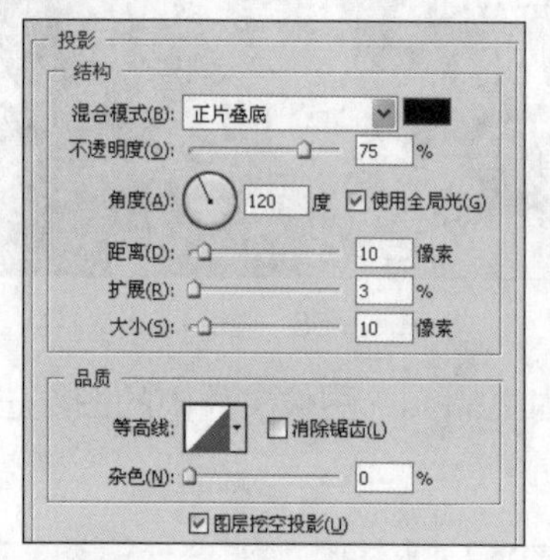

图12-72　设置投影参数

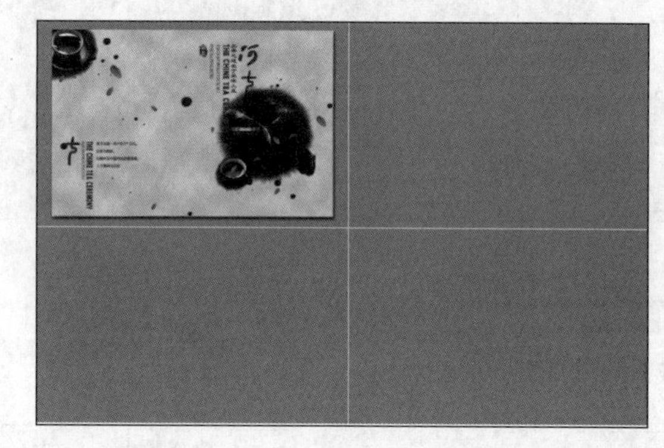

图12-73　添加投影后的效果

STEP 10 利用相同的方法将画册内页图像全部复制到“平面装帧效果.psd”图像中，并调整位置，效果如图12-74所示。

STEP 11 选择“图层1”，按住【Alt】键的同时，利用鼠标分别将fx图标拖曳到其他画册内页图层上，复制图层样式。

STEP 12 隐藏参考线后，保存图像文件，效果如图12-75所示（最终效果参见：光盘：\效果文件\项目十二\平面装帧效果.psd）。

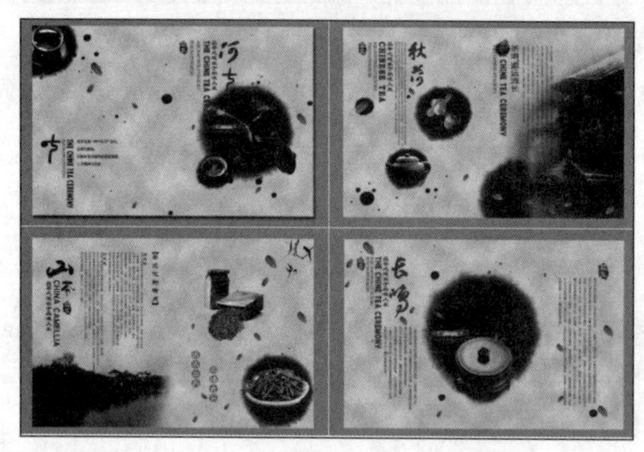

图12-74　复制其他内页图像

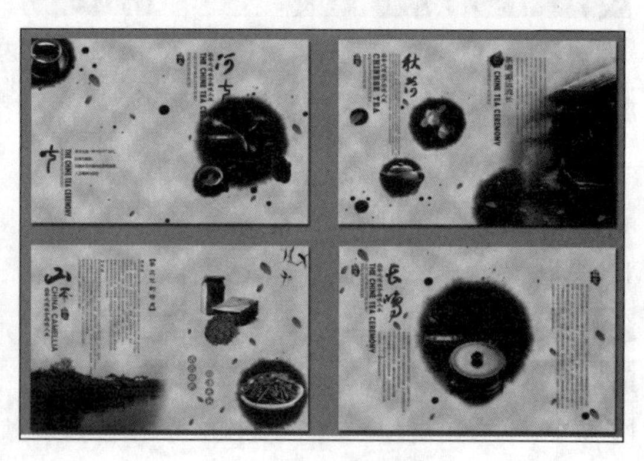

图12-75　完成制作

（二）设计画册立体装帧效果

为了查看设计的画册的立体效果，下面对画册进行立体装帧，其具体操作如下。

STEP 1 新建一个与封面封底图像大小、分辨率相同的文件，名称为“立体装帧效果1.psd”,使用土黄色（R:190,G:110,B:100）填充背景图层。

STEP 2 打开“封面封底.psd”图像，使用矩形选框工具选取画册左侧的封底图像，将其复制到“立体装帧效果.psd”图像中，效果如图12-76所示。

STEP 3 通过自由变换操作将图像变换到如图12-77所示的位置。

STEP 4 双击“图层1”，在打开的“图层样式”对话框中设置投影和斜面浮雕效果，其中，投影参数如图12-78所示，斜面浮雕参数保持默认不变。

图12-76 复制封底图像

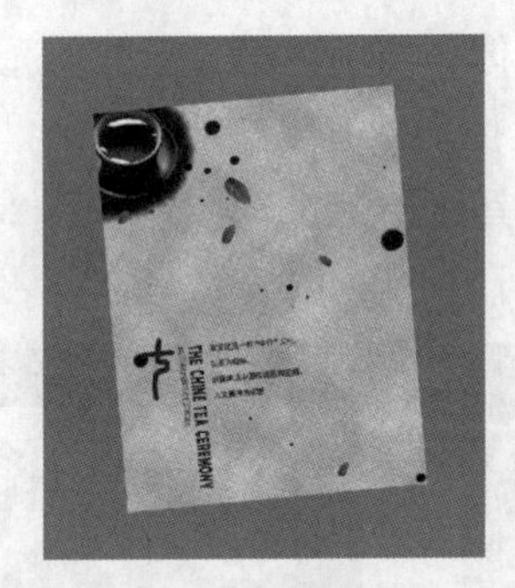

图12-77 变换图像

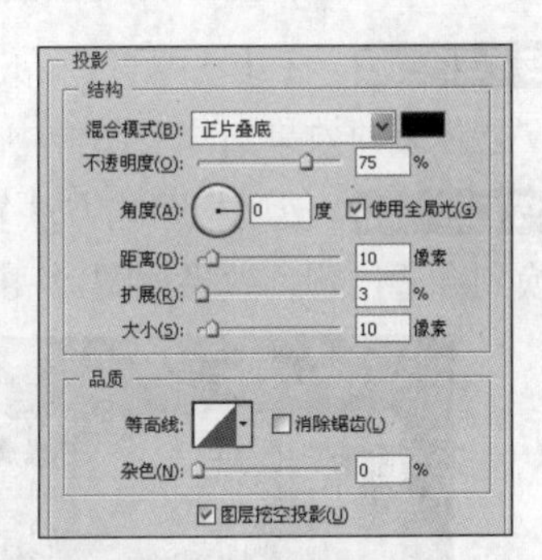

图12-78 设置阴影参数

STEP 5 单击 确定 按钮应用设置，添加图层样式后的效果如图12-79所示。

STEP 6 将封面图像复制到立体装帧图像中，自由变换大小，然后调整到合适位置，效果如图12-80所示。

STEP 7 将图层1的图层效果复制到图层2上，效果如图12-81所示。

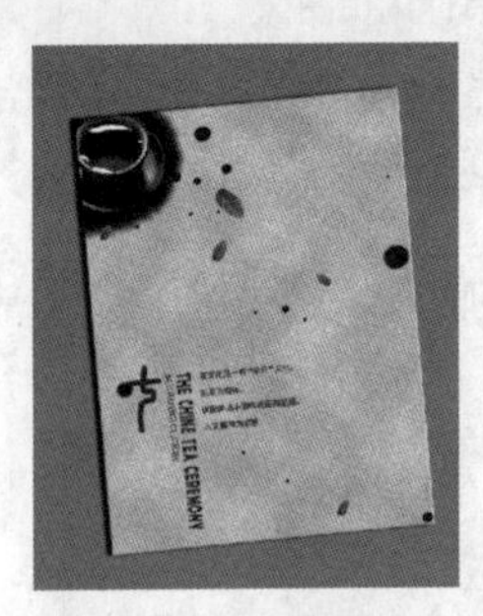

图12-79 添加图层样式

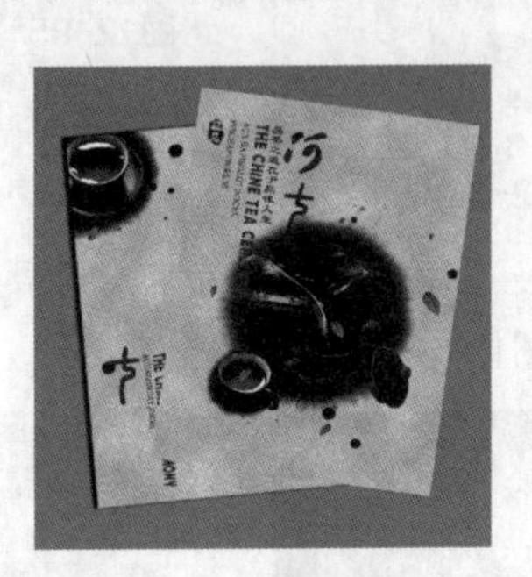

图12-80 变换封面图像

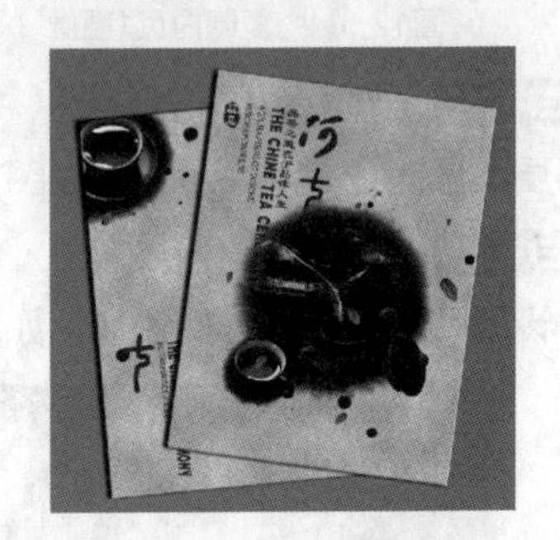

图12-81 复制图层样式

STEP 8 新建图层3，只显示图层1和图层2，然后按【Ctrl+Shlft+Alt+E】组合键盖印图层，将图层3中的图像载入选区，填充为灰色（R:50,G:42,B:26），然后将其移动到背景图层上方，完成后将其保存，效果如图12-82所示（最终效果参见：光盘：\效果文件\项目十二\立体装帧效果1.psd）。

STEP 9 新建一个与封面封底图像大小、分辨率相同的文件，名称为“立体装帧效果2.psd”，将背景图层填充为青色（R:6,G:37,B:63），然后创建相关参考线，效果如图12-83所示。

图12-82　立体装帧效果1

图12-83　填充背景

STEP 10　打开“内页1.psd”图像，使用矩形选框工具选取画册左侧的图像，将其复制到“立体装帧效果2.psd”图像中，变换到合适位置，效果如图12-84所示。

STEP 11　使用相同的方法复制其他相关的画册图像到“立体装帧效果2.psd”图像中，变换到合适位置，效果如图12-85所示。

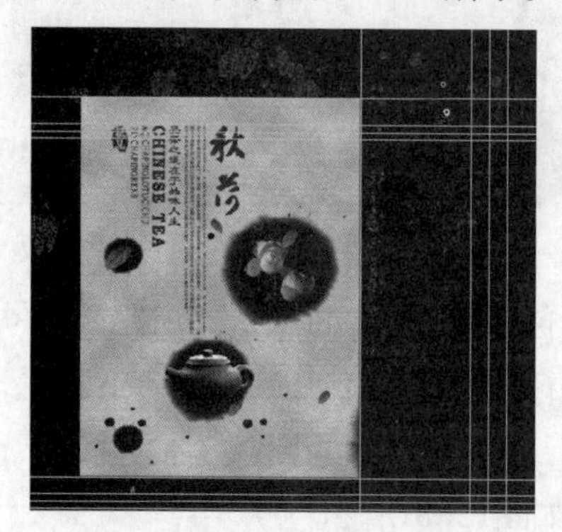

图12-84　复制内页1图像

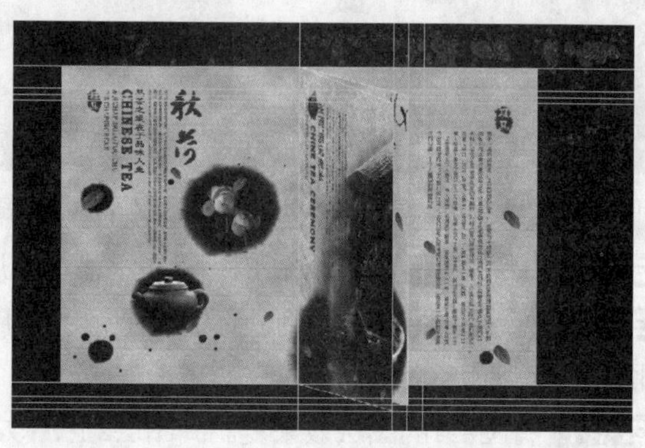

图12-85　添加其他内页图像

STEP 12　在背景图像上新建一个图层，使用多边形套索工具绘制选区，填充为黑色，设置图层不透明度为36%，效果如图12-86所示。

STEP 13　只显示画册图像，将其盖印到新图层中，将其垂直翻转，然后移动到图像下方，设置图层不透明度为23%，如图12-87所示。

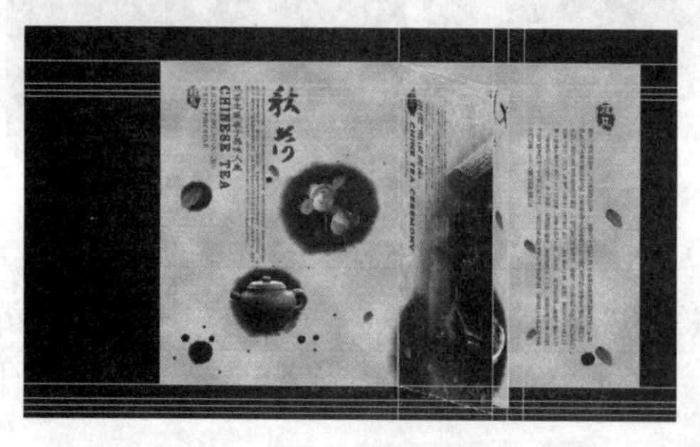

图12-86　添加阴影图像

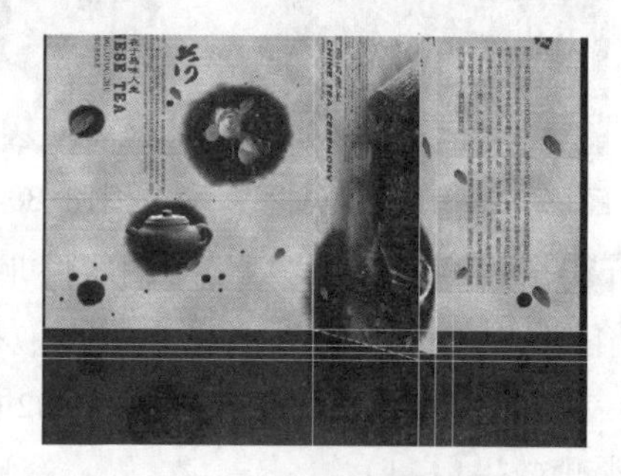

图12-87　添加投影图像

STEP 14　隐藏参考线后将其保存，效果如图12-88所示（最终效果参见：光盘：\效果文件\项目十二\立体装帧效果2.psd）。

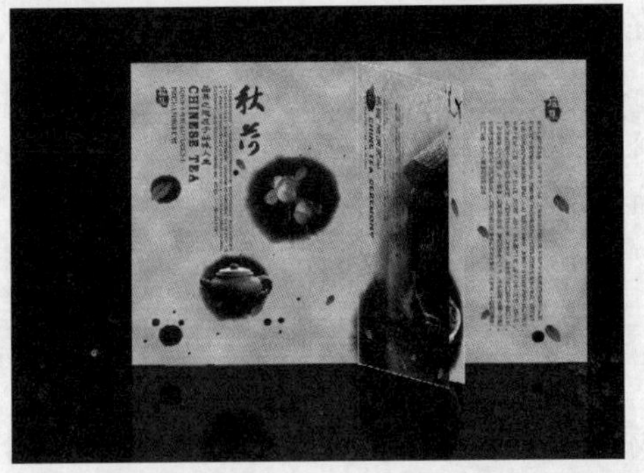

图12-88　立体装帧效果2

常见疑难解析

问：在平面设计中还需要注意哪些问题？

答：一幅好的设计作品，并不在于其作品中要展示多少元素，而是如何将各元素有机地组合，给观者带来视觉上的享受。另外在设计广告时，要养成多建立图层，并给图层命名的习惯，以方便以后修改。设计时还需要注意颜色的使用，对于印刷出版的作品，在设计前还需要考虑色彩、图像大小、颜色模式、出血等多方面因素。

问：在设计画册过程中需要注意些什么问题？

答：画册不同于宣传单，它由多页组成，在设计前应先确定其大小、分辨率、主题元素、字体系列等，画面设计不能太过花哨，但也不能满篇文字，否则给人累赘感，设计过程中应该紧扣主题，将商家需要宣传的内容尽量展现完整。

拓展知识

在平面构图过程中，为了让作品最终得到观者的认可，在设计时应使构图符合以下原则。

- 和谐：单独的一种颜色、单独的一根线条不能称其为和谐，几种要素具有基本的共同性和融合性才称为和谐。和谐的组合也保持部分的差异性，但当差异性表现为强烈和显著时，和谐的格局就向对比的格局转化。
- 对比：对比又称对照。把质或量反差甚大的两个要素成功地配列于一起，使人感受到鲜明强烈的感触而仍具有统一感的现象称为对比，它能使主题更加鲜明，作品更加活跃。
- 对称：对称又名均齐。假定在某一图形的中央设一条垂直线，将图形划分为相等的左右两部分，其左右两部分的形量完全相等，这个图形就是左右对称的图形，这条垂直线称为对称轴。对称轴的方向如由垂直转换成水平方向，则成为上下对称。如垂直轴与水平轴交叉组合为四面对称，则两轴相交的点即为中心点，这种对称形式即称为“点对称”。
- 平衡：在平衡器上两端承受的重量由一个支点支持，当双方获得力学上的平衡状态

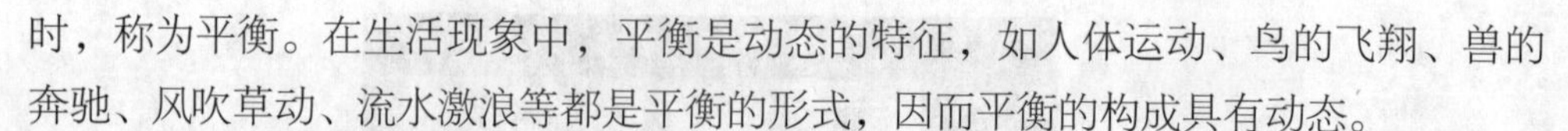

时，称为平衡。在生活现象中，平衡是动态的特征，如人体运动、鸟的飞翔、兽的奔驰、风吹草动、流水激浪等都是平衡的形式，因而平衡的构成具有动态。

- **比例**：比例是部分与部分或部分与全体之间的数量关系，是构成设计中一切单位大小，以及各单位间编排组合的重要因素。

课后练习

（1）利用提供的素材（素材参见：光盘：\素材文件\项目十二\课后练习\1\）制作一个酒品的宣传画册，完成后的效果如图12-89所示（最终效果参见：光盘：\效果文件\项目十二\课后练习\白酒画册1~白酒画册4.psd）。

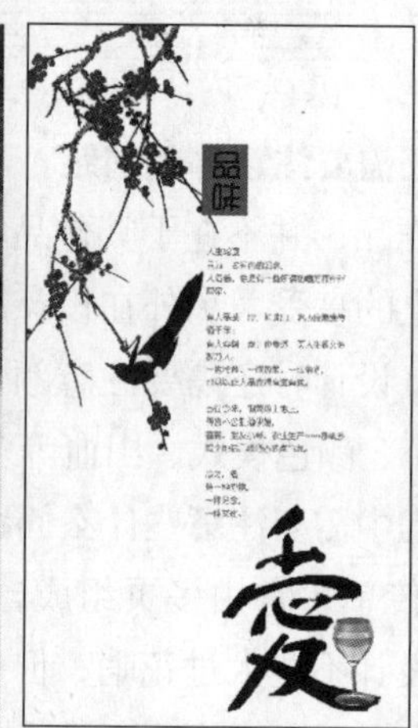

图12-89　画册效果

（2）利用所学知识制作一个手提袋，完成后的立体效果如图12-90所示（最终效果参见：光盘：\效果文件\项目十二\课后练习\手提袋.psd）。

图 12-90　手提袋立体效果